U0224652

WPS

双色版

Office 2016

商务办公 全能一本通

◉ 互联网＋计算机教育研究院 编著

人民邮电出版社
北京

图书在版编目（CIP）数据

WPS Office 2016商务办公全能一本通 / 互联网+计算机教育研究院编著. -- 北京 : 人民邮电出版社, 2019.6（2022.8重印）
ISBN 978-7-115-49976-9

Ⅰ. ①W… Ⅱ. ①互… Ⅲ. ①办公自动化—应用软件 Ⅳ. ①TP317.1

中国版本图书馆CIP数据核字(2018)第248425号

内 容 提 要

本书主要讲解 WPS Office 2016 的 3 个主要组件 WPS 文字、WPS 表格和 WPS 演示在办公中的应用知识，共 4 篇 13 章的内容，主要包括文档的创建与编辑、文档的图文排版、文档中表格的应用、文档的高级排版、表格的创建、表格中数据的计算、表格中数据的处理、表格中数据的分析、制作幻灯片、编辑幻灯片、丰富幻灯片的内容、交互与放映演示文稿等，最后通过制作"财务部年终工作总结"文档来讲解所学知识在实际工作中的应用。

本书适用于需要快速掌握 WPS Office 2016 办公应用能力的职场新人，也可以作为各类计算机培训班、大中专院校的相关教材使用。

◆ 编　　著　互联网+计算机教育研究院
责任编辑　刘海溧
责任印制　焦志炜

◆ 人民邮电出版社出版发行　　北京市丰台区成寿寺路 11 号
邮编　100164　电子邮件　315@ptpress.com.cn
网址　http://www.ptpress.com.cn
三河市兴达印务有限公司印刷

◆ 开本：700×1000　1/16
印张：20　　　　　　　　　　　2019 年 6 月第 1 版
字数：470 千字　　　　　　　　2022 年 8 月河北第 12 次印刷

定价：59.80 元

读者服务热线：(010)81055256　印装质量热线：(010)81055316
反盗版热线：(010)81055315
广告经营许可证：京东市监广登字 20170147 号

　　WPS Office 2016 是由金山软件股份有限公司出品的一款办公软件套装，可以实现文档、表格、演示文稿等的制作，受到许多办公人员的青睐，在企事业单位中的应用较为广泛。在日常办公中，制作各种规章制度、活动计划、招投标方案等已成为工作中不可或缺的一部分，这些都可以使用 WPS 文字软件来实现。与此同时，也会有各种表格，如工资表、考勤表、数据分析表的制作，此时则可以借助 WPS 表格软件来进行数据的录入与管理。当有公开的演讲、报告、总结或培训时，便可以应用 WPS 演示软件来制作各种类型的演示文稿。总之，WPS Office 2016 的 3 大组件是日常办公中较为基础且常用的软件，能掌握并能熟练地使用它们对于办公人员来说具有十分重要的意义。

■ 本书特点

　　本书每篇内容的安排及结构设计，均从读者的角度考虑。

　　每个操作步骤与图中的标注一一对应，条理清晰；穿插有"操作解谜"和"技巧秒杀"小栏目，补充介绍相关操作提示和技巧；每章结尾还设有"新手加油站"和"高手竞技场"。其中，"新手加油站"用于解答读者提出的疑问，加深读者对知识的理解；"高手竞技场"用于锻炼读者的实际动手能力。整个学习系统设计科学，有学有练，有疑问有解答。

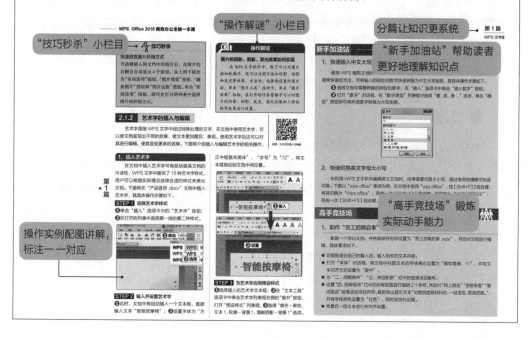

PREFACE

■ 本书配套资源

本书配套丰富多样的教学资源，分别以二维码及网上下载等方式提供，使学习更加方便快捷。配套资源具体内容如下。

视频演示： 本书所有的实例操作均提供了视频演示，并以二维码形式提供给读者。读者还可将视频下载到硬盘中体验交互模式，不仅可以"看"视频，还可以实时操作，提高学习效率。

素材、效果和模板文件： 本书不仅提供了实例需要的素材、效果文件，还附送了可与 WPS Office 2016 通用的 MS Office 格式的公司日常管理 Word 模板、Excel 办公表格模板、PPT 职场模板以及作者精心收集整理的 MS Office 精美素材。

海量相关资料： 本书配套赠送 MS Office 办公高手常用技巧详解（电子书）、Excel 公式与常用函数速查手册（电子书）以及 Word Excel PPT 常用快捷键（电子书）等有助于进一步提高 Word、Excel、PPT 应用水平的相关资料，部分内容 WPS Office 2016 可通用。

为了更好地使用这些内容，保证学习过程中不丢失这些资料，建议读者直接从 box.ptpress.com.cn/y/49976 下载资源，然后在硬盘中使用。

■ 鸣谢

本书由互联网＋计算机教育研究院编著，参与资料收集、视频录制及书稿校对、排版等工作的人员有李凤、肖庆、李秋菊、黄晓宇、赵莉、蔡长兵、廖宵、牟春花、蔡雪梅、熊春、简超、李星、罗勤、蔡飓、何晓琴、连伟、张健、杨楠、韩璐、李婷婷、曾勤、蒲加爽、陈美瑶等，在此一并致谢。

作　者

2019 年 2 月

目 录
CONTENTS

第 1 篇　WPS 文字编辑

第 2 篇　WPS 表格制作

第 5 章　表格的创建

第3篇　WPS演示制作

第9章　制作幻灯片

第4篇　综合应用范例

第13章　财务部年终工作总结

第 1 章
文档的创建与编辑

WPS 文字软件是一款开放、高效的办公软件，它采用全新的界面风格，帮助用户轻松、便捷地完成日常的文档处理工作，如文档的输入、编排、保存、加密保护等。本章将主要介绍文档的创建与编辑操作，包括新建文档、输入文本、文本和文档的基本操作、设置字符和段落格式、保护文档等。

本章重点知识

☐ 输入与编辑文本内容

☐ 文档的保存

☐ 设置字体格式

☐ 设置段落格式

☐ 文档的加密

☐ 插入页眉和页脚

☐ 制作目录

1.1 制作"会议纪要"文档

今天上午九点整，云帆公司的第三会议室将会召开 2017 年上半年的工作总结会议，作为记录员的小孙，除了要领会会议精神外，还要认真做好会议纪要。在制作会议纪要时，要集中、综合地反映会议的主要议定事项，然后再对纪要内容进行适当的编辑，如输入特殊字符、输入日期，最后，将会议纪要输出为 PDF 格式以便传阅。

1.1.1 新建 WPS 文档

WPS 文字软件用于制作和编辑办公文档，通过它可轻松进行文字的输入、编辑、排版和打印操作。使用 WPS 制作文档的第一步操作是新建一篇文档，通常有以下两种方式。

微课：新建 WPS 文档

1. 通过"开始"菜单新建文档

"开始"菜单中集合了操作系统中安装的所有程序，通过"开始"菜单可以启动 WPS 文字编辑软件，并新建一篇空白的文档，其具体操作步骤如下。

STEP 1 打开"开始"菜单

❶在操作系统桌面上单击"开始"按钮；❷在打开的菜单中选择"所有程序"命令。

STEP 2 选择"WPS 文字"命令

❶在打开的"开始"菜单中选择"WPS Office"命令；❷在打开的菜单中选择"WPS 文字"命令。

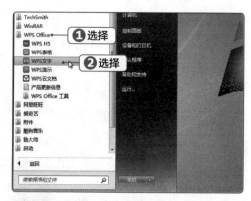

STEP 3 选择新建文档样式

❶系统启动"WPS 文字"软件，进入"我的 WPS"界面，单击"WPS 文字"按钮；❷在打开的菜单中选择【新建】/【新建】命令。

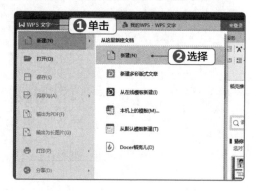

STEP 4 查看新建的空白文档

返回工作界面，可以看到文档的标题为"文档1"，该文档即为新建的 WPS 文档。

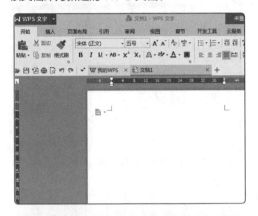

技巧秒杀

快速新建空白文档

成功启动 WPS 文字软件后，直接按【Ctrl+N】组合键或单击"我的 WPS"界面中的"新建"按钮，即可快速新建一份空白文档。若是单击"新建"按钮右侧的下拉按钮，则可通过模板新建文档。

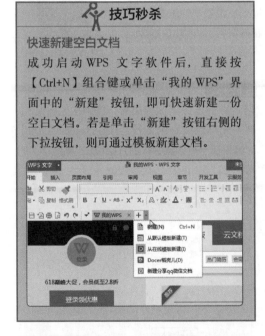

2. 通过桌面快捷图标新建文档

通过桌面快捷图标也能快捷地创建 WPS 文档，其具体操作步骤如下。

STEP 1 选择快捷菜单命令

❶在操作系统桌面上的"WPS 文字"快捷图标上单击鼠标右键；❷在弹出的快捷菜单中选择"打开"命令。

STEP 2 新建文档

此时，WPS 文字软件将自动启动，并进入"我的 WPS"界面，单击右侧的"新建"按钮。

STEP 3 查看新建的文档

稍后便可看到新建的标题为"文档 1"的空白 WPS 文档。

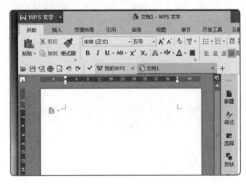

第
1
篇

操作解谜

找不到快捷图标怎么办

如果在操作系统的桌面上没有找到 WPS 文字的快捷图标，表明用户未创建该软件的快捷图标。此时，只需打开"开始"菜单，在"所有程序"菜单中选择"WPS Office"命令，然后在打开菜单中的"WPS 文字"命令上单击鼠标右键，在弹出的快捷菜单中选择【发送到】/【桌面快捷方式】命令，即可在操作系统桌面上成功创建图标。

1.1.2　输入并编辑文本内容

文本是 WPS 文档最基本的组成部分，因此，输入文本是 WPS 文字软件中最常见的操作。常见的文本内容包括基本字符、特殊符号、时间和日期等。另外，对输入错误的文字还可以进行选择并修改。

微课：输入并编辑文本内容

1. 输入基本字符

基本字符通常是指通过键盘可以直接输入的汉字、英文、标点符号和阿拉伯数字等。在 WPS 中输入普通文本的方法比较简单，只需将光标定位到需要输入文本的位置，切换到需要的输入法，然后通过键盘直接输入即可，其具体操作步骤如下。

STEP 1　输入汉字

❶切换到中文输入法，在新建的"文档 1"中输入会议纪要的标题；❷将光标定位到文档的开始位置，按【Space】键将文档标题移动到首行中间的位置。

STEP 2　输入标点符号

❶将光标定位到标题最后，按两次【Enter】键将光标定位到第 3 行，按【Back space】键将光标定位到第 3 行的开始位置；❷输入"时间"，按【Shift+;】组合键，输入标点符号"："。

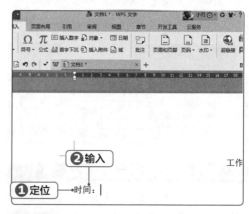

STEP 3　输入数字

继续在第 3 行的文本"时间："右侧，依次按【2】【0】【1】【7】键，输入数字"2017"。

时间：2017　→　输入

技巧秒杀

使用数字键区输入数字

对于数字较多的文档，可以使用键盘的数字键区进行输入，通过按【Num Lock】键，激活数字键，直接按数字键即可输入数字。

STEP 4　输入剩余文本内容

按照相同的操作方法，继续输入工作会议纪要的剩余文本内容。

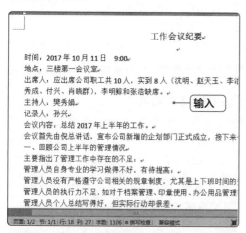

输入

2. 输入特殊字符

在制作文档的过程中，难免会需要输入一些特殊的图形化的符号来使文档更丰富美观。一般的符号可通过键盘直接输入，但一些特殊的图形化的符号却不能直接输入，如☆和〇等。

输入这些图形化的符号可打开"符号"对话框，在其中选择相应的类别，找到需要的符号选项后插入即可。下面就在文档中插入几何图形符号"★"，其具体操作步骤如下。

STEP 1　打开"符号"对话框

❶在"工作会议纪要"文档中，将光标定位到第 13 行文本的最左侧；❷单击"插入"选项卡中的"符号"按钮；❸在打开的列表中选择"其他符号"选项。

STEP 2　选择特殊符号所在子集

❶打开"符号"对话框，其中默认选择的字体为"宋体"，这里单击"子集"列表框中的下拉按钮；❷在打开的下拉列表框中选择"几何图形符"选项。

STEP 3　选择特殊符号

❶在显示的几何图形符号中选择"★"选项；

❷单击"插入"按钮；❸单击"关闭"按钮，关闭"符号"对话框。

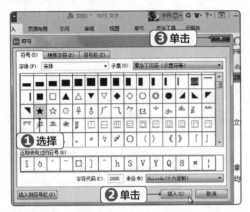

STEP 4 查看插入的几何图形符号

返回 WPS 文字工作界面，在第 13 行文本的最左侧便显示了新插入的几何工作符号"★"。

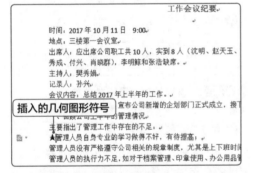

技巧秒杀

通过键盘输入特殊符号

通过中文输入法的"软键盘"功能，也可以输入很多特殊字符，如"◎""◆""▲""→""※""←"等。

STEP 5 继续插入几何图形符号

❶将光标定位到第 14 行文本的最左侧；
❷单击"插入"选项卡中的"符号"按钮；
❸在打开列表中的"近期使用的符号"栏中显示了最近一次添加的符号样式，直接选择"★"选项。

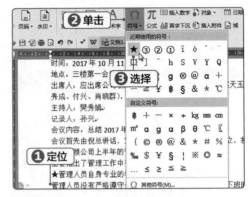

STEP 6 插入相同的几何图形符号

此时，第 14 行文本的最左侧便成功插入了几何图形符号"★"。按照相同的操作方法，依次为第 15 行和第 16 行文本插入相同的几何图形符号。

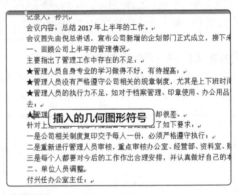

STEP 7 复制符号

❶拖动鼠标选择第 16 行文本最左侧的符号"★"；❷单击"开始"选项卡中的"复制"按钮。

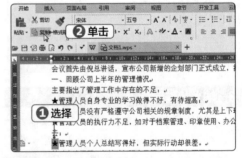

STEP 8 粘贴符号

❶将光标定位到"二、单位人员调整"这一段

第 1 篇

文本下方的下一段文本的开始位置；❷单击"开始"选项卡中的"粘贴"按钮。

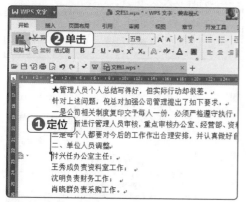

STEP 9　**查看成功粘贴的符号**

此时，光标所在位置便成功插入了所选的几何图形符号。

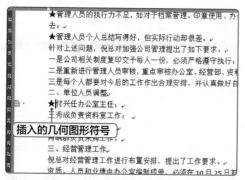

STEP 10　**为其他段落粘贴符号**

按照相同的方法，为文本中其他段落的开始位置插入相同的几何图形符号"★"。

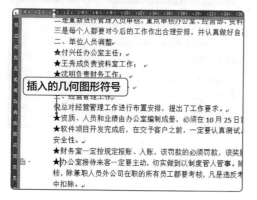

技巧秒杀

快速复制和粘贴特殊符号

在文档中选择要复制的特殊符号后，直接按【Ctrl+C】组合键，进入复制状态，然后将光标定位到文档中的目标位置，按【Ctrl+V】组合键，即可将所选符号粘贴到目标位置。完成复制、粘贴操作后，按【Esc】键即可取消粘贴状态。注意，该方法对于文本、形状、图片也同样适用。

3. 输入日期和时间

在文档中可以通过中文和数字的结合直接输入日期和时间，也可以通过 WPS 文字软件提供的日期和时间插入功能，快速输入当前的日期和时间。下面将在"文档 1.docx"中输入当前的时间，其具体操作步骤如下。

STEP 1　**打开"日期和时间"对话框**

❶将光标定位到最后一段文本的最右侧；❷单击"插入"选项卡中的"日期"按钮。

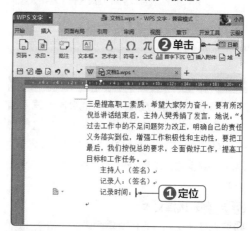

STEP 2　**选择时间格式**

❶打开"日期和时间"对话框，在"可用格式"列表中选择"上午 11 时 29 分"选项；❷单击"确定"按钮。

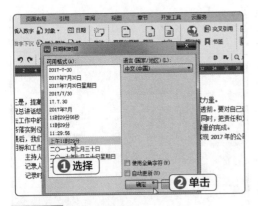

STEP 3 插入当前时间

返回 WPS 文字工作界面，即可查看输入当前时间的效果。

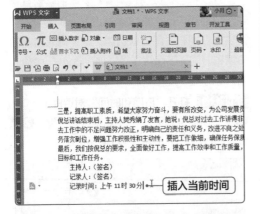

4. 选择并修改文本

在制作文档的过程中，可能会出现输入错误的情况，此时，可以对已输入的文本进行删除或修改操作。下面将在"文档1.docx"中对输入错误的文本进行修改，其具体操作步骤如下。

STEP 1 选择文本

❶将光标定位到第 5 段文本中"李"字的左侧；
❷按住鼠标左键向右拖动到"鲸"字右侧后释放鼠标，选择文本。

技巧秒杀

快速选择文本

在文档中连续单击 3 次鼠标左键，可选择当前光标所在的整个段落。

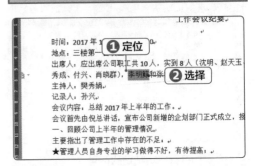

STEP 2 重新输入文本

切换至想要的输入法，然后输入正确的文本内容"沈大伟"。

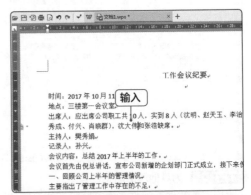

操作解谜

想要移动文本的位置怎么办

在文档中拖动鼠标选择要移动的文本，单击"开始"选项卡中的"剪切"按钮，然后再将光标定位到文档中文本将要显示的位置，最后单击"开始"选项卡中的"粘贴"按钮，即可将文本移动到目标位置。

第1篇

1.1.3 文档的保存

对于编辑好的文档，还需要及时进行保存，这样不仅可以为用户避免由于计算机死机、断电等外在因素和突发状况而造成文档的丢失，还可以提高计算机的运行速度。下面将讲解保存文档的方法。

微课：文档的保存

1. 保存到 WPS 文档

在 WPS 中新建文档之后，都需要对其进行保存操作，主要是设置文档的名称和保存的位置。下面将制作好的"文档 1.docx"进行保存，其具体操作步骤如下。

STEP 1 选择保存选项

❶单击 WPS 文字软件工作界面左上角的"WPS 文字"按钮；❷在打开的列表中选择"保存"选项。

STEP 2 输入文档名称

❶打开"另存为"对话框，默认保存在 WPS 云文档中，这里保持默认设置，在"文件名"文本框中输入文档名称"会议纪要"；❷单击"保存"按钮。

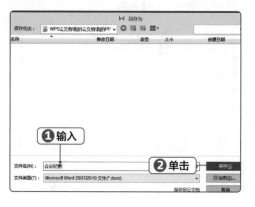

STEP 3 完成保存操作

完成保存操作后，可以看到该文档的名称已经变成了设置后的文档名称。

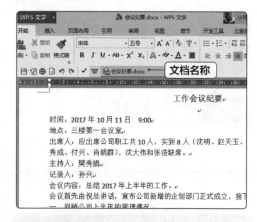

文档名称

技巧秒杀

快速保存文档

在文档制作过程中，可以按【Ctrl+S】组合键来快速保存当前制作的文档。

2. 保存到本地文档

在对制作好的文档进行保存时，除了可以保存到云文档外，还可以将其保存到当前计算机中的指定位置。下面将制作好的"会议纪要 .docx"文档另存在本地计算机的 E 盘中，其具体操作步骤如下。

STEP 1 另存为文档

❶单击工作界面左上角的"WPS 文字"按钮；❷在打开的列表中选择"另存为"选项；❸再在打开的列表中选择"WPS 文字 文件"选项。

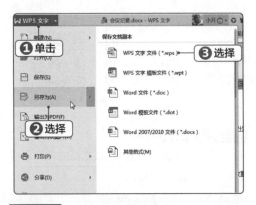

单击"保存"按钮。

STEP 2 设置文件的保存位置

❶打开"另存为"对话框,在"保存在"列表中选择文件的保存位置;❷保持文件名不变,

1.1.4 输出并关闭文档

对于编辑好的文档,除了需要即时保存外,还可以将文档输出为便携式的文件格式,如 PDF。PDF 文件不易破解,可以在一定程度上防止他人修改、复制和抄袭。下面将讲解输出和关闭文档的方法。

微课: 输出并关闭文档

1. 将文档输出为 PDF 格式

为了满足用户的特殊需求,WPS 文字软件提供了将文档输出为 PDF 格式的功能。下面将制作好的"会议纪要.docx"文档输出为 PDF 格式,其具体操作步骤如下。

STEP 1 输出文档

❶单击 WPS 文字工作界面左上角的"WPS文字"按钮;❷在打开的列表中选择"输出为PDF"选项。

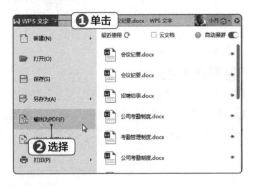

STEP 2 设置输出文档的位置

❶打开"输出 PDF 文件"对话框,在"常规"选项卡的"保存到"栏中显示了输出文档的保存位置,这里保持默认设置,单击选中"页范围"栏中的"全部"单选项;❷单击"权限设置"选项卡。

STEP 3 设置密码

❶单击选中"权限设置"复选框;❷分别在

第1篇

"密码"和"确认"文本框中输入相同的密码；
❸单击"确定"按钮。

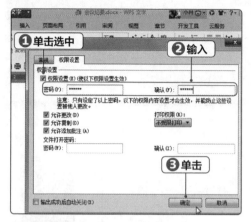

STEP 4　成功输出 PDF 文件

此时，系统将会打开"输出 PDF 文件"的提示对话框，其中的进度条加载完成后，可以选择打开文件和关闭文件。这里单击"打开文件"按钮。

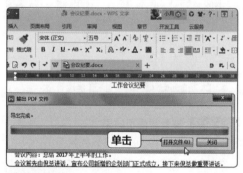

STEP 5　查看 PDF 文件

稍后，在 WPS 工作界面中将会显示输出的 PDF 文件。

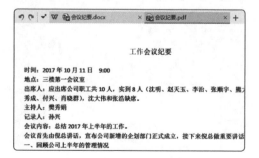

2. 关闭文档

在 WPS 文字软件中，可以单独关闭一个文档，也可以同时关闭多个文档。下面将同时关闭打开的 WPS 文档和 PDF 文件两个项目，其具体操作步骤如下。

STEP 1　单击按钮

单击 WPS 文字工作界面左上角"WPS 文字"按钮右侧的下拉按钮。

STEP 2　选择操作

❶在打开的列表中选择"文件"选项；❷再在打开的列表中选择"关闭所有文档"选项。

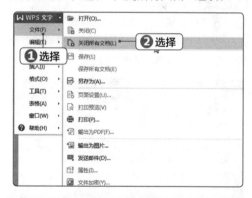

🏃 技巧秒杀

快速关闭文档

单击 WPS 文字工作界面右上角的"关闭"按钮，或者选择【WPS 文字】/【退出】命令，都可以快速关闭 WPS 文档。

1.2 编辑"工作计划"文档

工作计划这类文档应具有一定的层次，在输入文档内容后，还需要进行一系列格式化文档的操作，如设置字符和段落样式等，以达到规范整齐的效果。

由于小敏不太会使用 WPS 软件，只是将计划输入到了文档中，因而需要经验丰富的张主管对文档进行美化设置，如设置字符和段落的格式，以便能突出重点。

1.2.1 插入并编辑封面页

在使用 WPS 编辑文档时，如要做一个工作计划，有时需要一个简单大方的封面。那么 WPS 文字软件中该如何插入封面呢？下面就介绍封面页的插入与编辑方法。

微课：插入并编辑封面页

1. 插入封面页

WPS 文字软件提供了商务、简历、论文、横向 4 种不同类型的封面页。下面将在"工作计划 .docx"文档中插入商务型的封面页，其具体操作步骤如下。

STEP 1　单击按钮

❶打开素材文件"工作计划 .docx"文档，将光标定位到第一段文本的最左侧；❷单击"章节"选项卡中的"封面页"按钮。

STEP 2　选择封面页样式

打开封面页样式列表，在其中选择"商务"类型中的"自然型"选项。

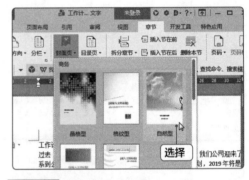

STEP 3　查看封面页效果

此时，在文档中将会显示插入的封面页效果。

2. 在封面页中输入文本

封面页只是一个整体框架，具体的文字内容还需要用户自己输入。下面将在"工作计划 .docx"文档的封面页中输入相关的文字内容，其具体操作步骤如下。

STEP 1 输入标题文本

在封面页中单击"请在此输入标题"文本，输入文本内容"12 月份工作计划"。

STEP 2 输入作者信息

单击"请在此输入作者"文本，输入文本内容"李明君"。

技巧秒杀

删除封面页

如果用户对于插入的封面页不满意，则可以单击"章节"选项卡中的"封面页"按钮，在打开的列表中选择"删除封面页"选项，即可将所应用的封面页删除。

1.2.2 设置字符格式

为了让制作出来的文档更加专业和美观，有时需要对文档中的字符进行设计，比如字体类型变化、字号大小变化等。在 WPS 文字软件中，可以通过"字体"对话框设置字符的格式。下面主要介绍各种字符格式的相关操作方法。

微课：设置字符格式

1. 设置字形和颜色

字形包括字体和字号，设置字体颜色可以达到着重显示的效果等。下面将在"工作计划 .docx"文档中设置字形和字体颜色，其具体操作步骤如下。

STEP 1 选择字体

❶拖动鼠标选择"工作计划 .docx"文档中的第一段文本；❷单击"开始"选项卡中的"字体"下拉按钮；❸在打开的列表中选择"微软雅黑"选项。

STEP 2 选择字号

❶保持文本的选择状态，单击"开始"选项卡中的"字号"下拉按钮；❷在打开的列表中选择"小二"选项。

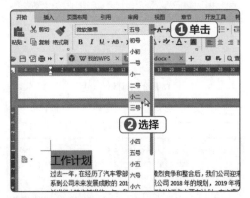

STEP 3 同时选择多个字符

❶拖动鼠标选择标题栏下第一段文本中的第一个数字"2019"；❷按住【Ctrl】键的同时，继续拖动鼠标选择剩余2个数字"2019"。

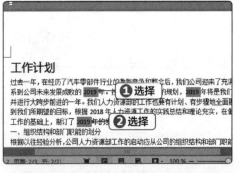

技巧秒杀

认识浮动工具栏

在 WPS 文档中选择文本或字符后，将自动打开浮动工具栏，在其中同样可以对选择的文本或字符进行设置，如设置字形、字号、颜色等。

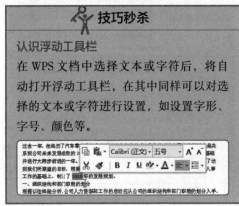

STEP 4 设置字体颜色

❶单击"开始"选项卡中的"颜色"下拉按钮；❷在打开的列表中选择"标准色"栏中的"红色"选项。

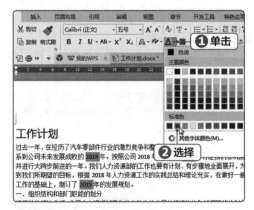

STEP 5 查看设置后的文本

此时，同时选择的 3 个数字将呈红色显示。

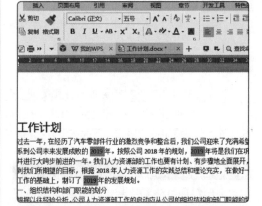

2. 设置字符间距

利用 WPS 进行编辑时，有时会发现字与字之间太过紧凑，影响美观，这主要是因为字间距太小造成的。此时就需要适当地调整字间距。下面将在"工作计划.docx"文档中增大标题文本的字间距，其具体操作步骤如下。

STEP 1 加粗字符

❶拖动鼠标选择第一段文本；❷单击"开始"选项卡中的"加粗"按钮。

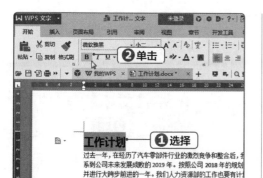

STEP 2 打开"字体"对话框

保持文本的选择状态，单击"开始"选项卡中的"字体"按钮。

STEP 3 设置字符间距

❶打开"字体"对话框，单击"字符间距"选项卡；❷单击"间距"下拉按钮；❸在打开的下拉列表中选择"加宽"选项。

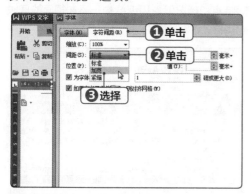

STEP 4 设置字符间距宽度

❶在"间距"对应的"值"数值框中输入"0.2"；❷单击"确定"按钮。

STEP 5 查看设置后的效果

返回工作界面，此时，文档中第一段文本的字符间距明显增宽了。

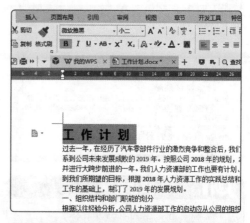

3. 设置字符边框和底纹

在 WPS 文档中，适当地添加边框和底纹，不仅可以增加美观性，也可以突出文档中的重点内容。下面在"产品宣传.docx"文档中设置字符边框和底纹，其具体操作步骤如下。

STEP 1 突出显示文本

❶选择第三段文本；❷单击"开始"选项卡中"突出显示"按钮右侧的下拉按钮；❸在打开的列表中选择"黄色"选项。

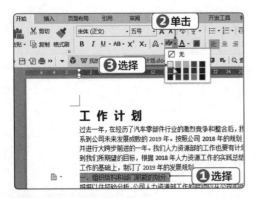

STEP 2 设置字符底纹

❶选择文本"确定组织结构设计的原则";
❷单击"开始"选项卡中的"字符底纹"按钮。

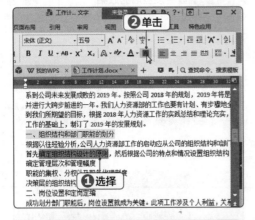

第1篇

操作解谜

突出显示与字符底纹的区别

突出显示可以有不同的背景颜色,但字符底纹只有灰色的背景;另外,突出显示不但可以标记文档中的重要内容,而且可以利用WPS的查找功能快速定位到文档中带有"突出显示"标记的文本,而字符底纹则没有定位功能。

STEP 3 设置字符边框

❶保持文本"确定组织结构设计的原则"的选择状态,单击"开始"选项卡中"边框"按钮右侧的下拉按钮;❷在打开的列表中选择"外侧框线"选项。

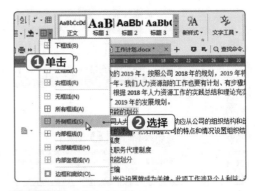

STEP 4 查看设置后的效果

此时,所选文本便呈现出灰色底纹,黑色边框的字符效果。

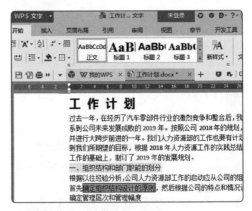

STEP 5 设置字符底纹和边框

按照相同的操作方法,继续为文本"根据公司的特点和情况设置组织结构"添加相同的底纹和边框。

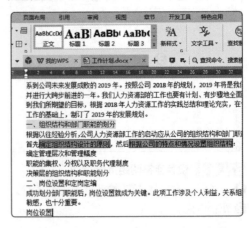

1.2.3 设置段落格式

对于日常办公来说，除了对字符的格式进行设置外，还需要对文档中的段落格式进行设置，如设置对齐方式、段落缩进、行距、段间距，以及添加项目符号和编号等。通过对段落格式的设置，可以使得文档的版式清晰且便于阅读，下面主要介绍设置这些段落格式的相关操作方法。

微课：设置段落格式

1. 设置段落的对齐方式

在文档中可以为不同的段落设置相应的对齐方式，从而增强文档的层次感。下面将在"工作计划 .docx"文档中增大标题文本的字间距，其具体操作步骤如下。

STEP 1 将文本居中对齐

❶将光标定位到第一段文本中；❷单击"开始"选项卡中的"居中对齐"按钮。

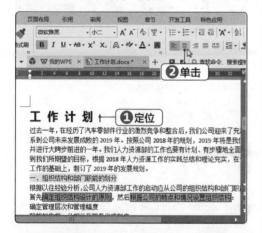

技巧秒杀

快速对齐文本

在编辑文档时，将光标定位到目位置后，直接按【Ctrl+E】组合键，可将文本居中对齐；按【Ctrl+L】组合键，可将文本左对齐；按【Ctrl+R】组合键，可将文本右对齐。

STEP 2 将文本右对齐

❶将光标定位到当前文档中的最后一段文本中；❷单击"开始"选项卡中的"右对齐"按钮。

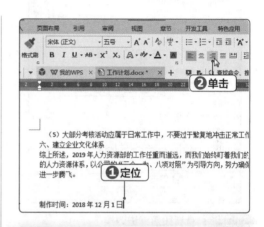

2. 设置段落缩进

设置段落缩进可使文本变得工整，从而清晰地表现文本层次。下面将在"工作计划 .docx"文档中进行首行缩进设置，其具体操作步骤如下。

STEP 1 打开"段落"对话框

❶将光标定位到第一段文本中（原文本的"工作计划"此时成为标题）；❷单击"开始"选项卡中的"段落"按钮。

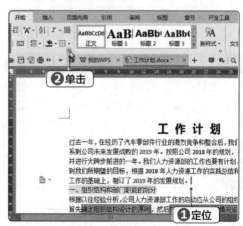

STEP 2 设置首行缩进

❶打开"段落"对话框,在"缩进和间距"选项卡的"缩进"栏中选择"特殊格式"下拉列表中的"首行缩进"选项; ❷在右侧的"度量值"数值框中输入"2"; ❸单击"确定"按钮。

STEP 3 查看段落缩进效果

返回工作界面,此时第一段文本的开始位置自动缩进 2 个字符。

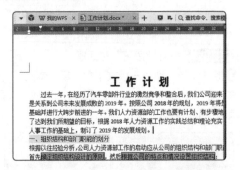

3. 设置段间距和行距

合适的文档间距可使文档一目了然,设置文档间距的操作一般包括设置行间距和段落间距。下面将在"工作计划 .docx"文档中设置段间距和行距,其具体操作步骤如下。

STEP 1 设置行间距

❶在文档中选择除第一段和最后一段文本外的所有文本内容; ❷单击"开始"选项卡中的"行距"按钮; ❸在打开的列表中选择"1.5"选项。

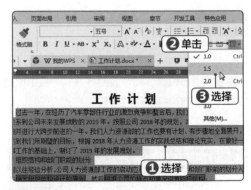

STEP 2 打开"段落"对话框

❶选择文本内容"二、岗位设置和定岗定编"; ❷单击"开始"选项卡中的"段落"按钮。

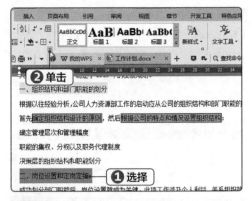

STEP 3 设置段前和段后间距

❶打开"段落"对话框,在"缩进和间距"选项卡的"间距"栏的"段前"数值框中输入"0.5"; ❷在"段后"数值框中输入"0.5"; ❸单击"确定"按钮。

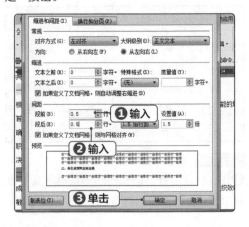

技巧秒杀

手动调整段间距

打开"段落"对话框,在"缩进和间距"选项卡中单击"间距"栏中的"段前"或"段后"数值框中微调按钮,可以将段间距按0.5的倍数进行增加或减少。

STEP 4 查看设置后的效果

返回工作界面,此时,所选段落的段前和段后均按"0.5"的距离进行调整。

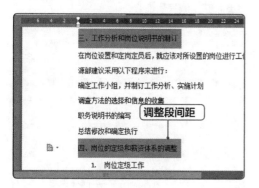

STEP 5 调整其他段落的间距

按照相同的操作方法,将文本"三、工作分析和岗位说明书的制订""四、岗位的定级和薪资体系的调整""五、绩效考核体系的设计""六、建立企业文化体系"这4段文本所在段落的段前和段后间距均设置为"0.2"。

4. 设置项目符号和编号

使用 WPS 制作文档时,常常会为文本段落添加项目符号或编号,使文档层次分明、条理清晰。下面将在"工作计划 .docx"文档中添加项目符号和编号,其具体操作步骤如下。

STEP 1 选择项目符号

❶选择文本内容"明确绩效考评目的";❷在按住【Ctrl】键的同时,再选择文本内容"绩效考评原则";❸单击"开始"选项卡中"项目符号"按钮右侧的下拉按钮;❹在打开的列表中选择"箭头项目符号"选项。

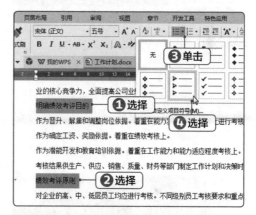

STEP 2 选择编号格式

❶选择文体内容"明确绩效考评目的"下方的4段文本;❷单击"开始"选项卡中"编号"按钮右侧的下拉按钮;❸在打开的列表中选择第二排的最后一种格式。

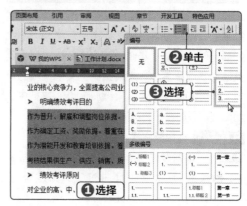

STEP 3　查看添加编号后的效果

此时，所选的 4 段文本将自动添加对应的编号格式。

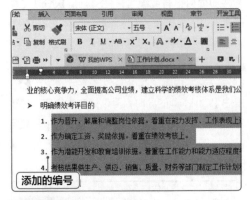

STEP 4　继续添加编号

按照相同的操作方法，继续为"绩效考评原则"段落下方的 4 段文本添加如下图所示的编号。

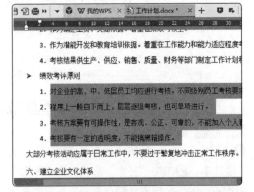

5.　使用格式刷

在 WPS 中，格式刷具有强大的复制格式的功能，无论是字符格式还是段落格式，格式刷都能够将所选文本或段落的所有格式复制到其他文本或段落中，大大减少了文档编辑的重复工作。下面将在"工作计划 .docx"文档中利用格式刷添加编号，其具体操作步骤如下。

STEP 1　选择源格式

❶选择"绩效考评"所在段落下方的第四段文本；❷单击"开始"选项卡中的"格式刷"按钮。

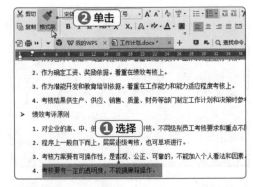

STEP 2　复制格式

将光标移动到文档中，发现其变成了"格式刷"样式时，按住鼠标左键选择需要粘贴格式的目标文本，释放鼠标后，目标文本的格式即可与源文本的格式相同。

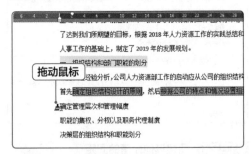

STEP 3　重新编号

❶此时，所选段落将自动应用与源文件相同的格式，并应用相同编号，但原"绩效考评"段落下的文本则自动进行了连续编号，在该编号上单击鼠标右键；❷在弹出的快捷菜单中选择"重新开始编号"命令。

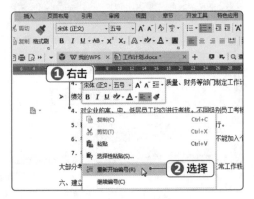

操作解谜

想要复制不连续的文本怎么办

如果想在文档中，利用格式刷对多个不连续的段落或文本快速应用相同的格式，则需要在"开始"选项卡中双击"格式刷"按钮，然后将光标移动到文档中，当其变为"格式刷"样式后，在需要粘贴格式的目标段落或文本上拖动鼠标，即可应用源文件的格式。完成复制操作后，按【Esc】键，退出格式刷的复制状态。如果只单击一次"格式刷"按钮，在完成复制操作后，将自动退出复制状态，不需要按【Esc】键。

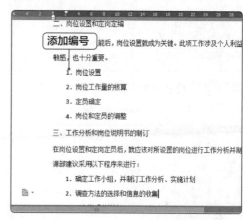

STEP 4 查看编号

此时，文档中的编号，将从数字"1"开始重新进行连续编号。

STEP 5 继续添加编号

同样利用格式刷，继续为"二、岗位设置和定岗定编""三、工作分析和岗位说明书的制订"段落下文本添加如下图所示的编号。

1.2.4 文档加密

为了防止无操作权限的人员随意打开公司中的一些机密文档，在使用WPS编辑完文档后，还需要对文档进行加密操作。WPS提供的文档加密保护功能分为账号加密和密码加密两种。下面将介绍实现这些保护功能的基本操作。

微课：文档加密

1. 账号加密

工作中有很多文件不能让其他人随便查阅，此时，可以给文档加上一把保护锁。下面将对"工作计划.docx"文档进行账号加密，其具体操作步骤如下。

STEP 1 保存文档

完成文档的编辑操作后，单击工作界面左上方快速访问工具栏中的"保存"按钮，保存文档。

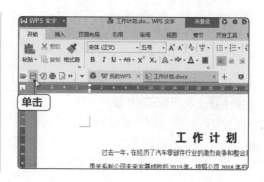

STEP 2 选择加密方式

❶单击"WPS 文字"按钮；❷在打开的列表中选择"文档加密"选项；❸再在打开的列表中选择"账号加密"选项。

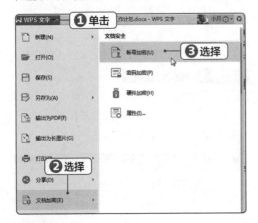

STEP 3 登录 WPS 软件

在打开的"账号加密"选项卡中单击"登录"按钮。

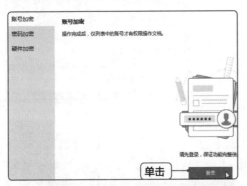

STEP 5 登录到 WPS

打开"QQ 登录"界面，由于计算机中已经登录了 QQ 账号，所以，这里直接单击 QQ 头像。

STEP 6 设置操作权限

❶返回"账号加密"选项卡，其中显示了加密账号的操作权限，如果要取消权限，只需撤销选中相应的复选框，这里保持默认设置，单击右上角的"自动加密"按钮；❷单击"应用"按钮。

操作解谜

为什么自动显示账号加密信息

如果在打开 WPS 软件后，就已经登录到了相关的账户中，那么当选择"账号加密"选项后，就会自动显示关联账号的加密信息，则无需再进行登录。

STEP 4 利用第三方登录

在打开的界面中提供了微信扫描登录、其他方式登录、第三方登录 3 种方式，这里选择第三方登录中的 QQ 登录方式，即单击 QQ 图标。

STEP 7 确认授权

❶打开"提示"对话框,提示列表外的用户将无法打开此文档,单击选中"不再提示"复选框;❷单击"确认"按钮。

2. 密码加密

在 WPS 中,除了账号加密文档外,还可以通过密码的方式进行文档加密。下面将对"工作计划.docx"文档进行密码加密,其具体操作步骤如下。

STEP 1 选择加密方式

❶单击"WPS 文字"按钮;❷在打开的列表中选择【文档加密】/【密码加密】选项。

STEP 2 设置打开密码

❶打开"文档加密"对话框,单击"密码加密"选项卡,其中可以设置权限密码和编辑密码,

这里在"打开权限"栏中的"打开文件密码"和"再次输入密码"文本框中均输入"111111";❷单击"应用"按钮。

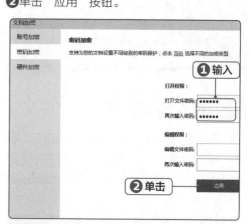

STEP 3 确认设置

在打开的提示对话框中单击"确定"按钮,完成文档权限密码的设置。

技巧秒杀

限制编辑

在 WPS 文字软件中,为了防止文档被自己或他人误编辑,可以启用限制编辑功能。打开"文档加密"对话框,单击"密码保护"选项卡,然后在"编辑权限"栏中的"编辑文件密码"和"再次输入密码"文本框中输入密码,最后依次单击"应用"和"确定"按钮,即可实现限制编辑的目的。

1.3 编辑"考勤管理制度"文档

考勤管理是企业、事业单位对员工出勤进行考察管理的一种管理制度，一般包括请假规定，迟到、早退规定，旷工规定等。申帆国际对原有的考勤管理制度进行了更新改进，现需要为考勤管理制度插入分隔符、页眉、页脚和页码，并提取文档目录，以便传阅。

1.3.1 设置页眉页脚

进行文档编辑时，可在页面的顶部或底部区域，即在页眉或页脚插入文本、图形等内容，如公司 Logo、文件名或日期等对象，在设置页眉页脚前，最好对文档的页面进行正确的划分，也就是分页。

微课：设置页眉页脚

1. 插入分隔符

分隔符包括分页符和分节符。为文档某些页或某些段落单独进行设置时，可能会自动插入分隔符。下面将在"考勤管理制度.docx"文档中插入分页符，其具体操作步骤如下。

STEP 1 插入分页符

❶打开"考勤管理制度.docx"文档，将光标定位到第 2 页的第一段文本的开始位置；❷单击"章节"选项卡中的"拆分章节"按钮下方的下拉按钮；❸在打开的列表中选择"下一页分节符"选项。

STEP 2 查看插入的页

此时，在文档中第一页的后面将新插入一个空白页。

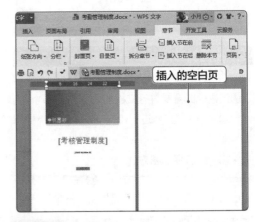

STEP 3 输入文本

单击新插入的页面，并输入文字"目录"。

技巧秒杀

删除分页符

如果对文档中插入的分页符不满意，可以单击"章节"选项卡中的"删除本节"按钮即可将其删除。

2. 插入页眉

为文档插入页眉和页脚可使文档的格式更整齐和统一。下面将在"考勤管理制度 .docx"文档中添加页眉，其具体操作步骤如下。

STEP 1 进入页眉和页脚编辑状态

❶将光标定位到第 3 页文档中；❷单击"章节"选项卡中的"页眉和页脚"按钮。

STEP 2 添加页眉横线

❶打开"页眉和页脚"选项卡，单击其中的"页眉横线"按钮；❷在打开的列表中选择第 7 种样式。

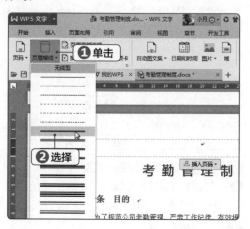

STEP 3 插入图片

❶单击"页眉和页脚"选项卡中的"图片"按钮下方的下拉按钮；❷在打开的列表中选择"来自文件"选项。

STEP 4 选择要插入的图片

❶打开"插入图片"对话框，在"查找范围"下拉列表中选择图片保存位置；❷选择"公司 Logo"图片；❸单击"打开"按钮。

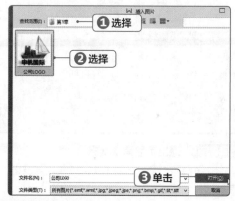

STEP 5 调整图片大小

此时，在页眉左上角显示插入的图片并呈选中状态，在"图片工具"选项卡的"高度"数值框中输入"1 厘米"后按【Enter】键。

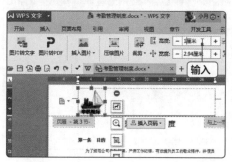

STEP 6 设置图片对齐方式

单击"开始"选项卡中的"居中对齐"按钮，将图片显示在页眉的中间位置。

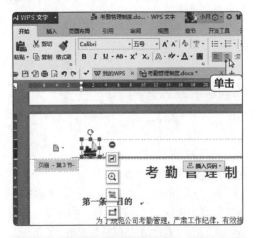

技巧秒杀

设置页眉页脚选项

单击"页眉和页脚"选项卡中的"页眉页脚选项"按钮，在打开的"页眉/页脚设置"对话框中，可以对首页、奇偶页、页眉横线、页码等参数进行详细设置。

STEP 7 退出页眉编辑状态

单击"页眉和页脚"选项卡中的"关闭"按钮，退出页眉页脚的编辑状态。

3. 插入页码

页码用于显示文档的页数，通常在页面底端的页脚区域插入页码，且首页一般不显示页码。下面将在"考勤管理制度.docx"文档中的页脚区域插入页码，其具体操作步骤如下。

STEP 1 进入页脚编辑状态

在第3页页面的页脚位置双击鼠标，进入页脚编辑状态。

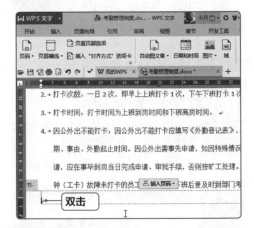

STEP 2 选择页码样式

❶单击页脚区域显示的"插入页码"按钮；
❷在打开的列表中单击"样式"按钮右侧下拉按钮；❸在打开的列表中选择第2种页码样式。

STEP 3 选择页码位置和范围

❶在"位置"栏中选择"居中"选项；❷在"应用范围"栏中单击选中"本页及之后"单选项；
❸单击"确定"按钮。

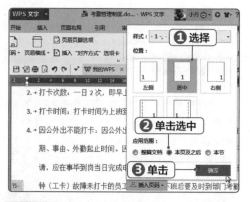

STEP 4　查看插入的页码

近回工作界面，在页脚区域的中间位置显示了插入的页码。

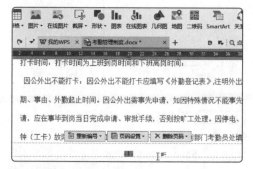

STEP 5　选择插入形状

选择"插入"选项卡的"基本形状"栏中的"同心圆"选项。

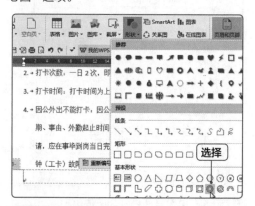

STEP 6　绘制同心圆

❶在插入页码所在的位置绘制一个同心圆；
❷在"绘图工具"选项卡的"高度"和"宽度"

数值框中分别输入"0.58 厘米"和"0.95 厘米"。

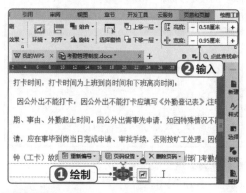

STEP 7　设置形状边框颜色

❶保持形状的选择状态，单击浮动工具栏中的"形状轮廓"按钮；❷在打开的列表中选择"黑色，文本 1"选项。

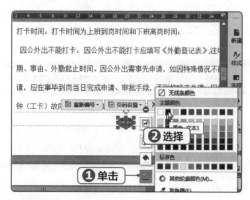

STEP 8　设置形状填充颜色

❶单击浮动工具栏中的"形状填充"按钮；
❷在打开的列表中选择"无填充颜色"选项。

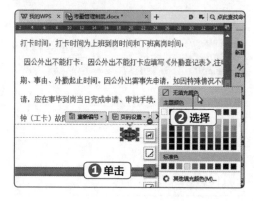

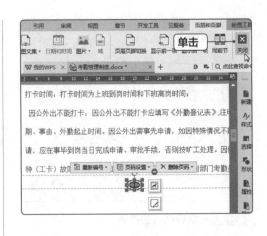

技巧秒杀

设置渐变填充效果

在为绘制的形状设置填充颜色时，除了常用的纯色填充外，还可以进行渐变填充。方法为：单击"形状填充"按钮，在打开的列表中选择"渐变"选项，然后在打开的"属性"栏中进行设置即可。

STEP 9 退出页码编辑状态

成功设置好页码内容后，单击"页眉和页脚"选项卡中的"关闭"按钮。

1.3.2 制作目录

在制作公司制度手册等内容较多、篇幅较长的文档时，为了让员工快速了解文档内容，通常都会为文档制作目录。在 WPS 中，可以直接应用内置的样式来制作目录。下面将介绍其操作方法。

微课：制作目录

1. 插入目录

在为 WPS 文档创建目录时，可使用 WPS 自带的创建目录功能快速地完成创建，需要注意的是，文档中需要提取目录的文本应设置大纲级别。下面将在"考勤管理制度 .docx"文档中应用内置目录，其具体操作步骤如下。

STEP 1 打开"段落"对话框

❶选择第 3 页中的第 2 段文本；❷单击"开始"选项卡中的"段落"按钮。

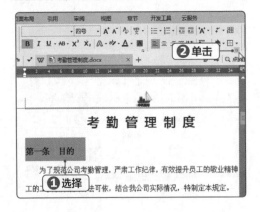

STEP 2 设置标题文本的大纲级别

❶打开"段落"对话框，单击"缩进和间距"选项卡；❷在"常规"栏的"大纲级别"下拉列表中选择"1 级"选项；❸单击"确定"按钮。

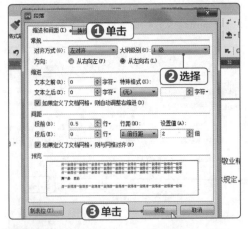

STEP 3 设置其他标题的大纲级别

使用相同的操作方法，将文档中的第 2 条至第 14 条标题文本的大纲级别设置为"1 级"。

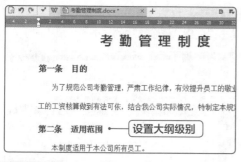

STEP 4 选择目录样式

❶单击"章节"选项卡中的"目录页"按钮;
❷在打开的列表中选择"优雅"选项。

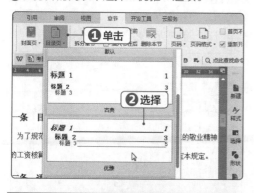

技巧秒杀

自定义目录

如果用户对应用的内置目录不满意,可以根据需要自定义目录。方法为:在"章节"选项卡中单击"目录页"按钮,在打开的列表中选择"插入目录页"选项,打开"目录"对话框,在其中可以对制表符前导符、显示级别、页码对齐方式、超链接等参数进行设置。

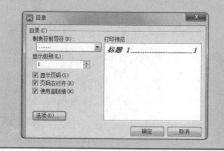

STEP 5 剪切插入的目录

❶此时,在自动新建的页面中显示了插入的目录,拖动鼠标选择插入的目录;❷单击"开始"选项卡中的"剪切"按钮。

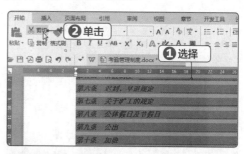

STEP 6 粘贴目录

❶将光标定位到"目录"文本的最右侧,按【Enter】键换行;❷单击"开始"选项卡中的"粘贴"按钮。

STEP 7 查看粘贴后的目录

此时,插入的目录将显示在指定的"目录"页中,然后按键盘上的【Delete】键,将空白页删除。

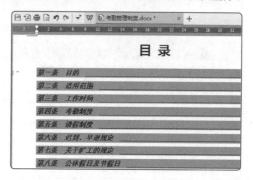

STEP 8 调整目录间距

❶选择插入的目录；❷单击"开始"选项卡中的"行距"按钮；❸在打开的列表中选择"2.0"选项。

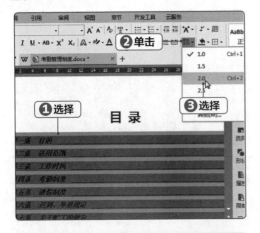

2. 更新目录

　　设置完文档的目录后，当文档中的文本有修改时，目录的内容和页码都有可能发生变化，因此需要对目录重新进行调整。而在 WPS 文字软件中使用"更新目录"功能可快速地更正目录，使目录和文档内容保持一致。下面将在"考勤管理制度.docx"文档中更新目录，其具体操作步骤如下。

STEP 1 修改正文标题

将光标定位到"第三条　工作时间"文本的最右侧，并输入文字"规定"。

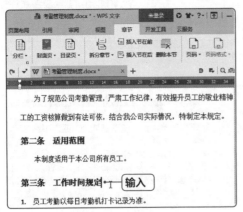

STEP 2 打开"更新目录"对话框

单击"引用"选项卡中的"更新目录"按钮。

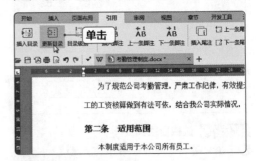

STEP 3 选择更新范围

❶打开"更新目录"对话框，单击选中"更新整个目录"单选项；❷单击"确定"按钮。

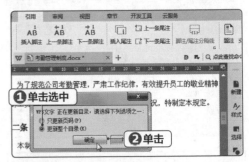

STEP 4 调整行间距

此时，目录中对应的标题将被 WPS 自动更新，选择更新后的目录，直接按【Ctrl+2】组合键，将目录的行距调整为"2"。

新手加油站

1. 快速输入中文大写金额

使用 WPS 编写文档时，可能会遇到需要输入中文大写金额的情况。WPS 提供了一种简单快速的方法，可将输入的阿拉伯数字快速转换为中文大写金额，其具体操作步骤如下。

❶ 选择文档中需要转换的阿拉伯数字，在"插入"选项卡中单击"插入数字"按钮。

❷ 打开"数字"对话框，在"数字类型"列表框中选择"壹，贰，叁 ..."选项，单击"确定"按钮即可将所选数字转换为大写金额。

2. 快速切换英文字母大小写

在利用 WPS 文字软件编辑英文文档时，经常需要切换大小写，通过使用快捷键可快速切换。下面以"wps office"单词为例，在文档中选择"wps office"，按【Shift+F3】组合键，将其切换为"Wps Office"；再按一次【Shift+F3】组合键，可切换为"WPS OFFICE"；再按一次【Shift+F3】组合键，可切换回"wps office"。

3. 清除文档中的多余空行

从网上复制文本到 WPS 中，经常会出现文档中有许多空行的情况，逐一删除这些空行无疑会增加工作量。通过"空行替换"的方法可以快速去除文档中多余的空行，其具体操作步骤如下。

❶ 打开带有多余空行的 WPS 文档，在"开始"选项卡中单击"查找替换"按钮。

❷ 打开"查找和替换"对话框，在"替换"选项卡中的"查找内容"文本框中输入文本"^p^p"，在"替换为"文本框中输入文本"^p"，单击"全部替换"按钮即可将文档中的空行快速删除。

4. 利用标尺快速对齐文本

WPS 文字软件提供了标尺功能，单击水平标尺上的滑块，可方便地设置制表位的对齐方式，它以左对齐式、居中式、右对齐式、小数点对齐式、竖线对齐式的方式和首行缩进、悬挂缩进循环设置，其具体操作步骤如下。

❶ 单击选中"视图"选项卡中的"标尺"复选框，标尺即可在页面的上方（即工具栏的下方）显示出来。

❷ 选择要对齐的段落或整篇文档内容。

❸ 单击水平标尺，并按住鼠标左键进行拖动，可将选中的段落或整篇文章的行首移动到水平对齐位置处；如果单击垂直标尺，并按住鼠标左键进行拖动，可将选中的段落或整篇文章内容上下移动到对齐位置处。

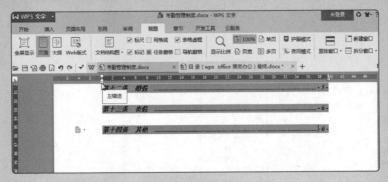

5. 将文档设置为稿纸

稿纸设置功能用于生成空白的稿纸样式文档，或将稿纸网格应用于 WPS 文档中的现有文档。通过"稿纸设置"对话框，可以根据需要轻松地设置稿纸属性，也可以方便地删除稿纸设置，其具体操作步骤如下。

❶ 单击"页面布局"选项卡中的"稿纸设置"按钮。

❷ 打开"稿纸设置"对话框，在"使用稿纸方式"栏中设置稿纸的规格、网格样式和颜色；在"页面"栏中设置稿纸的纸张大小和纸张方向；，然后在"换行"栏中设置稿纸的换行方式，最后单击"确定"按钮，即可将文档设置为该种稿纸样式。

6. 输入公式

当在制作专业的报告时，有时会要求输入各种公式，对于简单的加减乘除公式，可以用输入普通文本的方法来输入。而对于许多复杂的公式，则可以通过 WPS 中的插入公式功能来输入，其具体操作步骤如下。

❶ 在要编辑的文档中，单击"插入"选项卡中的"公式"按钮。

❷ 打开"公式编辑器"窗口，此时，在文档中插入一个公式编辑区域。在工具栏中选择要插入的公式参数。

❸ 利用小键盘输入公式中的数字，即可完成公式的输入操作。

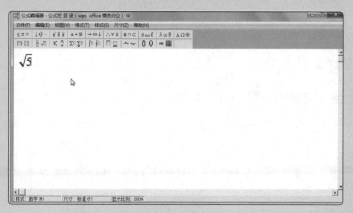

高手竞技场

1. 制作"员工招聘启事"文档

新建一个空白文档，并将其保存名称设置为"员工招聘启事 .wps"，然后对文档进行编辑，具体要求如下。

- 切换到适合自己的输入法，输入相关的文本内容。
- 打开"字体"对话框，将文档中标题文本的字体格式设置为"微软雅黑、11"，并将文本对齐方式设置为"居中"。
- 为"二、招聘条件""三、岗位职责"栏中的段落添加编号。
- 设置"四、招聘程序"栏中的所有段落首行缩进 2 个字符，然后对"网上报名""资格审查""笔试面试"段落添加项目符号，最后突出显示文本"对提供虚假材料的，一经发现，取消资格。"，并将字体颜色设置为"红色"，同时添加外边框。
- 将最后一段文本进行右对齐设置。

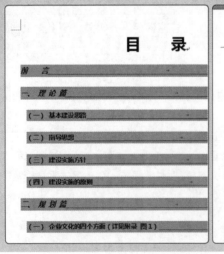

鑫城华博物馆招聘编外人员1人公告

一、招聘计划

岗位：宣教（编外合同制工作人员）

人数：1名（性别：女）

二、招聘条件

1. 大专及以上学历，35周岁以下，历史、文博、英语专业优先。

2. 遵守国家法律法规、热爱文博事业，具有良好的思想品质和敬业心、服务意识和奉献精神。

3. 语言表达能力强、善于沟通交流，精通图像处理软件特长的。

4. 普通话测试二级甲等及以上证书的优先。

三、岗位职责

1. 博物馆宣传教育活动的策划与实施。

2. 博物馆陈列展览讲解词的撰写及讲解接待（中英双语讲解）工作。

3. 其他临时性工作。

四、招聘程序

发布招聘公告→网上报名→资格审查→笔试与面试→聘用。

资格审查贯穿于招考全过程，直至正式签定劳动合同后结束。

➤ **网上报名**

报名时间为即日起至2017年10月31日，逾期不再受理。

➤ **资格审查**

2017年10月8日9:00-11:30，报名人员需持本人身份证、报名表、与相关技能证书等证件（证明）原件和复印件及个人近期免冠一寸照2张，到楼会议室进行现场资格审查，逾期不予受理。对提供虚假材料的，一经发现

➤ **笔试面试**

2017年10月15日，对通过资格审查的报名人员先进行笔试与面试，成绩从高分到低分取前10名，择日另行通知，进行现场测试。

五、相关待遇

试用期1个月，正式录用后，按照鑫城华博物馆编外用工工资标准相关定缴纳社会保险，签订劳动合同。

六、联系人及联系电话

联系人：姚小姐

联系电话：028-8888****

邮编：610000

2017年7月

2. 编辑"企业文化建设策划案"文档

打开提供的素材文件"企业文化建设策划案.wps"，对文档进行编辑，具体要求如下。

● 将光标定位到"目录"页，单击"章节"选项卡中的"目录页"按钮，在打开的列表中选择"优雅"目录页样式，然后将插入目录剪切后粘贴到"目录"页中。

● 在第3页中双击页眉进行编辑状态，在左上角插入提供的Logo图片，并调整图片大小、环绕方式和添加阴影效果，然后输入文本"企业文化建设策划案"，将其设置为居中对齐。

● 切换至页脚区域，单击"页码设置"按钮，在打开的列表中选择第5种样式，然后将页码设置为"居中"，最后将显示范围设置为"本页及之后"。

● 将文档进行密码保护，打开"文档加密"对话框，在其中将打开权限和编辑权限的密码均设置为"123456"。

WPS 文字编辑

第 2 章
文档的图文排版

WPS 文档除了基本的文字输入和编辑外，有时为了让文档在整体上更加美观，以及满足不同的制作需求，往往需要对文档版面进行优化。本章将主要介绍使用 WPS 文字软件进行文档的图文排版操作，包括艺术字的插入与编辑、图片的插入与编辑、形状的插入与编辑以及文本框和 SmartArt 图形的使用等。

本章重点知识

☐ 插入计算机中的图片

☐ 调整图片大小

☐ 设置图片环绕方式

☐ 插入并编辑艺术字

☐ 插入形状

☐ 插入文本框

☐ 插入并编辑 SmartArt 图形

2.1 编辑"产品宣传"文档

盛华旗光保健公司需要对公司的新产品进行宣传，为了让文档更加美观并能突出产品的功能特点，需要在"产品宣传"文档中添加相应的图片、艺术字、形状，以便更好地表达文档中的内容。另外，在编辑"产品宣传"文档时，除了图文搭配外，还可以添加现在常用的二维码图标，让客户可以在第一时间对产品和公司情况进行了解。

2.1.1 图片的插入与编辑

图片能直观地表达出需要表达的内容，在文档中插入图片，既可以美化文档页面，又可以让读者轻松地领会作者想要表达的意图。下面将详细介绍在WPS Office 2016 文字软件中插入与编辑图片的方法。

微课：图片的插入与编辑

1. 插入计算机中的图片

计算机中的图片是指用户通过自己拍摄或通过其他途径获取，然后保存在计算机中的图片。下面为"产品宣传 .docx"文档插入公司的产品图片，其具体操作步骤如下。

STEP 1 单击"图片"按钮

打开"产品宣传 .docx"文档后，在"插入"选项卡中单击"图片"按钮。

STEP 2 选择图片

❶打开"插入图片"对话框，选择需要插入的"按摩椅"图片；❷单击"打开"按钮。

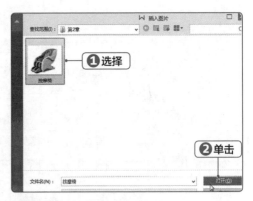

STEP 3 查看图片插入效果

返回文字处理工作界面，在光标处将插入选择的图片。

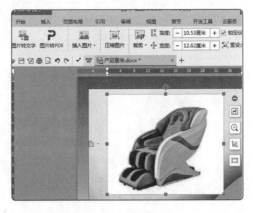

技巧秒杀

插入在线图片

插入在线图片是指利用 Internet 来查找并插入付费图片，也可以插入 WPS 文字软件自带的免费图片。操作方法为：单击"插入"选项卡中的"图片"下方的下拉按钮，在打开的列表中选择"在线图片"选项，在打开的对话框中提供了"付费专区""办公专区""我的图片"3 个选项卡，其中，"付费专区"可以搜索并购买人物、商业、动物以及背景 4 种类型的图片；"办公专区"则可以单击需插入图片上的"插入"按钮，即可在文档中插入免费图片；"我的图片"中则显示用户最近使用过、购买过和收藏的图片，也是单击"插入"按钮插入图片。

2. 按形状裁剪图片

在文档中插入图片后，有时需要对其进行裁剪操作，即将图片中不需要的部分删除。裁剪图片可以分为按形状裁剪和按比例裁剪两种方式。下面将在"产品宣传.docx"中对插入的"按摩椅"图片按形状裁剪，其具体操作步骤如下。

STEP 1 选择操作

在 WPS 文字软件中插入图片后，图片默认呈选择状态，此时，单击"图片工具"选项卡中的"裁剪"按钮。

STEP 2 选择图片的裁剪形状

此时，在图片的右侧将自动展开裁剪列表，其中显示了按形状裁剪和按比例裁剪两种方式，这里选择"按形状裁剪"选项卡中的"圆角矩形"选项。

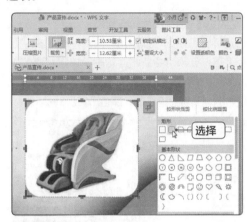

STEP 3 查看裁剪效果

将鼠标指针移至图片区域外的任意位置，然后单击鼠标左键确认裁剪操作。

技巧秒杀

手动剪裁图片

选择图片并单击"裁剪"按钮后，图片四周会自动显示 8 个控制点，将鼠标指针移至任意一个控制点上，然后按住鼠标左键不放并拖动，便可以快速删除图片中不需要保留的部分。

3. 为图片添加轮廓

为了使插入的图片更加美观，还可以为图片添加轮廓效果。下面将在"产品宣传.docx"文档中对图片轮廓进行设置，其具体操作步骤如下。

STEP 1 选择图片轮廓颜色

❶选择裁剪后的"按摩椅"图片；❷单击"图片工具"选项卡中"图片轮廓"按钮右侧的下拉按钮；❸在打开的列表中选择"主题颜色"栏中的"浅绿、着色6，深色50%"选项。

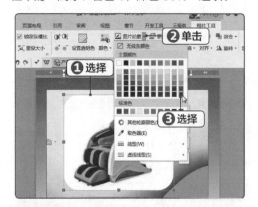

STEP 2 选择轮廓的粗细

❶保持图片的选择状态，再次单击"图片工具"选项卡中"图片轮廓"按钮右侧的下拉按钮；❷在打开的列表中选择【线型】/【4.5磅】选项。

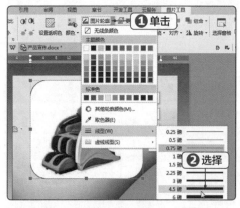

STEP 3 查看轮廓效果

此时，按摩椅将显示出添加轮廓后的最终效果。

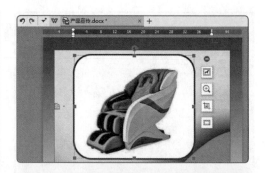

操作解谜

图片裁剪错误怎么办

如果裁剪图片时图片裁剪的不满足要求，此时，可以将图片恢复至插入时的状态，然后再重新进行设置。恢复图片至插入状态时的方法为：首先选择要设置的图片，然后单击"图片工具"选项卡中的"重设图片"按钮，即可快速将图片恢复至插入状态。

4. 调整图片大小

在文档中插入图片后，可以根据需要设置插入图片的大小。设置图片的人小主要有通过鼠标拖动调整和通过"图片工具"选项卡调整两种方法。下面将在"产品宣传.docx"文档中设置图片的大小，其具体操作步骤如下。

STEP 1 拖动鼠标调整图片大小

❶保持图片的选中状态，将鼠标指针移动到右上角的控制点上，当鼠标指针变成双箭头形状时；❷按住鼠标左键不放向左下方拖动，到合适位置释放鼠标，即可将图片缩小。

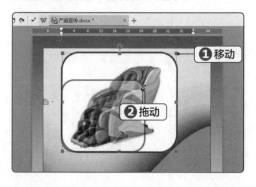

STEP 2 查看调整后的效果

此时，图片的高度和宽度均会等比例缩小。

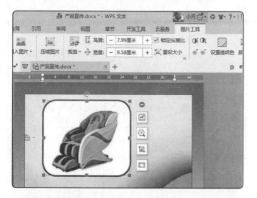

技巧秒杀

不按比例调整图片大小

将鼠标指针移动到文本框四边中间的控制点上，按住鼠标左键不放拖动将不会按纵横比改变图片的大小，从而使图片变形。

操作解谜

想要精确调整图片大小怎么办

通过拖动鼠标的方式可以快速调整图片的大小，但对于图片的精确大小却无法锁定。若想精确调整图片的高度和宽度，则首先要在"图片工具"选项卡中撤销选中"锁定纵横比"复选框，然后在"图片工具"选项卡中的"高度"数值框和"宽度"数值框中分别输入具体的数字即可精确调整图片。

5. 设置图片的环绕方式

在文档中直接插入图片后，如果要调整图片的位置，则应先设置图片的文字环绕方式，再进行图片的调整操作。下面将为"产品宣传.docx"文档中的图片设置环绕方式，其具体操作步骤如下。

STEP 1 设置图片环绕方式

❶保持图片的选中状态，在"图片工具"选项

卡中单击"环绕"按钮；❷在打开的列表中选择"浮于文字上方"选项。

STEP 2 调整图片的位置

将鼠标指针移至图片上，当鼠标指针变为🕂形状后，按住鼠标左键不放往右下角拖动图片，直至将图片移至目标位置后再释放鼠标。

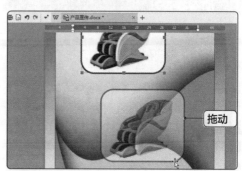

STEP 3 自由旋转图片

将鼠标指针移至图片上边框中间的控制点上，当鼠标指针变为↺形状后，按住鼠标左键不放逆时针旋转图片直至目标位置后再释放鼠标。

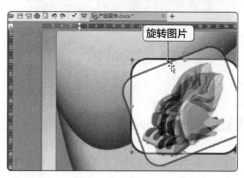

技巧秒杀

快速改变图片环绕方式

当选择插入到文档中的图片后，在图片的右侧会自动显示 4 个按钮，从上到下依次为"布局选项"按钮、"图片预览"按钮、"裁剪图片"按钮和"图片边框"按钮。单击"布局选项"按钮，即可在打开的列表中选择图片的环绕方式。

操作解谜

图片的阴影、倒影、发光效果如何实现

在 WPS 文字软件中，除了可以为图片添加轮廓外，还可以为图片添加阴影、倒影和发光等效果。方法为：选择要设置的图片后，单击"图片工具"选项卡，单击"图片效果"按钮，在打开的任务窗格中可以对图片的阴影、倒影、发光、柔化边缘和三维旋转等效果进行设置。

2.1.2 艺术字的插入与编辑

艺术字是指 WPS 文字中经过特殊处理的文字，在文档中使用艺术字，可以使文档呈现出不同的效果，使文本更加醒目、美观。使用艺术字后还可以对其进行编辑，使其呈现更多的效果。下面将介绍插入与编辑艺术字的相关操作。

微课：艺术字的插入与编辑

1. 插入艺术字

在文档中插入艺术字可有效地提高文档的可读性，WPS 文字中提供了 15 种艺术字样式，用户可以根据实际情况选择合适的样式来美化文档。下面将在"产品宣传 .docx"文档中插入艺术字，其具体操作步骤如下。

STEP 1 选择艺术字样式

❶单击"插入"选项卡中的"艺术字"按钮；
❷在打开的列表中选择第一排的第二种样式。

STEP 2 输入并设置艺术字

❶此时，文档中将自动插入一个文本框，直接输入文本"智能按摩椅"；❷设置字体为"方

正中粗雅宋简体"，"字号"为"72"，将文本框拖动到文档中间位置。

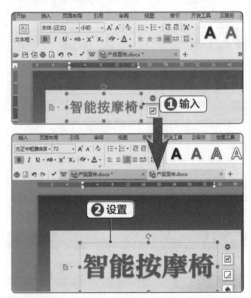

STEP 3 为艺术字应用预设样式

❶选择插入的艺术字文本框；❷在"文本工具"选项卡中单击艺术字列表框右侧的"展开"按钮，打开"预设样式"列表框；❸选择"填充 – 黑色，文本 1，轮廓 – 背景 1，清晰阴影 – 背景 1"选项。

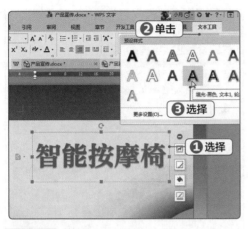

STEP 4 查看艺术字效果

此时，插入的艺术字将自动应用所选的预设样式。

2. 编辑艺术字

插入艺术字后，如果对艺术字的效果不满意，可重新对其进行编辑，主要是对艺术字的填充颜色、边框颜色、填充效果等进行设置。下面将在"产品宣传.docx"文档中对插入的艺术字进行编辑，其具体操作步骤如下。

STEP 1 设置艺术字填充颜色

❶保持文本的选中状态，在"文本工具"选项卡中单击"文本填充"按钮右侧的下拉按钮；❷在打开的列表中选择"主题颜色"栏中"浅绿，着色6，深色50%"选项。

STEP 2 设置艺术字边框颜色

❶单击"文本工具"选项卡中"文本轮廓"按钮右侧的下拉按钮；❷在打开的列表中选择"浅绿，着色6，浅色80%"选项。

STEP 3 设置艺术字效果

❶单击"文本工具"选项卡中的"文本效果"按钮；❷在打开的列表中选择"阴影"选项；❸再在打开的列表中选择"外部"栏中的"向右偏移"选项。

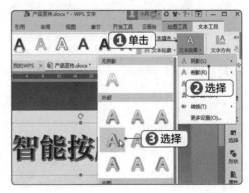

STEP 4 查看编辑后的效果

此时，即可在工作界面中查看艺术字设置后的最终样式。

2.1.3 形状的插入与编辑

在 WPS 文字软件中通过多种形状绘制工具，可绘制出如线条、矩形、箭头、流程图、星与旗帜等图形。应用这些图形，并配合相应的文字描述，可以增加文档的可读性。下面介绍插入与编辑形状的相关操作。

1. 绘制形状

在制作文档的过程中，适当地插入一些形状，既能使文档简洁，又能使文档内容更加丰富、形象。下面将在"产品宣传.docx"文档中插入"椭圆形标注"形状，其具体操作步骤如下。

STEP 1 选择形状

❶单击"插入"选项卡中的"形状"按钮；
❷在打开的列表中选择"标注"栏中的"椭圆形标注"选项。

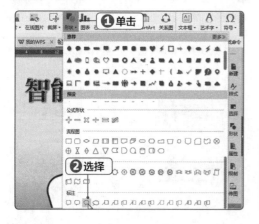

技巧秒杀

详细设置艺术字样式

在文档中选择插入的艺术字后，在"文本工具"选项卡中单击"文本效果"按钮右下角的"展开"按钮，打开"属性"任务窗格，其中显示了"文本选项"和"形状选项"两个选项卡，通过这两个选项卡，可以对艺术字的阴影、倒影、发光、柔化边缘、三维格式、三维旋转、填充颜色以及线条颜色等项目进行更加详细的设置。

微课：形状的插入与编辑

STEP 2 绘制形状

在目标位置按住鼠标左键不放，拖动鼠标，至合适大小后释放鼠标，即可绘制椭圆标注形状。

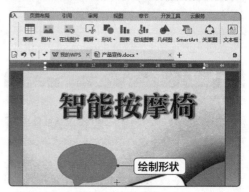

技巧秒杀

绘制等比例形状

在文档中绘制具有一定长宽比的形状，如正方形、五角星、六角形等，可以在绘制的同时按住【Shift】键，就可以快速绘制出等比例的形状。

STEP 3　输入文本内容

在绘制的形状中输入所需的文本内容，这里输入"家中专业的按摩师"。

STEP 4　设置字体格式

❶拖动鼠标选择输入的文本内容；❷在"文本工具"选项卡中的"字体"列表框中选择"方正兰亭中黑"选项；❸在"字号"列表框中选择"二号"选项。

操作解谜

形状绘制错误怎么办

　　如果形状已经绘制并编辑完成，但却发现所绘形状与文档内容不太相符，若再次重新绘制形状会比较麻烦，此时只需更改形状即可。方法为：在文档中选择要修改的形状，然后单击"绘图工具"选项卡中的"编辑形状"按钮，在打开的列表中选择"更改形状"选项，再在打开的列表中选择目标形状即可修改当前形状。

2.　应用形状样式

　　插入形状图形后，可发现其颜色、效果和样式会显得单调，此时，可通过"绘图工具"选项卡，为形状应用预设的样式。下面将在"产品宣传 .docx"文档中应用预设的形状样式，并适当编辑，其具体操作步骤如下。

STEP 1　调整形状大小

❶选择插入的椭圆形标注；❷将鼠标指针定位至右下角的控制点，按住鼠标左键不放，向右下角拖动，直至目标位置后释放鼠标。

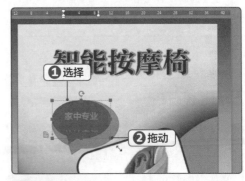

STEP 2　移动形状

保持形状的选择状态，将鼠标指针移至形状中，当其变为形状时，按住鼠标左键不放，向左上角拖动形状，直至目标位置后释放鼠标。

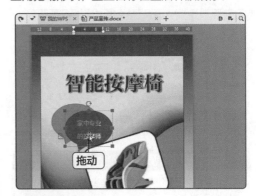

STEP 3　编辑形状

❶将鼠标指针定位至椭圆形标注中的黄色控件点上；❷按住鼠标左键不放向右侧移动，直至目标位置后释放鼠标。

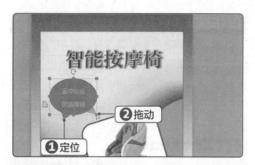

STEP 4 应用预设样式

❶单击"绘图工具"选项卡；❷在"预设样式"列表框中选择"彩色轮廓－浅绿，强调颜色6"选项。

STEP 5 查看应用后的效果

此时，椭圆形标注将自动应用设置好的样式。

3. 设置形状轮廓

如果对应用的形状样式不满意，可以在"绘图工具"选项卡中对形状的填充颜色、轮廓样式、填充效果等进行设置。下面将在"产品宣传.docx"文档中对形状轮廓进行设置。其具体操作步骤如下。

STEP 1 设置轮廓颜色

❶保持形状的选择状态，单击"绘图工具"选项卡；❷单击"轮廓"按钮右侧的下拉按钮；❸在打开的列表中选择"浅绿，着色6，深色50%"选项。

STEP 2 设置轮廓线型

❶单击"绘图工具"选项卡中的"轮廓"按钮右侧的下拉按钮；❷在打开的列表中选择"线型"选项；❸再在打开的列表中选择"4.5磅"选项。

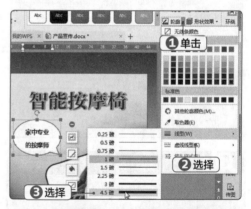

操作解谜

形状填充与形状轮廓的区别

形状填充是利用颜色、图片、渐变和纹理来填充形状的内部；形状轮廓是指设置形状的边框颜色、线条样式和线条粗细。

STEP 3 编辑文本

❶拖动鼠标选择输入到形状中的文本；❷单击

"文本工具"选项卡；❸单击"段落"按钮。

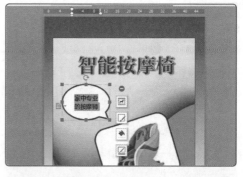

STEP 4 设置段落间距

❶打开"段落"对话框，在"缩进和间距"选项卡中的"行距"列表框中选择"固定值"选项；❷在"设置值"数值框中输入"30"；❸单击"确定"按钮。

STEP 5 查看设置后的效果

此时，形状中文本的段落间距已缩小。

技巧秒杀

快速设置形状轮廓

在文档中插入形状后，在插入形状的右侧会自动显示快速工具栏，其中提供了布局选项、形状样式、形状填充和形状轮廓 4 个按钮。单击其中的"形状轮廓"按钮，在打开的列表中便可对轮廓的颜色、线型、虚线线型等项目进行设置。

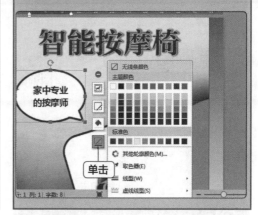

2.1.4 二维码的插入与编辑

二维码又叫二维条形码，它是利用黑白相间的图形记录数据符号信息的，使用电子扫描设备如手机、平板电脑等，便可自动识读以实现信息的自动处理。下面介绍插入与编辑二维码的相关操作。

微课：二维码的插入与编辑

1. 插入二维码

二维码具有储存量大、保密性高、追踪性高、成本便宜等特性，并且二维码还可以存储包括网址、名片、文本信息、特定代码等各种信息。下面将在"产品宣传 .docx"文档中插入关于产品简介的二维码，其具体操作步骤如下。

STEP 1 单击"二维码"按钮

❶在"产品宣传.docx"文档中单击鼠标,定位光标插入点;❷单击"插入"选项卡的"图库"按钮,在打开的列表中选择"二维码"选项。

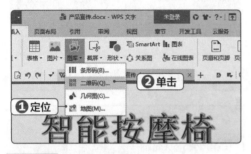

STEP 2 输入二维码内容

❶打开"插入二维码"对话框,在"输入内容"文本框中输入产品简介的相关内容;❷单击"确定"按钮。

操作解谜

手机号码能否单独生成二维码

首先打开"插入二维码"对话框,然后单击左上角的"电话"按钮,在打开的"手机号码"文本框中输入要设置的手机号,单击"确定"按钮,即可创建二维码图标。

STEP 3 查看插入的二维码

此时,文档中光标所在位置将插入设置好的二

维码图标。

2. 编辑二维码

二维码默认都是黑色的正方形样式,但在实际操作过程中,可以对二维码的颜色、图案样式、大小等进行设置。下面将在"产品宣传.docx"文档中对插入的二维码进行编辑,其具体操作步骤如下。

STEP 1 单击按钮

保持二维码的选中状态,单击右侧快速工具栏中的"编辑扩展对象"按钮。

STEP 2 设置二维码前景色

❶打开"编辑二维码"对话框,单击右下角"颜色设置"选项卡中的"前景色"按钮;❷在打开的列表中选择"#197b30"选项。

STEP 3 设置二维码图案样式

❶单击"编辑二维码"对话框中的"图案样式"选项卡；❷将鼠标指针移至"定位点样式"按钮上；❸在打开的列表中选择第一排倒数第二种样式；❹单击"确定"按钮。

🏃 技巧秒杀

在二维码中嵌入 Logo

如果想在二维码中嵌入 Logo 或添加图片，可以打开"编辑二维码"对话框，然后单击右下角的"嵌入 Logo"选项卡，在打开的列表中单击"点击添加图片"按钮，打开"打开文件"对话框，在其中选择要添加的图片，依次单击"打开"按钮和"确定"按钮即可在二维码中嵌入图片。

STEP 4 设置图片环绕方式

❶返回文档工作界面，单击二维码右侧快速工具栏中的"布局选项"按钮；❷在打开的列表中选择"浮于文字上方"选项。

STEP 5 设置二维码大小

❶保持二维码的选择状态，在"图片工具"选项卡中单击选中"锁定纵横比"复选框；❷在"高度"数值框中输入"2.7 厘米"，按【Enter】键确认设置。

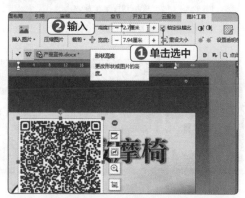

🔍 操作解谜

确保二维码不变形

在调整二维码的大小时，一定要进行等比例缩放，否则插入的二维码将无法识别。等比例缩放二维码的方法有两种，一是锁定二维码的纵横比，二是按住【Ctrl+Shift】组合键的同时，拖动二维码四个角上的任意一个控制点调整大小。

STEP 6 移动二维码

将鼠标指针定位至二维码中，然后按住鼠标左键不放拖动二维码，直至将二维码拖动到页面右下角再释放鼠标。

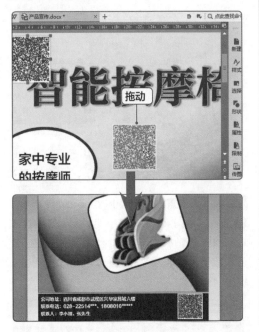

STEP 7 保存文档

❶成功完成文档的编辑操作后，单击操作界面左上角的"WPS 文字"按钮；❷在打开的列表中选择"保存"选项。

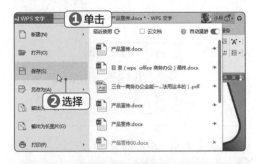

技巧秒杀

快速保存文档

在编辑完文档后，直接按【Ctrl+S】组合键，即可将文档进行快速保存。如果是首次执行保存操作，则会打开"另存为"对话框，在其中设置好保存信息后，单击"保存"按钮才能成功保存文档。

2.2 编辑"组织结构图"文档

诏国实业集团准备收购机械厂，需要准备很多文件资料，其中包括该厂的组织结构图，制作这种具有层次关系的文档时，通常难以用文字阐述。此时，利用 SmartArt 图形功能和插入文本框功能，就可以创建不同布局的层次结构图形，从而快速、有效地表示层次结构和从属关系。

2.2.1 使用文本框制作标题

在 WPS 文字软件中，使用文本框可以在页面任何位置输入需要的文本，且具有很大的灵活性。下面将介绍插入与编辑文本框的相关操作。

微课：使用文本框制作标题

1. 插入文本框

WPS 文字软件中提供横向文本框、竖向文本框、多行文字文本框 3 种样式，用户可直接选择使用。下面将在"组织结构图 .docx"文档中插入横向文本框，其具体操作步骤如下。

STEP 1 选择文本框样式

❶打开"组织结构图 .docx"文档,单击"插入"选项卡中的"文本框"按钮下方的下拉按钮;❷在打开的列表中选择"横向"选项。

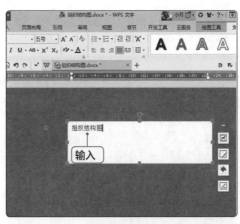

操作解谜

横向文本框与竖向文本框的区别

横向文本框中的文本是从左到右,从上到下输入的,而竖向文本框中的文本则是从上到下,从右到左输入的。单击"文本框"按钮,在打开列表中选择"竖向"选项,可以插入竖向的文本框。

STEP 2 绘制文本框

此时,鼠标指针将变为十字形状,按住鼠标左键不放,拖动鼠标绘制一个矩形后,再释放鼠标。

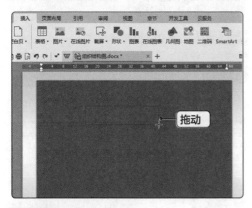

STEP 3 输入文本内容

在文本框中的光标不断闪烁处,输入文本内容"组织结构图"。

2. 编辑文本框

在文档中插入文本框后,还应该根据实际需要对文本框进行编辑,包括对文本框的填充和轮廓颜色的设置、字体格式的设置、对齐方式的调整等。下面将设置"组织结构图 .docx"文档中文本框的样式,其具体操作步骤如下。

STEP 1 设置文本框填充颜色

❶将鼠标指针移至插入文本框的边框上,当其变为✛形状时,单击鼠标选择文本框;❷在"绘图工具"选项卡中单击"填充"按钮右侧的下拉按钮;❸在打开的列表中选择"无填充颜色"选项。

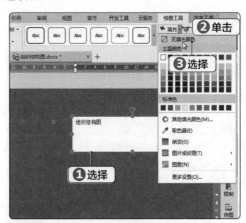

STEP 2 设置文本框轮廓

❶保持文本框的选择状态,单击"绘图工具"

选项卡中"轮廓"按钮右侧的下拉按钮；❷在打开的列表中选择"无线条颜色"选项。

右侧的下拉按钮；❷在打开的列表中选择"初号"选项。

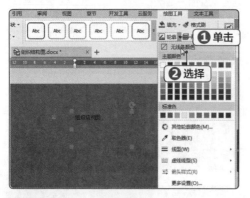

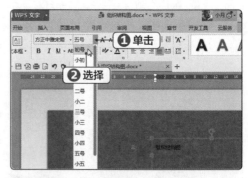

STEP 3　设置文本框中的字体

❶保持文本框的选择状态，单击"文本工具"选项卡；❷单击"字体"按钮右侧的下拉按钮；❸在打开的列表中选择"方正中雅宋简"选项。

STEP 5　应用文本样式

保持文本框的选择状态，在"文本工具"选项卡的"预设样式"列表中选择"填充 – 橙色，着色 4，软边缘"选项。

操作解谜

找不到字体怎么办

　　如果在 WPS 文字软件中无法找到需要的字体时，表明该字体并没有安装在计算机中。这时需在网上寻找或购买字体，然后将获取的字体文件存放在系统盘的字体文件夹中即可使用。例如，系统盘为 C 盘，获取的字体文件在 F 盘，那只需选择该字体文件并复制，然后打开"C:\Windows\Fonts"窗口，粘贴复制的字体文件即可。

STEP 6　设置文本框对齐方式

❶单击"绘图工具"选项卡中的"对齐"按钮；❷在打开的列表中选择"水平居中"选项。

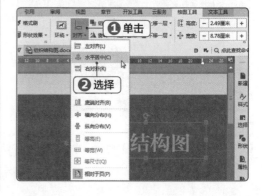

STEP 4　设置字号

❶单击"文本工具"选项卡中的"字号"按钮

2.2.2　插入与美化 SmartArt 图形

WPS 提供的 SmartArt 图形可以使文字之间的关联性更加清晰、生动，从而避免了逐个插入并编辑形状的麻烦。创建 SmartArt 图形时，可以根据实际的制作需求，选择"组织结构图""基本列表""垂直框列表"等多种类型，下面将介绍插入与编辑 SmartArt 图形的相关操作。

微课：插入与美化 SmartArt 图形

1.　插入 SmartArt 图形

在制作公司组织结构图、产品生产流程图等图形时，使用 SmartArt 图形能将各层次结构之间的关系清晰明了地表述出来。下面将为"组织结构图 .docx"文档插入 SmartArt 图形，其具体操作步骤如下。

STEP 1　单击按钮

在"组织结构图 .docx"文档中的"插入"选项卡中单击"SmartArt"按钮。

STEP 2　选择 SmartArt 图形类型

❶打开"选择 SmartArt 图形"对话框，在"全部"列表中选择"组织结构图"选项；❷单击"确定"按钮。

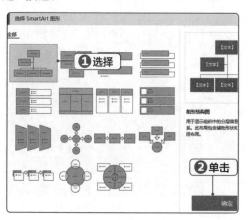

STEP 3　删除多余的图形

此时，文档中将插入所选的组织结构图，选择从上到下的第 2 个形状的边框，然后按【Delete】键将其删除。

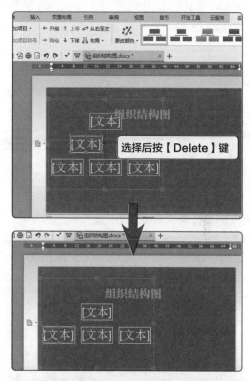

选择后按【Delete】键

🔍 操作解谜

SmartArt 图形中形状级别

文档中插入的组织结构图，从上至下各图形的级别依次为：第一等级、助理、第二等级。其中，助理可以升级为第一等级，或降级为第二等级。

2. 添加形状并输入文字

　　SmartArt 图形通常只显示了基本的结构，编辑时需要为图形添加一些形状。下面将在"组织结构图 .docx"文档中添加形状并输入相应的文字内容，其具体操作步骤如下。

STEP 1 　添加平级形状

❶在第二等级中的第一个形状上单击，选择该形状；❷单击"设计"选项卡中的"添加项目"按钮；❸在打开的列表中选择"在后面添加项目"选项。

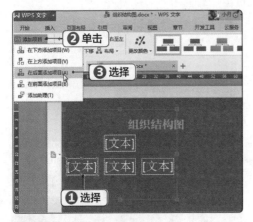

STEP 2 　再次添加平级形状

❶此时，组织结构图中添加一个空白的平级形状，再次单击"设计"选项卡中的"添加项目"按钮；❷在打开的列表中选择"在后面添加项目"选项。

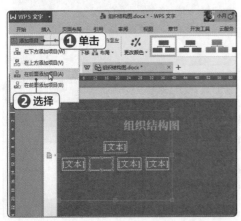

STEP 3 　输入文本

单击第一等级中形状的边框，选择该形状，然后输入文本"总经理"。

STEP 4 　继续输入其他文本

按照相同的方法，继续在第二等级的 5 个形状中依次输入文本内容"财务部、行政部、销售部、安装部、生产部"。

STEP 5 　添加下一级形状

❶选择第二等级中的"生产部"形状；❷单击"设计"选项卡中的"添加项目"按钮；❸在打开的列表中选择"在下方添加项目"选项。

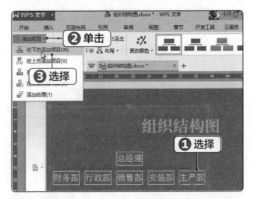

STEP 6 添加同级形状

❶此时，在"生产部"形状的下方将添加一个新形状，保持该形状的选择状态，单击"设计"选项卡中的"添加项目"按钮；❷在打开的列表中选择"在后面添加项目"选项。

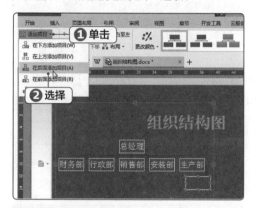

STEP 7 继续添加形状

按照相同的操作方法，分别在"财务部"和"销售部"形状的下方添加两个同等级别的形状。

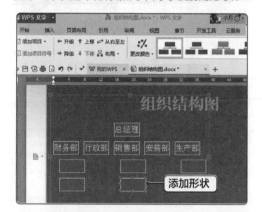

技巧秒杀

SmartArt 图形中添加项目

在前面和后面添加项目都是添加与选择形状同一级别的形状；在上方添加项目则是添加比选择形状高一级别的形状；在下方添加形状则是添加比选择形状低一级别的形状。

STEP 8 输入文本内容

在新添加的第三等级的 6 个形状中依次输入文本"会计""出纳""销售一部""销售二部""一车间""二车间"。

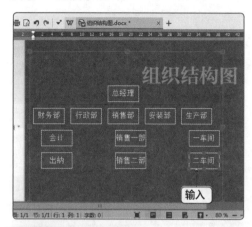

STEP 9 设置字体格式

❶选择第一级别形状"总经理"；❷在"格式"选项卡的字体下拉列表框中选择"方正兰亭中黑"选项；❸在"字号"下拉列表框中选择"小二"选项；❹按照相同的操作方法，将第二等级和第三等级形状中的字体格式设置为"微软雅黑，三号"。

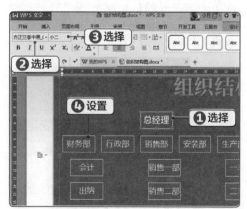

3. 更改图形布局

更改 SmartArt 图形的布局主要是对整个形状的结构和各个分支的结构进行调整。下面将在"组织结构图.docx"文档中更改 SmartArt

图形的布局，其具体操作步骤如下。

STEP 1 更改图形布局

❶选择 SmartArt 图形中任意一个形状，这里选择"总经理"形状；❷单击"设计"选项卡中的"从右至左"按钮。

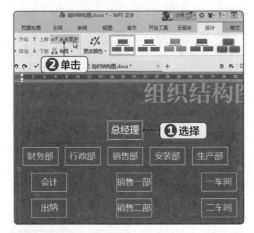

STEP 2 选择布局样式

❶选择第二等级中的"生产部"形状；❷单击"设计"选项卡中的"布局"按钮；❸在打开的列表中选择"左悬挂"选项。

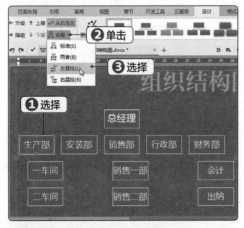

STEP 3 更改 SmartArt 图形的布局

按照相同的操作方法，将第二等级中"销售部"和"财务部"形状下的两个同等级别的形状设置为"左悬挂"样式。

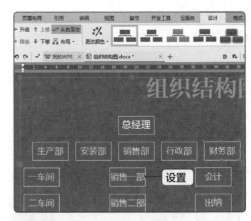

STEP 4 设置图形的环绕方式

❶选择插入的 SmartArt 图形；❷在"设计"选项卡中单击"环绕"按钮；❸在打开的列表中选择"浮于文字上方"选项。

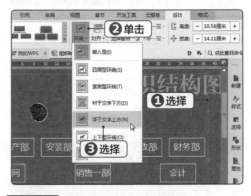

STEP 5 移动 SmartArt 图形

将鼠标指针移动至 SmartArt 图形的边框上，当其变为形状时，按住鼠标左键不放向文档中间拖动，直至目标位置后再释放鼠标。

第1篇

4. 设计图形样式

插入 SmartArt 图形后，其图形默认呈蓝色显示，为了让图形的外观和色彩更加丰富，通常需要对图形的颜色和样式进行设置。下面将为"组织结构图 .docx"文档中的 SmartArt 图形设置样式，其具体操作步骤如下。

STEP 1　选择图形颜色

❶选择插入的 SmartArt 图形；❷单击"设计"选项卡中的"更改颜色"按钮；❸在打开的列表中选择"彩色"栏中的第 3 种颜色。

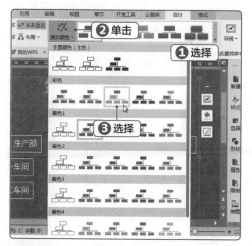

STEP 2　选择图形样式

保持图形的选择状态，在"设计"选项卡的"预设样式"列表中选择第 5 种样式。

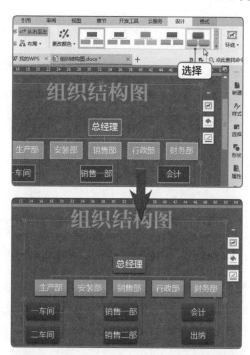

> ### 🏃 技巧秒杀
>
> **针对 SmartArt 中单个形状设置样式**
> 如果需要突出显示 SmartArt 图形中的某一形状，则可单独对该形状进行设置。方法为：选择要设置的形状后，单击"格式"选项卡，在其中便可对所选形状的填充颜色和轮廓进行设置。

新手加油站　

1. 首字下沉排版效果

在看杂志或宣传单时，经常会发现它们的排版段落开头的第一个文字都是增大之后显示出来的，这种排版方式就是首字下沉。使用首字下沉的排版方式，可以使文档中的首字更加醒目。利用 WPS 文字软件也可以实现首字下沉的效果，其具体操作步骤如下。

❶ 启动 WPS 文字软件，打开要进行编辑的文档，然后在文档中选择要设置的文字。一般选择段落开头的第一个文字。

❷ 在"插入"选项卡中单击"首字下沉"按钮。

❸ 打开"首字下沉"对话框，在其中可以对文字的下沉位置、下沉行数、字体等参数进行设置，最后单击"确定"按钮应用设置效果。

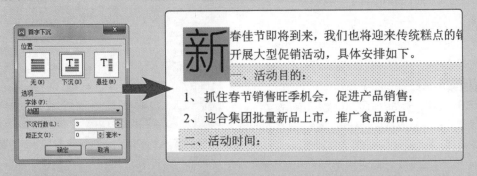

2. 设置带圈字符

在编辑文档时，有时需要在文档中添加带圈字符以起到强调文本的作用，如输入带圈数字、带圈的文字等。在文档中输入带圈字符的具体操作步骤如下。

❶ 打开要进行编辑的文档，然后在文档中选择要设置的文本，一次只能选择一个字符。

❷ 在"开始"选项卡中单击"拼音指南"按钮右侧的下拉按钮，在打开的列表中选择"带圈字符"选项。

❸ 打开"带圈字符"对话框，在其中可以对带圈字符的样式、圈号进行选择，最后单击"确定"按钮应用设置。

3. 设置"双行合一"效果

"双行合一"效果能使所选的位于同一文本行的内容平均地分为两部分，前一部分排列在后一部分的上方，达到美化文本的作用。设置"双行合一"的具体操作步骤如下。

❶ 在文档中选择要设置的同一行文本。

❷ 单击"开始"选项卡中的"中文版式"按钮，在打开的列表中选择"双行合一"选项。

❸ 打开"双行合一"对话框，在其中可以为合并后的文字添加括号，这里选择方括号样式，

然后单击"确定"按钮，即可查看"双行合一"的效果。

4. 插入屏幕截图

屏幕截图是 WPS 文字软件非常实用的一个功能，它可以快速而轻松地将屏幕截图插入到文档中，以此来捕获信息，而无须退出正在使用的程序。需要注意的是，屏幕截图只能捕获没有最小化到任务栏的窗口。

屏幕截图的的方法为：将光标定位到需要插入图片的位置，在"插入"选项卡中单击"截屏"按钮或直接按【Ctrl+Alt+X】组合键，此时，程序会自动显示截取整个窗口的操作，如果确认截屏操作，则直接按【Enter】键，然后在弹出的工具栏中单击"完成截屏"按钮，即可将截取的图像自动插入到文档中光标所在的位置；如果想自定义截取图像，则需按住鼠标左键并拖动来截取图片，释放鼠标后同样会弹出一个工具栏，单击"完成截屏"按钮完成截屏操作。

5. 为普通文本设置艺术字效果

在制作文档的过程中，如果需要为普通文本设置艺术字效果，只需要选择该文本，然后在"插入"选项卡中单击"艺术字"按钮，在打开的列表中即可选择预设的艺术字样式。

1. 编辑"公司新闻"文档

打开提供的素材文件"公司新闻.docx",对文档进行编辑,具体要求如下。

● 通过"插入"选项卡中的"形状"按钮,绘制两个"基本形状"栏中的"半闭框"形状,然后调整"半闭框"大小,最终将其移动到标题栏中的左上角和右下角。

● 为第二段文本中的数字 10 添加带圈样式。

● 插入提供的"会议"图片,然后将图片颜色设置为"灰色",然后利用"图片工具"选项卡中的"设置透明色"按钮,将图片透明化。

● 将插入图片的环绕方式设置为"四周型环绕",并适当调整图片的大小和位置。

2. 编辑"活动安排"文档

打开提供的素材文件"活动安排.docx",对文档进行编辑,具体要求如下。

● 插入艺术字"活动安排",然后将其填充颜色设置为"深红";文字轮廓颜色设置为"黄色",并对其应用"倒 V 形"弯曲的文本效果。

● 对文本的首个字符"新"设置首字下沉效果。具体设置参数为:"下沉行数"为"2";"距正文"为"3"毫米。

● 选择文本"2017-1-6 星期五",然后打开"双行合一"对话框,在其中单击选中"带括号"复选框,并在"括号样式"下拉列表中选择第二种样式。

● 插入"垂直块列表"SmartArt 图形,在其中输入文本内容。然后为 SmartArt 图形应用主题颜色,并选择"预设样式"列表中最后一个样式。

"公司新闻"文档

"活动安排"文档

第 3 章
文档中表格的应用

WPS 文字软件除了拥有强大的文字处理功能外，它还提供了表格制作功能，在对大量数据进行记录或统计时，使用表格更容易进行管理。本章将主要介绍在文档中插入与编辑表格的操作，包括插入表格、增加或删除行或列、合并与拆分单元格、美化表格、调整行高或列宽等。

本章重点知识

☐ 插入表格

☐ 增加表格的行或列

☐ 选择表格

☐ 合并单元格

☐ 应用表格样式

☐ 调整行高和列宽

☐ 设置表格的边框和底纹

3.1 制作"采购计划表"文档

小张作为政府采购专员，又要开始忙碌了。因为新一季的采购任务已经下达，为了按时且保质完成采购任务，小张需要按照采购目录和限额标准，结合本单位的需要，编制好采购计划表。一般政府采购计划应包括的项目有采购项目、数量及采购预算等内容。采购人应根据工作需要和资金的安排情况，合理确定实施进度，提前提出采购申请。

3.1.1 插入表格

WPS Office 2016 组件中有一个专业的表格制作软件——WPS 表格，但利用 WPS 文字软件也可以快速制作较为简单的表格。下面将介绍在 WPS 文字软件中插入表格的两种常用方法。

微课：插入表格

1. 用示意表格插入表格

在制作 WPS 文档时，如果要插入表格的行数或列数均未超过 10，那么，可以利用示意表格快速插入表格。下面将为"采购计划表 .docx"文档插入表格，其具体操作步骤如下。

STEP 1 输入并设置文本

❶启动 WPS 文字软件，创建名为"采购计划表"的文档，然后在空白文档中的光标闪烁处输入文本"第三季度采购计划"；❷按【Enter】键换行后，选择输入的文本，单击"开始"选项卡，将字体格式设置为"微软雅黑、二号、居中"。

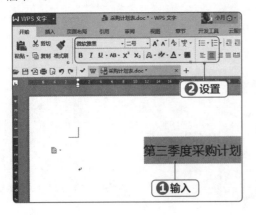

STEP 2 选择操作

❶将光标定位到第二段中，然后单击"插入"选项卡中的"表格"按钮；❷在打开的列表中，利用鼠标在示意表格中拖出一个 8 行 10 列表格。

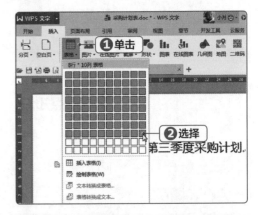

🏃 技巧秒杀

编辑表格

在文档中插入表格后，工作界面中会自动显示"表格工具"和"表格样式"选项卡，通过这两个选项卡可以对表格的边框和底纹、表格结构、表格属性等进行设置。

STEP 3 查看插入的表格

释放鼠标后，即可在第二段中插入所选择的8行10列表格。

2. 通过对话框插入表格

在 WPS 文档中除了利用示意表格快速插入表格外，还可以通过"插入表格"对话框，插入指定行和列的表格。下面将在"采购计划表.docx"文档中插入表格，其具体操作步骤如下。

STEP 1 选择操作

❶将光标定位到文档中的最后一段；❷单击"插入"选项卡中的"表格"按钮；❸在打开的列表中选择"插入表格"选项。

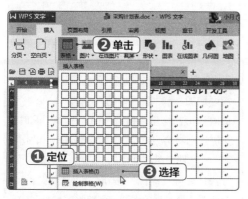

3.1.2 表格的基本操作

在制表过程中，经常需要进行增减表格的行或列、设置表格的行高和列宽、或将单元格合并和拆分等操作，以便符合表格的制作要求。下面将介绍在 WPS 中编辑表格的基本操作。

STEP 2 设置表格尺寸

❶打开"插入表格"对话框，在"表格尺寸"栏的"列数"数值框中输入"2"；❷在"行数"数值框中输入"5"；❸单击"确定"按钮。

STEP 3 查看插入的表格

此时，在已插入表格的下方将自动显示一个5行2列的表格，并且该表格将与之前插入的表格融为一体，变为一个表格。

微课：表格的基本操作

1. 插入行和列

在编辑表格的过程中，有时需要在表格中插入行或列。下面将为"采购计划表.docx"文档插入行和列，其具体操作步骤如下。

STEP 1 插入行

❶选择第 8 行单元格区域；❷在"表格工具"选项卡中单击"在下方插入行"按钮，即可在选择的行的下方插入一个空白行。

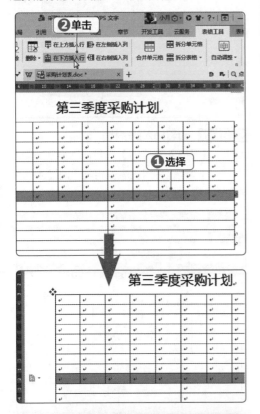

操作解谜

如何选择表格中的单行

将鼠标指针移动到表格的左侧选定区，当鼠标指针变成向右箭头图标时，单击鼠标即可选择表格中的单行。

STEP 2 插入列

❶将光标定位到表格中的任意一个单元格中；

❷此时表格右侧边框的中间位置将会显示"添加"按钮，单击该按钮，即可在表格右侧插入一个空白列。

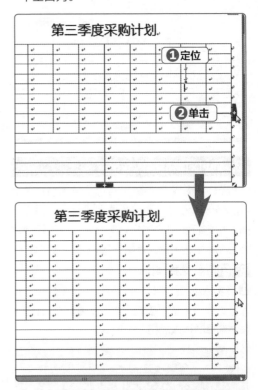

技巧秒杀

快速增加 / 删除表格中的行

将鼠标指针移至表格左侧的边框上，此时左侧边框将会自动显示"删除"按钮⊖和"增加"⊕按钮，单击其中的"删除"按钮⊖，可快速删除"删除"按钮⊖所对应的行；而单击"增加"⊕按钮，则可在"增加"⊕按钮对应行的上方增加一个空白行。如果想要在表格中增加或删除列，则应将鼠标指针移至表格上方的边框上，当其同样出现"增加"按钮⊕和"删除"按钮⊖后，按照相同的操作方法同样可以实现列的增加或删除操作。

第 1 篇

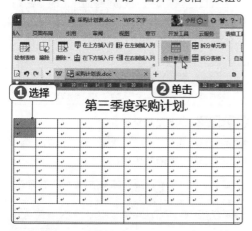

2. 合并单元格

在编辑表格的过程中，经常需要将多个单元格合并成一个单元格，或者将一个单元格拆分为多个单元格，此时就要用到合并和拆分功能。下面将在"采购计划表 .docx"文档中合并单元格，其具体操作步骤如下。

STEP 1　合并单元格

❶选择表格中前两行的第一个单元格；❷单击"表格工具"选项卡中的"合并单元格"按钮。

STEP 2　输入文本

此时，两个单元格将自动合并为一个单元格，在合并后的单元格中输入文本内容"序号"。

操作解谜

想要拆分单元格怎么办

拆分单元格通常需要利用对话框来实现，具体操作方法为：在表格中选择要拆分的单元格，单击"表格工具"选项卡中的"拆分单元格"按钮，打开"拆分单元格"对话框，在"列数"和"行数"数值框中输入拆分后的行数和列数，单击"确定"按钮，即可成功拆分单元格。

STEP 3　查看合并单元格效果

用同样的方法继续对表格中的前两行单元格进行合并操作，并输入相应的文本内容。

采购项目名称	规格型号及配置	数量	单价	金额	项目预算金额		交货时间	集中采购方式	
					财政专户	自筹资金		招投标交易所采购	部门集中采购

STEP 4　合并多个单元格

❶选择表格中最后五行单元格的第一列单元格区域；❷单击"表格工具"选项卡中的"合并

单元格"按钮。

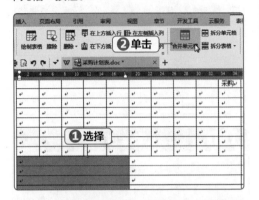

> **技巧秒杀**
>
> **选择多个不连续的单元格**
>
> 在表格中拖动鼠标可以选择多个连续的单元格。如果先在表格中选择某个或多个单元格，然后在按住【Ctrl】键的同时，再次选择其他单元格，则可以实现同时选择多个不连续的单元格。

STEP 5 输入文本

切换到相应的输入法，输入文本内容，注意文本之间的换行操作，可利用键盘上的【Enter】键来实现。

STEP 6 查看合并多个单元格的效果

用相同的操作方法，合并表格中最后五行的第二列和第三列单元格，在合并后的单元格中输入相应的文本内容。

3. 输入数据

由于政府采购的类型和方式有多种，所以在制作采购计划时应对计划内容进行适时的补充。下面将对"采购计划表.docx"文档进行补充说明，其具体操作步骤如下。

STEP 1 输入文字

将光标定位到最后一段文本中，然后输入相应的文字内容，换行时按【Enter】键。

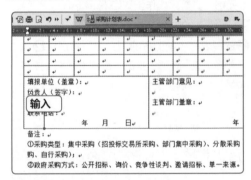

STEP 2 突出显示文字

❶选择输入的文本内容；❷单击"开始"选项卡中的"突出显示"按钮。

STEP 3 设置段前距

❶选择输入的第一段文本,打开"段落"对话框,在"缩进和间距"选项卡的"间距"栏的"段前"数值框中输入"1";❷单击"确定"按钮。

STEP 4 查看输入文字效果

此时,最后一段文本的段前距离将自动向下移动一行。

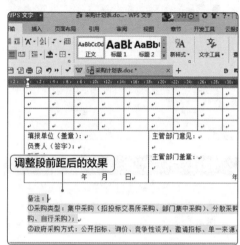

调整段前距后的效果

3.1.3 美化表格

在 WPS 文档中插入表格后,可以对表格的对齐方式、文字方向进行设置,也可以直接套用内置的表格样式,来增强表格的外观效果。下面将介绍在 WPS 文档中美化表格的基本操作。

微课:美化表格

1. 应用表格样式

WPS 文档中自带了一些表格的样式,用户可以根据需要直接应用。下面将对"采购计划表 .docx"文档应用内置的表格样式,其具体操作步骤如下。

STEP 1 应用内置表格样式

❶将光标定位到表格中的任意一个单元格上;❷在"表格样式"选项卡中的表样式列表框中选择"中度样式 3– 强调 6"选项。

> **技巧秒杀**
>
> 清除表格样式
>
> 选择应用样式的表格后,单击"表格样式"选项卡中的"清除表格样式"按钮,清除表格样式后可重新进行设置。

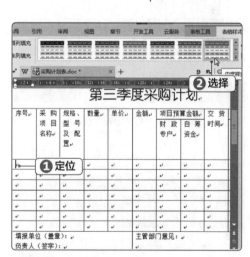

STEP 2 查看应用样式后的效果

此时,表格将自动应用所选的表格样式,包括边框和底纹样式。

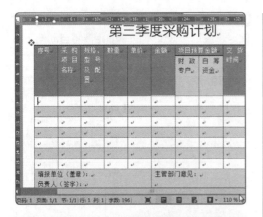

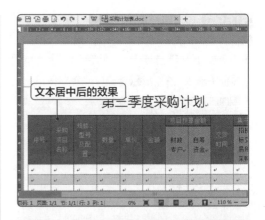

2. 设置对齐方式

表格的对齐方式，主要是指单元格中文本的对齐，包括水平居中、靠上右对齐、靠下右对齐、靠上居中对齐等不同方式。下面将在"采购计划表 .docx"文档中设置对齐方式，其具体操作步骤如下。

STEP 1 选择对齐方式

❶选择表格中第一行和第二行单元格区域；❷单击"表格工具"选项卡中的"对齐方式"按钮下方的下拉按钮；❸在打开的列表中选择"水平居中"选项。

3. 调整文字方向

在制作 WPS 中的表格时，有时会用到文字的各种排版样式，如横向、竖向、倒立等，从而让 WPS 文字更美观或者更加符合制作需求。下面将在"采购计划表 .docx"文档中调整文字方向，其具体操作步骤如下。

STEP 1 选择文字方向

❶利用键盘中的【Ctrl】键，选择多个不连续的单元格；❷单击"表格工具"选项卡中的"文字方向"按钮；❸在打开的列表中选择"垂直方向从右往左"选项。

STEP 2 查看居中对齐后的效果

此时，所选行中所有单元格的文本均按居中对齐方式显示。

STEP 2 查看竖向文字

此时，所选单元格中的文字将由横向变为竖向排列。

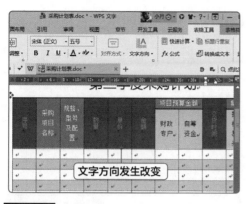

STEP 3 保存文档

完成对文档的编辑后，单击工作界面的"保存"

按钮，保存文档。

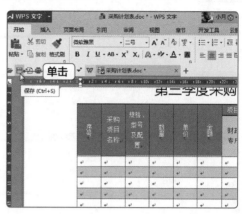

3.2 制作"差旅费报销单"文档

为了适应云帆集团新的财务制度的变化，财政部门要求销售部门重新调整各种报销单据的内容，尤其是出差人员常用的"差旅费报销单"。差旅费报销单是一种固定的表格式单据，除了包含姓名、部门、人数、事由、时间、地点之外，还应包括补贴项目、张数、金额、合计（大小写）等内容。

3.2.1 手动绘制表格

在 WPS 文档中，除了可以利用示意图和对话框的方式创建表格外，还可以手动绘制表格。下面将介绍手动绘制表格的相关操作。

微课：手动绘制表格

1. 绘制表格

在 WPS 文档中，用户可以根据需要手动绘制表格。下面将在"差旅费报销单 .docx"文档中绘制表格，其具体操作步骤如下。

STEP 1 选择"绘制表格"选项

❶在 WPS 文档中创建名为"差旅费报销单"的文档，单击"插入"选项卡中的"表格"按钮；

❷在打开的列表中选择"绘制表格"选项。

STEP 2 绘制表格

此时，鼠标指针变成一个笔的形状，按住鼠标左键从左上向右下拖动，绘制一个"9×8"的虚线框。

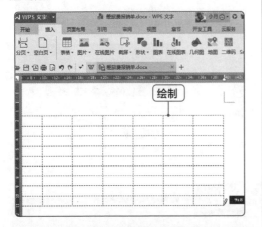

技巧秒杀

绘制表格的特点

绘制表格时，可以在表格中绘制斜线。绘制完成表格后，直接按【Esc】键，即可退出绘制表格的状态。

STEP 3 查看绘制的表格

释放鼠标即可绘制出一个 9 行 8 列的表格，并且光标将自动定位到左上角的第一个单元格中。

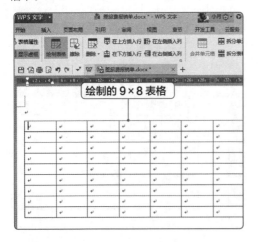

STEP 4 绘制表格内框线

保持表格的绘制状态，将笔形状的鼠标指针移至第一列第五行单元格中，按住鼠标左键不放，向下拖动至第九行单元格。

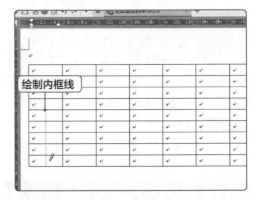

STEP 5 查看绘制的内框线

释放鼠标即可成功绘制表格的内框线，按照相同的操作方法，继续为其他单元格绘制内框线。

技巧秒杀

删除多余的边框线

在手动绘制表格的过程中，如果不小心绘制了错误的边框线，此时，可以单击"表格样式"组中的"擦除"按钮。当鼠标指针变为橡皮擦形状后，在错误的边框线上单击鼠标，即可删除表格中多余的边框线。

2. 调整表格结构

调整表格的结构，主要是指对表格中单元格进行合并、插入行和列、输入并编辑文字内容。下面将在"差旅费报销单 .docx"文档中调整表格结构，其具体操作步骤如下。

STEP 1　调整纸张方向

❶单击"页面布局"选项卡中的"纸张方向"按钮；❷在打开的列表中选择"横向"选项。

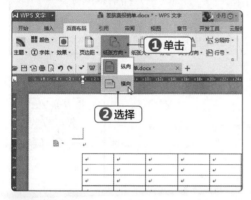

STEP 2　插入列

❶将光标定位到表格中任意一个单元格中；❷单击右侧边框显示的"添加"按钮，即可插入一个空白的列。

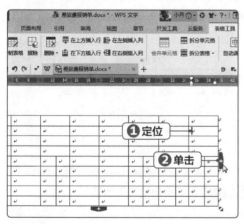

STEP 3　插入行

单击表格下边框显示的"添加"按钮，在表格底部增加一行空白单元格。

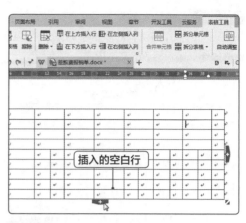

插入的空白行

STEP 4　合并单元格

❶选择表格中第一行单元格；❷单击"表格工具"选项卡中的"合并单元格"按钮。

STEP 5　输入并设置文字内容

❶在合并后的单元格中输入文字"差旅费报销单"；❷在"表格工具"选项卡中将字体格式设置为"微软雅黑、三号"；❸设置文字对齐方式为"水平居中"。

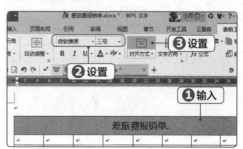

差旅费报销单.

STEP 6 继续输入文本

按照相同的操作方法，对表格中的单元格进行合并操作，输入相应的文本内容。

差旅费报销单									
销售部门	销售部			填报日期	2017年10月20				
姓名	李星玥	职务	销售经理	出差事由	市场调研				
出发		到达		交通工具	交通费	出差补贴		其他	
月	日	地点	月	日	地点	单据张数	金额	出差补助	住宿节约补助	项目
9	1	广州	9	3	成都	火车	1	30 0	50	10 0	市内

🏃 技巧秒杀

表格中输入数据的技巧

在表格中输入文字内容时，按一次键盘上的【Tab】键，可使光标向右移动一个单元格；若按【Shift+Tab】组合键，则可以使光标向左移动一个单元格，这样便可以实现全键盘操作，避免鼠标和键盘交替操作的不便。除此之外，利用键盘中的上、下、左、右4个方向键，同样可以实现光标在单元格中移动的目的。

3.2.2 编辑表格

新创建的表格一般都比较简单，为了制作出漂亮且具有个性化的表格，可以对表格进行编辑，包括调整表格的行高和列宽、为表格添加边框和底纹等。下面将介绍编辑表格的常用操作。

微课：编辑表格

1. 调整行高和列宽

插入的表格为了适应不同的内容，通常需要调整行高和列宽。在 WPS 文字软件中，既可以自动调整行高和列宽，也可以通过拖动鼠标来调整行高和列宽。下面将在"差旅费报销单.docx"文档中调整表格的行高和列宽，其具体操作步骤如下。

STEP 1 自动调整行列值

❶将光标定位到表格中的任意一个单元格，单击"表格工具"选项卡中的"自动调整"按钮；❷在打开的列表中选择"适应窗口大小"选项。

🏃 技巧秒杀

平均分布各行/各列

单击"表格工具"选项卡中的"自动调整"按钮，在打开的列表中选择"平均分布各行"或"平均分布各列"选项即可实现表格中行或列的平均分布。

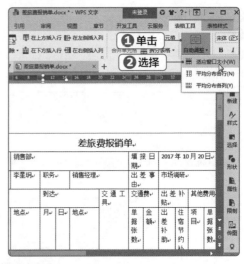

STEP 2 查看自动调整效果

此时，表格中的行高和列宽将自动调整为适合单元格中文字显示的最佳效果。

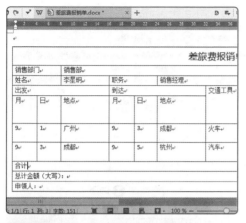

STEP 3 打开"表格属性"对话框

❶选择表格中文本"合计"所在的行；❷单击"表格工具"选项卡中的"表格属性"按钮。

技巧秒杀

右键打开"表格属性"对话框

在表格中选择要设置的行，在所选行上单击鼠标右键，然后在弹出的快捷菜单中选择"表格属性"命令，也可以打开"表格属性"对话框。

STEP 4 精确设置行高

❶打开"表格属性"对话框，单击"行"选项卡；

❷在"尺寸"栏的"指定高度"数值框中输入"9"；

❸单击"确定"按钮。

STEP 5 手动调整行高

将鼠标指针移动到第 8 行和第 9 行单元格间的分隔线上，当其变成双向箭头形状时，按住鼠标左键不放向下拖动，增加第 8 行的行高。

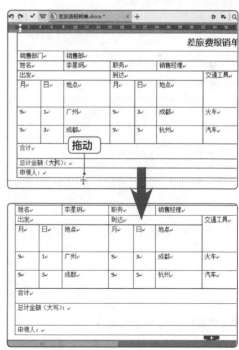

STEP 6 继续手动调整行高

按照相同的操作方法，增加最后一行的行高。

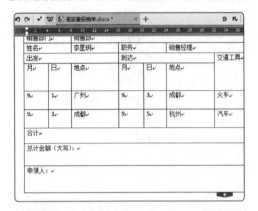

2. 设置表格的边框和底纹

用户不仅可以为表格设置边框和底纹，还可以为表格中的单元格设置边框和底纹。下面将为"差旅费报销单.docx"文档的表格设置边框和底纹，其具体操作步骤如下。

STEP 1 选择底纹颜色

❶选择表格中的首行单元格；❷单击"表格样式"选项卡中"底纹"按钮右侧的下拉按钮；❸在打开的列表中选择"主题颜色"栏中的"白色，背景 1，深色 5%"选项。

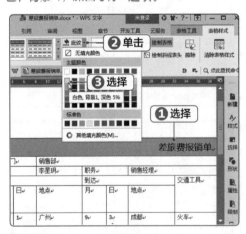

STEP 2 直接应用底纹颜色

❶选择表格中倒数第二行单元格；❷单击"表格样式"选项卡中的"底纹"按钮，即可为所选行应用与第一行相同的颜色。

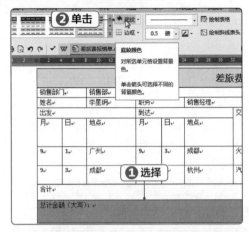

操作解谜

表格底纹为什么是相同颜色

当利用"底纹"按钮右侧的下拉按钮为所选单元格应用颜色后，如红色，此时，底纹颜色将默认设置为最近使用的一次颜色，即红色。如果用户想对单元格应用相同的红色，则只需单击"底纹"按钮即可，无需再次单击"底纹"按钮右侧的下拉按钮进行选择。

STEP 3 选择边框样式

❶单击"表格样式"选项卡中的"线型"按钮右侧的下拉按钮；❷在打开的列表中选择"双横线"选项。

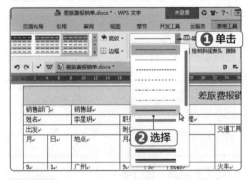

STEP 4 设置线型粗细

❶单击"表格样式"选项卡中的"线型粗细"

第 1 篇

按钮右侧的下拉按钮；❷在打开的列表中选择
"0.75 磅"选项。

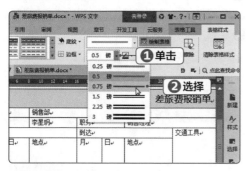

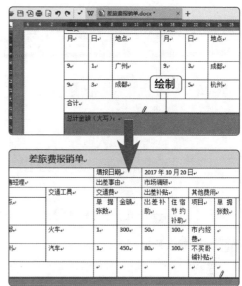

STEP 5 绘制线型

此时，鼠标指针将变为一个笔的形状，将鼠标
指针移至"合计"行的下边框上，当下边框呈
现出蓝色线条时，拖动鼠标即可绘制出一条双
横线线条。

3.2.3 计算表格数据

制作好表格的框架并输入相关的数据后，可利用 WPS 文字提供的简易
公式计算功能，自动填写合计金额。下面将通过公式计算差旅费报销单中的
合计和大写金额。

微课：计算表格数据

1. 计算合计金额

合计金额是指对交通费和出差补助的合计。
下面将对"差旅费报销单 .docx"中的合计金额
进行计算，其具体操作步骤如下。

STEP 1 打开"公式"对话框

❶按【Esc】键退出表格绘制状态，将光标定
位至"合计"行的第三列单元格中；❷单击"表
格工具"选项卡中的"fx 公式"按钮。

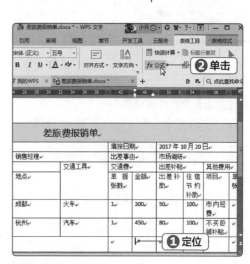

> **技巧秒杀**
>
> 快速计算数据
>
> 选择表格中要计算的数据，单击"表格工
> 具"选项卡中的"快速计算"按钮，在打
> 开的列表中可以对数据进行求和、平均值、
> 最大值以及最小值计算。

STEP 2 选择求和函数

❶打开"公式"对话框，单击"辅助："栏中的"粘
贴函数"按钮；❷在打开的列表中选择"SUM"

选项。

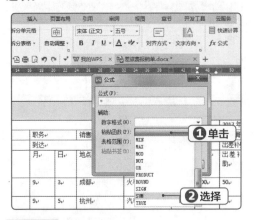

STEP 3　输入参数

❶在"公式 (F)："栏中求和函数的光标闪烁处输入数据"300，450"；❷单击"确定"按钮。

STEP 4　查看计算结果

此时，在光标所在位置将显示最终的计算结果。

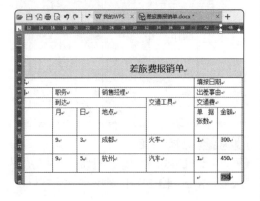

STEP 5　计算出差补助

❶按照相同的方法，打开"公式"对话框，在 SUM 函数的参数框中输入数据"50，80"；❷单击"确定"按钮。

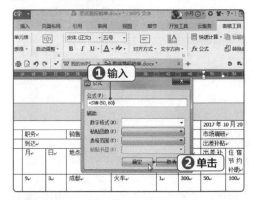

STEP 6　计算住宿节约补助

按照相同的操作方法，继续利用 WPS 的公式计算住宿节约补助。

差旅费报销单							
				填报日期		2017 年 10 月 20 日	
	销售经理			出差事由		市场调研	
			交通工具	交通费		出差补贴	
	日	地点		单 据张数	金额	出差补助	住宿节约补助
	3	成都	火车	1	300	50	100
	5	杭州	汽车	1	450	80	100
					750	130	200

STEP 7　打开"公式"对话框

❶将光标定位到"合计"行中；❷单击"表格工具"选项卡中的"fx 公式"按钮。

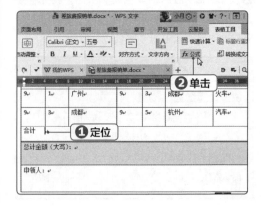

STEP 8 选择函数

❶此时，WPS 软件自动记住了上一次输入的 "SUM" 公式，单击 "表格范围" 按钮；❷在打开的列表中选择 "RIGHT" 选项。

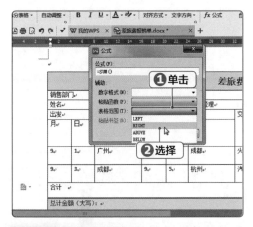

STEP 9 查看计算结果

返回 "公式" 对话框，单击 "确定" 按钮。此时，即可在 "合计" 行中看到最终的计算结果。

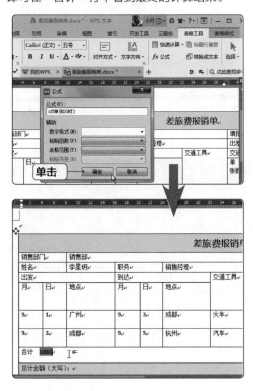

2. 显示人民币大写金额

报销单中除了合计的小写数字外，还应显示大写金额。下面将对 "差旅费报销单 .docx" 中的合计金额自动显示为大写，其具体操作步骤如下。

STEP 1 打开 "公式" 对话框

❶将光标定位到 "总计金额（大写）" 行中；❷单击 "表格工具" 选项卡中的 "fx 公式" 按钮。

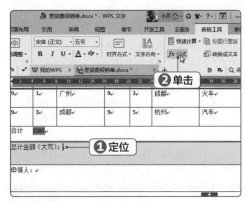

STEP 2 删除公式中的参数

在打开的 "公式" 对话框中显示了最近使用的 SUM 公式，拖动鼠标选择公式中的参数 "RIGHT"，然后按【Delete】键删除。

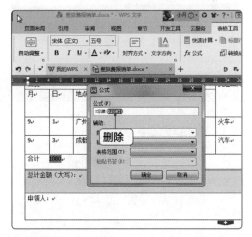

STEP 3 重新输入参数

在 SUM 公式中的光标闪烁处重新输入参数 "750，130，200"。

STEP 4 选择数字格式

❶单击"辅助"栏中"数字格式"列表框中右侧的下拉按钮；❷在打开的列表中选择"人民币大写"选项。

STEP 5 查看计算结果

返回"公式"对话框，单击"确定"按钮。此时，便可在"总计金额（大写）"行中显示最终的计算结果。

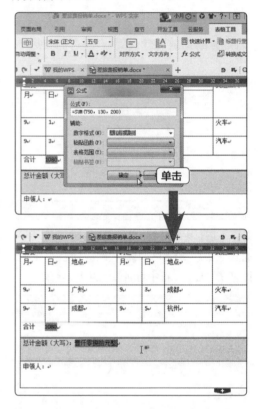

新手加油站

1. 表格转文本

使用 WPS 文字软件制作表格时，允许将表格转换成文本，方法如下：在 WPS 文档中选择要转换的表格，单击"表格工具"选项卡中的"转换成文本"按钮，打开"表格转换成文本"对话框，在其中设置所需文字分隔符样式，单击"确定"按钮，即可将所选表格转换成文本。

2. 跨页表格自动重复标题行

当表格内容较长时，可能会需要两页甚至更多页才能将表格内容完整显示，但是从第二页开始，表格则没有标题行，此时不便于表格数据的查看。为了解决这一困难，可以利用 WPS 文字软件中的标题行重复功能，方法如下：将光标定位到表格中标题行的任意单元格中，然后单击"表格工具"选项卡中的"标题行重复"按钮，则每页首行都会自动复制标题行的内容。

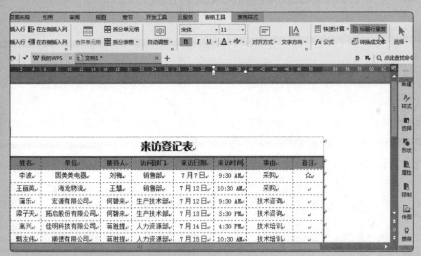

3. 两个表格合并成一个独立表格

将两个表格之间的空行去掉，便可以合并两个独立的表格。但删除两个表格之间的空行，虽然能将两个表格连接在一起，但其实两个表格仍然是独立的。下面将介绍将两个独立的表格合并成一个独立表格的方法，其具体操作步骤如下。

❶ 在文档中选择两个独立表格中的任意一个表格，单击"表格工具"选项卡中的"表格属性"按钮。

❷ 打开"表格属性"对话框，在"表格"选项卡中的"文字环绕"栏中选择"无"选项，

然后单击"确定"按钮。

❸ 按照相同的操作方法，将文档中另一个独立表格的"文字环绕"方式设置为"无"，然后删除两个独立表格之间的空行，就可以轻松的将两个表格合并成一个独立的表格。

4. 绘制斜线表头

有时为了使表格中的各项内容展示得更清晰，可以使用 WPS 文字软件提供的斜线表头功能。使用 WPS 绘制斜线表头的方法很简单，并且每一根绘制的斜线都会随文本的变化而变化，绘制斜线表头的具体操作步骤如下。

❶ 在创建的表格中选择第一个单元格，然后单击"表格样式"选项卡中的"绘制斜线表头"按钮。

❷ 打开"斜线单元格类型"对话框，其中提供了 9 种斜线表头样式供用户选择，选择其中任意一种样式后，单击"确定"按钮。

❸ 此时，表格中的第一个单元格中将显示斜线表头的样式，利用键盘中的方向键移动光标，输入对应文字内容。

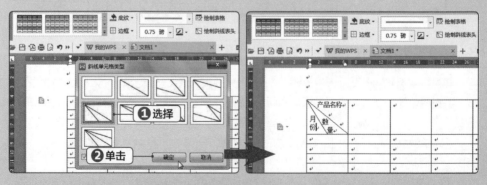

5. 对表格中的单元格进行编号

制作表格时，有时会遇到输入有规律数据的情况，如在每行的开头使用连续编号，此时，可以利用 WPS 文字软件提供的编号功能，自动输入这些数据，其具体操作步骤如下。

❶ 在创建的表格中，选择首列需要自动编号的单元格。

❷ 单击"开始"选项卡中的"编号"按钮右侧的下拉按钮，在打开的列表中选择"自定义编号"选项。

❸ 打开"项目符号和编号"对话框，在"编号"选项卡中选择任意一种样式，单击"自定义"按钮。

❹ 打开"自定义编号列表"对话框，根据实际需求自定义编号格式和样式，这里在"编号格式"栏中输入"月份"，其他参数保持不变，然后单击"确定"按钮，稍后表格中新增行的第一列内容将自动按月份顺序填充。

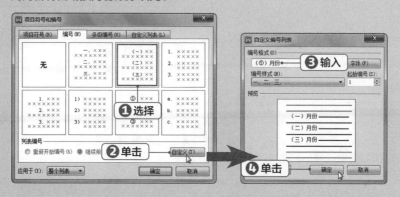

高手竞技场

1. 制作"应聘登记表"文档

新建一个空白文档，并将其保存名称设置为"应聘登记表 .docx"，然后创建并编辑表格，具体要求如下。

● 在新建的文档中利用"插入表格"对话框，插入一个 17 行 7 列的表格，然后在"表格工具"选项卡中对单元格进行合并和拆分操作。

● 在表格中输入文本，并调整文字方向和对齐方式。

● 拖动鼠标调整表格的列宽，然后对表格应用"浅色样式 1- 强调 5"内容的表格样式。

2. 制作"个人简历"文档

新建一个空白文档，并将其保存名称设置为"个人简历.docx"，然后创建并编辑表格，具体要求如下。

- 在新建的文档中绘制一个8行7列的表格，然后在"表格工具"选项卡中对单元格进行合并和拆分操作。
- 利用表格下边框中间位置显示的"添加"按钮，添加4行新的表格，然后将多个单元格合并成一个单元格，并输入相应的文本内容。
- 为表格添加颜色为"钢蓝，着色5"的双横线的外边框，然后添加黑色的内边框。
- 调整表格的行高，并为单元格添加"矢车菊蓝，着色1，浅色80%"的底纹颜色。

"应聘登记表"文档　　　　　"个人简历"文档

WPS 文字编辑

第 4 章
文档的高级排版

利用 WPS 文字软件进行文本输入、格式设置、样式美化后，还可以通过审阅和邮件合并功能对文档进行高级设置。本章将对文档的高级排版内容进行介绍，主要包括审阅和批注文档、执行邮件合并、打印文档的相关知识。

本章重点知识

☐ 下载模版

☐ 邮件合并

☐ 拼写检查

☐ 插入批注

☐ 修订文档

☐ 制作索引

☐ 打印文档

4.1 制作"会议邀请函"文档

云帆国际一年一度的周年庆即将到来，公司需要制作统一的会议邀请函，并将会议邀请函打印出来用快递的方式发送到客户的手中。WPS文字软件中提供了强大的邮件合并功能，通过该功能可以批量生成多条数据记录，并有针对性地进行打印和输出。

4.1.1 设计邀请函模板

邀请函一般由标题、称谓、正文、落款组成，内容应该简洁明了，文字不宜过多，因此，在WPS中制作邀请函时，可以利用稻壳模板进行搜索和下载，其具体操作步骤如下。

微课：设计邀请函模板

1. 下载邀请函模板

WPS文字软件提供了多种类型的模板供用户选择。下面将通过稻壳模板下载邀请函，其具体操作步骤如下。

STEP 1 搜索模板

启动WPS文字软件，进入"我的WPS"界面，在"稻壳模板"选项卡的搜索栏中输入"邀请函"，然后按【Enter】键。

STEP 2 选择要下载的模板

稍后，将在"稻壳模板"选项卡中显示所有符合搜索要求的邀请函，其中有免费和付费两种模板，这里选择一个免费的模板进行下载。

操作解谜

如何查看最近使用过的模板

进入"WPS文字"界面，单击"稻壳模板"选项卡右上角的"我的稻壳"按钮，在打开的列表中选择"我的模板"选项。打开"我的模板"界面，单击其中的"最近使用"选项卡，便可以查看最近使用过的所有模板信息。

STEP 3　下载模板

进入试读页面，试读完成后单击"下载模板"
按钮。

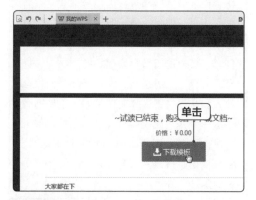

STEP 4　免费下载

进入下载页面，单击"免费下载"按钮，开始
下载邀请函模板。

STEP 5　查看下载的模板

稍后将成功下载所选的模板，并在新的文档中
自动打开下载的模板。

2. 编辑邀请函内容

下载的模板往往不能满足制作需求，此时，
要根据实际要求对邀请函内容进行编辑。下面
将对"邀请函 .doxc"文档的内容进行编辑，其
具体操作步骤如下。

STEP 1　保存文档

❶按【Ctrl+S】组合键，打开"另存为"对话
框，在"保存在"列表框中选择文档的保存位置；
❷在"文件名"文本框中输入文档的名称"邀
请函"；❸单击"保存"按钮。

STEP 2　编辑标题

将下载的邀请函模板中的标题修改为"×××
您好："。

STEP 3 修改正文

将邀请函中的会议时间、地点、联系方式等信息按实际需求重新进行更正。

技巧秒杀

将邀请函保存为模板

将制作好的邀请函另存为模板格式，以后再使用模板创建邀请函时，不仅可以节省排版时间，还可以为自己的文档增添不少创意。将邀请函另存为模板的方法为：打开"另存为"对话框，设置好文档的保存位置和文件名，在"文件类型"下拉列表中选择"WPS 文字模板文件"选项，单击"保存"按钮，即可将邀请函保存为模板，下次使用时只需更改邀请人信息，便可快速制作好邀请函。

4.1.2 邮件合并

邮件合并可以将内容有变化的部分，如姓名或地址等制作成数据源，将文档内容相同的部分制作成一个主文档，然后将数据源中的信息合并到主文档。下面将介绍 WPS 文字软件中邮件合并的基本操作。

微课：邮件合并

1. 创建数据源

创建数据源是指直接使用现成的数据源在合并操作中进行。下面将在"邀请函 .doxc"文档中创建数据源，其具体操作步骤如下。

STEP 1 单击按钮

❶将光标定位到标题中；❷单击"引用"选项卡中的"邮件"按钮。

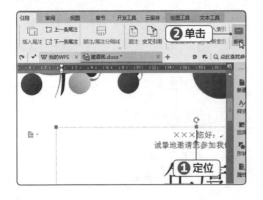

STEP 2 打开数据源

❶打开"邮件合并"选项卡，单击其中的"打开数据源"按钮下方的下拉按钮；❷在打开的列表中选择"打开数据源"选项。

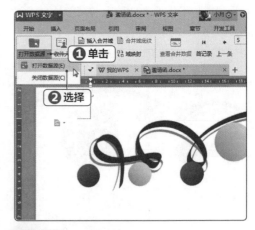

STEP 3 选择数据源

❶打开"选取数据源"对话框，在"查找范围"

第 1 篇

下拉列表中选择数据源的保存位置；❷在文件列表中选择"嘉宾名单"选项；❸单击"打开"按钮，此时，数据源已经成功链接。

2. 将数据源合并到主文档

将数据源合并到主文档中，是指将链接好的数据与文档进行合并。下面将在"邀请函.doxc"文档中将数据源与文档内容进行合并，其具体操作步骤如下。

STEP 1 单击按钮

❶拖动鼠标选择标题中的文本"×××"；❷单击"邮件合并"选项卡中的"插入合并域"按钮。

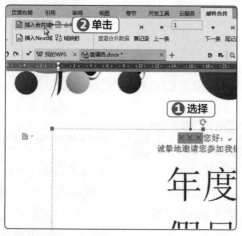

STEP 2 选择插入的域

❶打开"插入域"对话框，在"域"列表中选择"嘉

宾姓名"选项；❷单击"插入"按钮；❸单击"关闭"按钮。

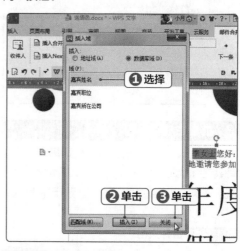

STEP 3 查看合并数据

返回 WPS 工作界面，在标题中自动显示了数据源中的嘉宾姓名，单击"邮件合并"选项卡中的"下一条"按钮，可以查看下一条嘉宾的邀请信息。

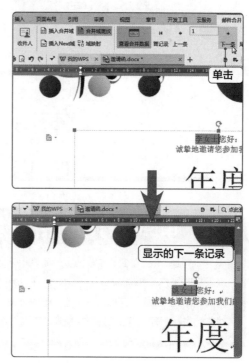

技巧秒杀

取消合并域的底纹

在文档中合并数据源后，合并域默认显示灰色底纹，要想取消合并域的底纹，直接单击"邮件合并"选项卡中的"合并域底纹"按钮即可。

3. 批量生成与打印

　　成功插入合并域后，可以按数据源中的嘉宾姓名生成多条记录并进行打印。下面将对"邀请函.doxc"文档生成的记录进行打印，其具体操作步骤如下。

STEP 1 合并文档

单击"邮件合并"选项卡中的"合并到新文档"按钮。

STEP 2 批量生成记录

❶打开"合并到新文档"对话框，单击选中"全部"单选项；❷单击"确定"按钮。

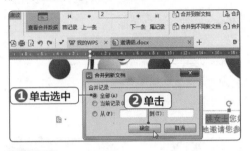

STEP 3 打印邀请函

此时，合并的内容会在一个新文档中显示出来，由于数据源中有5位嘉宾，因此，新建文档中将会出现5条记录，单击工作界面中快速访问工具栏的"打印"按钮，即可打印邀请函。

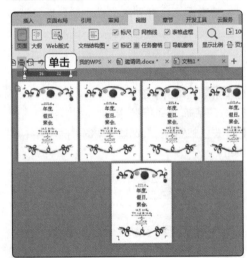

4.2 审阅并打印"招工协议书"文档

　　云帆集团的人力资源部门根据集团的发展需求，重新拟定了一份"招工协议书"文档，接下来的工作就是对其进行审阅，以免出现语法、排版和常识性错误，从而影响文档质量。审阅工作完成后，再交由上级领导审查和批示，并在其中加入批注和索引。最后，在审阅完成后，对文档进行打印，装订起来供招聘时使用。

4.2.1 审阅文档

在 WPS 文字软件中，审阅功能可以将修改操作记录下来，可以让收到文档的人看到审阅人对文件所做的修改，从而快速进行修改。下面将介绍拼写检查、插入批注、修订文档以及制作索引等相关操作。

微课：审阅文档

1. 拼写检查

拼写检查的目的是在一定程度上避免用户键入英文单词的失误。下面将在"招工协议书.docx"文档中进行拼写检查，其具体操作步骤如下。

STEP 1　单击按钮

打开素材文件"招工协议书.docx"文档，然后单击"审阅"选项卡中的"拼写检查"按钮。

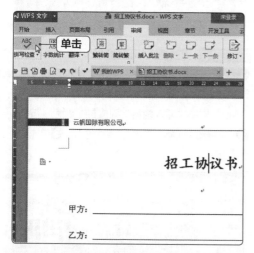

技巧秒杀

快速进行英文的拼写检查

利用 WPS 文字软件打开要审阅的文档，直接按【F7】键，即可对文档快速进行英文单词的拼写检查。注意，目前，WPS 文字软件还不支持中文的拼写检查。

STEP 2　更改错误单词

❶打开"拼写检查"对话框，在"检查的段落"栏中检查出一处错误，并以红色字体显示

拼写错误的文本；❷在"更改为"栏中显示了正确的拼写单词，确认无误后，单击"更改"按钮。

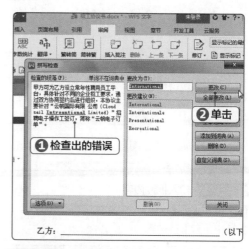

STEP 3　完成检查

文档检查完后，自动打开提示框，单击"确定"按钮，完成拼写检查操作。

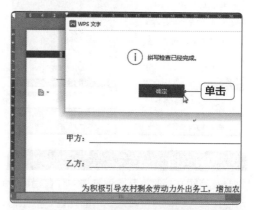

2. 插入批注

在审阅文档的过程中，若针对某些文本需

要提出意见或建议，可在文档中添加批注。下面将在"招工协议书.docx"文档中添加批注，其具体操作步骤如下。

STEP 1 插入批注

❶在文档中选择"市内"文本；❷单击"审阅"选项卡中的"插入批注"按钮。

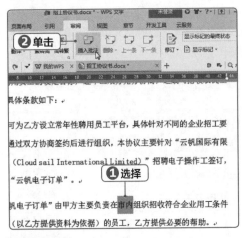

STEP 2 输入批注内容

在文档页面右侧插入一个蓝色边框的批注框，在其中输入批注内容。

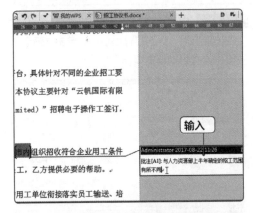

3. 修订文档

在审阅文档时，若发现文档中存在错误，可使用修订功能直接修改。下面将在"招工协议书.docx"文档中进行修订，其具体操作步骤如下。

STEP 1 选择修订选项

❶单击"审阅"选项卡中的"修订"按钮下方的下拉按钮；❷在打开的列表中选择"修订选项"选项。

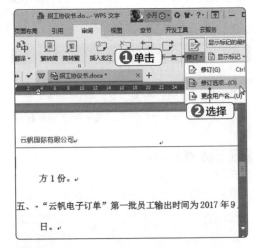

STEP 2 更改插入标记的颜色

❶打开"选项"对话框，单击"修订"选项卡，其中可以对标记、批注框进行设置，这里单击"标记"栏中"插入内容"对应的"颜色"按钮；❷在打开的列表中选择"红色"选项；❸单击"确定"按钮。

STEP 3 进入修订状态

返回工作界面，单击"审阅"选项卡中的"修订"按钮。

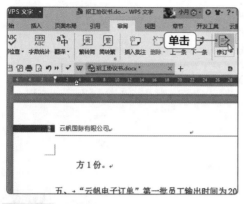

STEP 4 修改文本

拖动鼠标在文档中选择需要修订的文本"100"，然后，重新输入修订后的文本"300"，此时在文档页面右侧插入一个蓝色边框的批注框，在其中明确说明了文档中被删除的内容，方便作者查看。

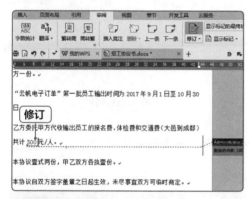

STEP 5 退出修订

再次单击"审阅"选项卡中的"修订"按钮，即可退出文档的修订状态。

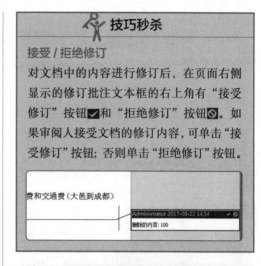

技巧秒杀

接受／拒绝修订

对文档中的内容进行修订后，在页面右侧显示的修订批注文本框的右上角有"接受修订"按钮☑和"拒绝修订"按钮🚫。如果审阅人接受文档的修订内容，可单击"接受修订"按钮；否则单击"拒绝修订"按钮。

4. 插入脚注和尾注

　　脚注通常附在文章页面的最底端，可以作为文档某处内容的注释。尾注一般位于文档的末尾，列出引文的出处等，它是一种对文本的补充说明。下面将在"招工协议书.docx"文档中插入脚注和尾注，其具体操作步骤如下。

STEP 1 插入脚注

❶将光标定位到文档中需要插入注释的位置；
❷单击"引用"选项卡中的"插入脚注"按钮。

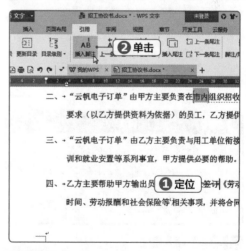

STEP 2 输入脚注内容

在页面的脚注区域输入脚注的内容。

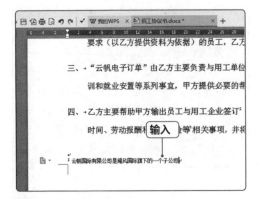

STEP 3 添加分隔线

单击"引用"选项卡中的"脚注/尾注分隔线"
按钮。

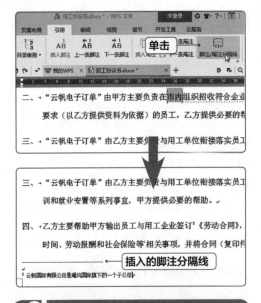

操作解谜

批注与脚注、尾注的区别

批注与脚注、尾注的创建人是不同的，
批注通常是审阅文档的人，如领导、上级等
创建的；脚注和尾注则是由作者本人创建的。

STEP 4 插入尾注

❶将光标定位到文档的底部；❷单击"引用"
选项卡中的"插入尾注"按钮。

STEP 5 输入尾注内容

在文档的最后出现尾注输入区域，在其中输入
尾注的内容即可。

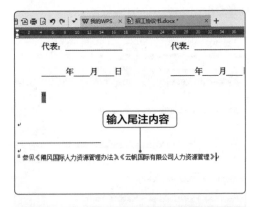

5. 制作索引

索引是根据一定需要把书刊中的主要概念
或各种题名摘录下来，标明出处、页码，按一
定次序分条排列，以供人查阅的资料。索引的
本质是在文档中插入一个隐藏的代码，便于作
者快速查询。下面将在"招工协议书.docx"文
档中制作索引，其具体操作步骤如下。

STEP 1 选择索引文本

❶在文档中选择需要制作索引的文本；❷单击
"引用"选项卡中的"标记索引项"按钮。

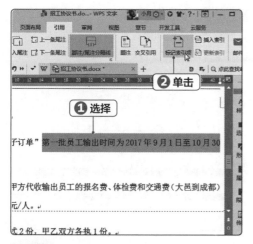

STEP 2 标记索引项

❶打开"标记索引项"对话框，在"主索引项"文本框中自动显示了所选文本，单击"标记"按钮；❷单击"关闭"按钮。

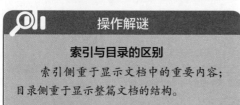

操作解谜

索引与目录的区别

索引侧重于显示文档中的重要内容；目录侧重于显示整篇文档的结构。

STEP 3 继续选择索引文本

❶继续在文档中选择需要制作索引的文本；❷单击"引用"选项卡中的"标记索引项"按钮。

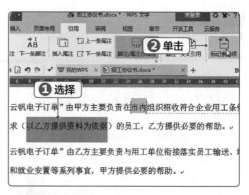

STEP 4 继续标记索引项

❶打开"标记索引项"对话框，单击"标记"按钮；❷单击"关闭"按钮。

STEP 5 插入索引

❶将光标定位到文档的底部；❷单击"引用"选项卡中的"插入索引"按钮。

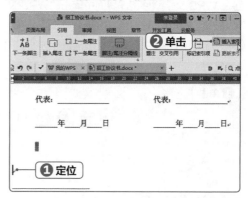

STEP 6 设置索引项

❶打开"索引"对话框，单击选中"页码右对齐"复选框；❷单击"确定"按钮。

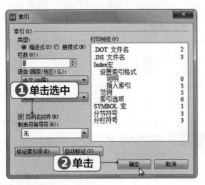

STEP 7 查看插入的索引

在光标插入点处即可看到制作好的索引。

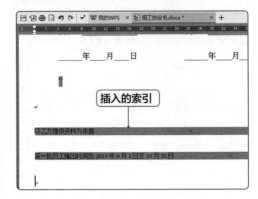

4.2.2 打印文档

当用户编辑制作好文档后，为了便于查阅或提交可将其打印出来。在文档打印前为了避免打印文档时出错，一定要先预览文档被打印在纸张上的效果，当调整好打印效果后，最后通过打印设置，来满足不同用户、不同场合的打印需求。

微课：打印文档

1. 预览打印

在打印文档之前，首先应该预览文档的打印效果，以保证打印出的文档准确无误。下面将预览打印"招工协议书.docx"文档，其具体操作步骤如下。

STEP 1 选择打印预览

❶在 WPS 文字软件工作界面中单击"WPS 文字"按钮；❷在打开的列表中选择"打印"选项；❸再在打开的列表中选择"打印预览"选项。

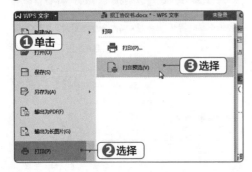

STEP 2 预览打印效果

❶打开"打印预览"选项卡，此时鼠标指针将变为放大镜的形状，表示文档进入预览状态，单击"单页"按钮；❷在"显示比例"列表框中选择"100%"选项，预览打印文档无误后，即可执行打印操作。

2. 设置打印

在打印文档前通常需要对打印的份数等属性进行设置，否则可能出现文档内容打印不全，或浪费纸张的情况。页面设置通常包括打印的份数、打印的方向和指定打印机等。下面将为"招工协议书 .docx"文档设置打印页面，其具体操作步骤如下。

STEP 1 选择"打印"选项

❶在 WPS 文字软件工作界面中单击"WPS 文字"按钮；❷在打开的列表中选择"打印"选项；❸再在打开的列表中选择"打印"选项。

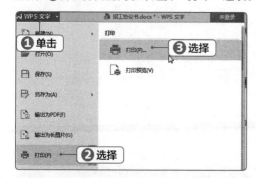

技巧秒杀

快速启用打印功能

单击 WPS 文字软件工作界面左上角的"打印"按钮或者直接按【Ctrl+P】组合键，可快速启用打印功能。

STEP 2 设置页码范围

打开"打印"对话框，在其中可以对打印机、页码范围、份数、打印顺序等参数进行设置，这里在"页码范围"栏中单击选中"全部"单选项。

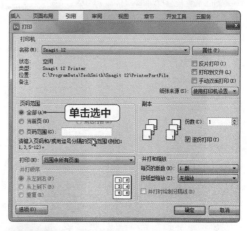

STEP 3 输入打印份数

❶在"副本"栏的"份数"文本框中输入要打印的张数，这里输入"10"；❷单击"确定"按钮。

新手加油站

1. 通过打印奇偶页实现双面打印

在办公室物品耗材中，打印文档占主要部分。为了节省纸张，除非明文规定，一般都会将纸张双面打印使用。下面介绍通过设置奇偶页的方法来实现双面打印，其具体操作步骤如下。

❶ 在要打印的文档中按【Ctrl+P】组合键，打开"打印"对话框，在"页码范围"栏下

"打印"列表中选择"奇数页"选项，单击"确定"按钮，即可开始打印奇数页。

❷ 打印完奇数页后，将纸张翻转一面重新放入打印机，在"页码范围"栏下"打印"列表中选择"偶数页"选项，单击"确定"按钮，即可开始打印偶数页。

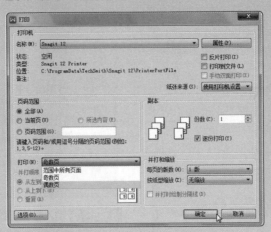

2. 插入题注

题注是一种可添加到图表、表格、公式或其他对象中的编号标签，如在文档中的图片下面输入图编号和图题，可以方便读者查找和阅读。

使用题注功能可以保证长文档中图片、表格或图表等项目能够按顺序自动编号，而且还可在不同的地方引用文档中其他位置的相同内容。插入题注的操作方法如下。

❶ 在编辑的文档中将鼠标指针定位到目标图片，单击"引用"选项卡中的"题注"按钮。

❷ 打开"题注"对话框，单击"新建标签"按钮，打开"新建标签"对话框，在"标签"文本框中输入题注文本，然后单击"确定"按钮。

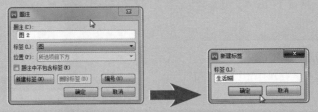

❸ 返回"题注"对话框，可查看到"题注"文本框中的内容已经自动显示了标签名称，然后单击"编号"按钮。

❹ 打开"题注编号"对话框，单击"格式"下拉列表框右侧的下拉按钮，在打开的下拉列表中选择编号样式，单击"确定"按钮。

❺ 返回"题注"对话框，在"题注"文本框中输入文本，然后单击"确定"按钮即可插入题注。

3. 显示可读性统计信息

用户可以通过可读性统计信息了解 WPS 文档中包含的字符数、段落数和非中文单词等信息，从而了解该篇文档的阅读难易程度。在 WPS 中显示可读性统计信息的方法很简单，打开 WPS 文档，单击"审阅"选项卡中的"字数统计"按钮，在打开的"字数统计"对话框中即可查看可读性统计的相关信息，如果在对话框中单击选中"包括脚注和尾注"复选框，还可以统计脚注和尾注的信息。

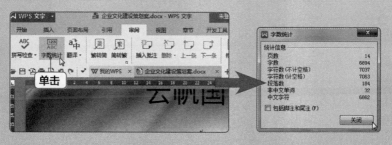

高手竞技场

1. 编辑"通知"文档

打开素材文件"通知 .docx"文档，然后将应聘成功的六名人员的信息采用邮件合并的方式打印出来，具体要求如下。

● 在"通知 .docx"文档中单击"引用"选项卡中的"邮件"按钮，启用"邮件合并"选项卡。

● 打开"选取数据源"对话框，选择"应聘人员名单"选项，单击"打开"按钮。

● 选择文档中的"姓名"文本，然后单击"邮件合并"选项卡中的"插入合并域"按钮，打开"插入域"对话框，选择"域"列表中的"姓名"选项，然后依次单击"插入"和"关闭"按钮。

● 按照相同的操作方法，继续利用"插入域"对话框，依次插入"称谓""部门""职位"3个域。

● 单击"邮件合并"选项卡中的"合并到新文档"按钮，然后按【Ctrl+P】组合键打印文档。

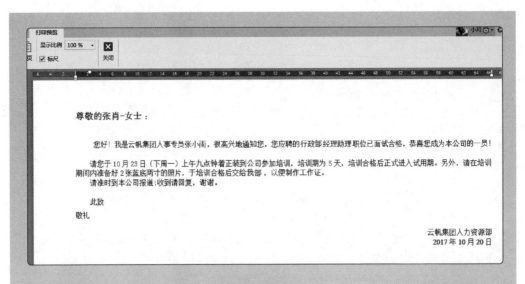

2. 审阅和修订"公司员工手册"文档

打开素材文件"公司员工手册.docx"文档,然后对表格内容进行审阅和修订,并添加尾注,具体要求如下。

- 单击"审阅"选项卡中的"插入批注"按钮,在文档中第 11 页的"三、请假规定"中插入批注,批注内容为"新入职的员工一定要看清楚公司的请假规定"。
- 单击"审阅"选项卡中的"修订"按钮,对员工的退休年龄进行重新修订,将原来的退休年龄男"60"修订为"55";女"55"修订为"50"。
- 单击"引用"选项卡中的"插入尾注"按钮,在文档的底部插入尾注,并添加分隔线。

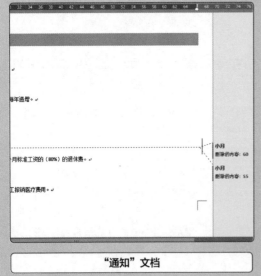

"通知"文档

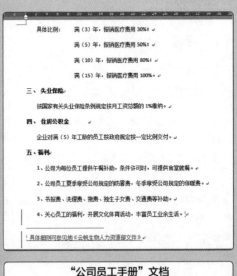

"公司员工手册"文档

WPS 表格制作

第 5 章
表格的创建

WPS 表格是一个灵活、高效的电子表格制作工具，它的一切操作都是围绕数据进行的，尤其是在数据的应用、处理和分析方面，WPS 表格表现出了其强大的功能。在实际的办公过程中，掌握数据相关的基础知识是很重要的，本章将介绍表格创建的相关知识，主要包括工作簿、工作表和单元格的基本操作，数据的输入与编辑，为表格应用样式和主题等。

本章重点知识

☐ 新建并保存工作簿

☐ 添加与删除工作表

☐ 移动或复制工作表

☐ 调整单元格的行高与列宽

☐ 输入并编辑数据

☐ 设置数据有效性

☐ 套用表格样式

5.1 制作"物资采购申请单"工作簿

为了防止铺张浪费，节省公司资源，张明所在的晟市公司的采购部要求采购人员在采购货物之前，必须先提交一份申请单，并在清单里面详细说明所购商品的用途、价格、使用时间等信息。制作"物资采购申请单"主要涉及工作簿和工作表的基本操作，如新建并保存工作簿、添加与删除工作表以及单元格的基本操作等。

5.1.1 工作簿的基本操作

使用 WPS 表格创建的文档称为工作簿，它是用于存储和处理数据的主要文档，也称为电子表格。默认新建的工作簿以"工作簿 1"命名，并显示在标题栏的文档名处。工作簿的基本操作包括新建、保存、保护和设置共享等，下面将详细介绍。

微课：工作簿的基本操作

1. 新建并保存工作簿

要使用 WPS 表格制作所需的电子表格，首先应创建工作簿，即启动 WPS 表格后将新建的空白工作簿以相应的名称保存到所需的位置。下面将新建"物资采购申请单.xlsx"工作簿，并将其保存到计算机中，其具体操作步骤如下。

STEP 1 启动 WPS 表格
❶在桌面左下角单击"开始"按钮；❷选择【所有程序】/【WPS Office】/【WPS 表格】命令。

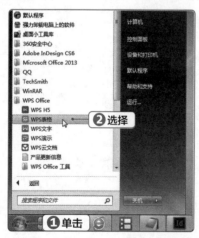

STEP 2 新建空白工作簿
启动 WPS 表格软件，单击功能区下方的"新建"按钮。

🏃 技巧秒杀

快速新建空白表格
启动 WPS 表格软件，直接按【Ctrl+N】组合键，可以快速新建一个空白的电子表格。

STEP 3 保存工作簿
进入 WPS 表格的工作界面，新建名为"工作簿 1"的 WPS 表格，在快速访问工具栏中单击"保存"按钮。

STEP 4　设置保存信息

❶打开"另存为"对话框，在"保存在"列表中选择新建表格的存储位置；❷在"文件名"文本框中输入表格的名称"物资采购申请单"；❸单击"保存"按钮。

STEP 5　查看新建的表格

返回 WPS 工作界面，其中的文件名已经变为"物资采购申请表.xlsx"。

2. 加密保护工作簿

　　在商务办公中，工作簿中经常会有涉及公司机密的数据信息，这时通常会为工作簿设置打开和修改密码。下面将为"物资采购申请单.xlsx"工作簿设置打开和编辑密码，其具体操作步骤如下。

STEP 1　选择加密方式

❶单击工作界面左上角的"WPS 表格"按钮；❷在打开的列表中选择【文档加密】/【密码加密】选项。

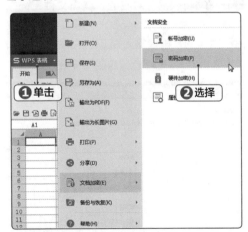

STEP 2　设置打开权限密码

❶打开"文档加密"对话框，在"密码加密"选项卡的"打开权限"对应的"打开文件密

操作解谜

工作簿、工作表和单元格的关系

　　工作簿、工作表与单元格之间的关系是包含与被包含的关系，即工作簿中包含了一张或多张工作表，而工作表又是由排列成行或列的单元格组成的。在默认情况下，WPS 表格的一个工作簿中只包含一张工作表，即 Sheet1 工作表。

码"文本框中输入"123456"；❷在"打开权限"对应的"再次输入密码"文本框中输入"123456"。

技巧秒杀

通过对话框保存工作簿

在 WPS 工作界面中选择【WPS 表格】/【另存为】命令，打开"另存为"对话框，单击对话框右下角的"加密"按钮，同样可以打开"文档加密"对话框。

STEP 3 设置编辑权限密码

❶在"编辑权限"对应的"编辑文件密码"文本框中输入"123456"；❷在"编辑权限"对应的"再次输入密码"文本框中输入"123456"；❸单击"应用"按钮。

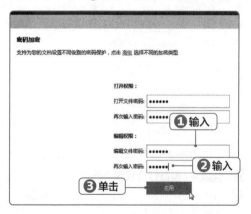

STEP 4 确认设置

❶弹出提示对话框，单击"确定"按钮；❷单击"关闭"按钮，关闭"文档加密"对话框。

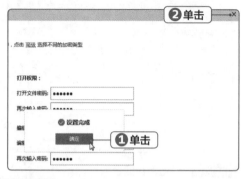

STEP 5 打开工作簿

❶重新打开工作簿时，将先打开"密码"对话框，在"密码"文本框中输入"123456"；❷单击"确定"按钮。

STEP 6 获取编辑权限

❶打开"密码"对话框，在"密码"文本框中输入"123456"；❷单击"确定"按钮。

技巧秒杀

撤销工作簿的保护

打开"文档加密"对话框,在"密码加密"选项卡的"打开权限"和"编辑权限"中删除所有设置的密码信息,然后依次单击"应用"和"确定"按钮,即可撤销工作簿的保护。

3. 分享工作簿

在实际办公过程中,工作簿中的数据信息有时需要多个部门的领导进行查阅,此时,可以采用 WPS 表格的分享功能来实现。在对工作簿进行分享时,可以通过分享链接或发送邮件两种方式实现。下面将"物资采购申请单.xlsx"工作簿以链接的形式分享给其他朋友,其具体操作步骤如下。

STEP 1 选择分享方式

❶单击工作界面中的"WPS 表格"按钮;❷在打开的列表中选择【分享】/【生成链接分享】选项。

STEP 2 创建链接

在打开的"分享文件"页面中单击"点击生成链接"按钮。

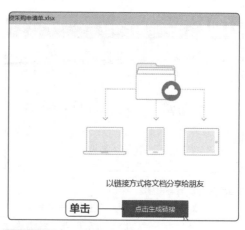

STEP 3 进行实名认证

❶打开"实名认证"对话框,在其中输入实名认证的相关信息,包括姓名、身份证号码、手机号码和验证码;❷单击"立即认证"按钮。

STEP 4 完成认证

在打开的对话框中单击"完成"按钮。

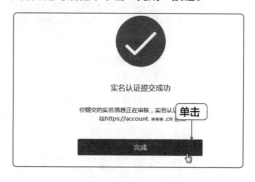

操作解谜

每次分享都要实名认证?

实名认证只需一次，下次分享工作簿
时，选择【WPS 表格】/【分享】/【生成链
接分享】命令，则直接进入"链接分享"页
面，在其中复制链接后，可以通过微信好友、
QQ 好友等方式将链接分享出去。

STEP 5 分享链接

返回"分享文件"页面，再次单击"点击生成链接"
按钮后，即可进入"链接分享"页面，单击"复
制链接"按钮，便可与朋友进行分享。

5.1.2 工作表的基本操作

工作表是用于显示和分析数据的工作场所。工作表就是表格内容的载
体，熟练掌握各项操作以便轻松输入、编辑和管理数据。下面将介绍工作
表的一些基本操作。

微课：工作表的基本操作

1. 添加与删除工作表

在实际工作中有时可能需要用到更多的工
作表，那么此时就需要在工作簿中添加新的工
作表。而对于多余的工作表，则可以直接删除。
下面将在"物资采购申请单 .xlsx"工作簿中添
加与删除工作表，其具体操作步骤如下。

STEP 1 添加工作表

在工作表标签中单击"新建工作表"按钮。

STEP 2 查看新添加的工作表

此时，表格中"Sheet1"工作表的右侧自动新
建了一个名为"Sheet2"的空白工作表。

STEP 3 删除工作表

❶在新添加的"Sheet2"工作表标签上单击鼠
标右键；❷在弹出的快捷菜单中选择"删除工
作表"命令，删除该工作表。

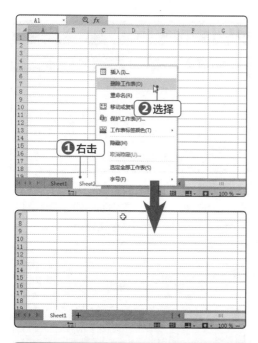

2. 在同一工作簿中移动或复制工作表

若需要重复使用工作表时，就可能出现移动或复制工作表的情况。下面将在"物资采购申请单 .xlsx"工作簿中复制工作表，其具体操作步骤如下。

STEP 1 选择快捷菜单命令

❶ 在"Sheet1"工作表标签上单击鼠标右键；❷ 在弹出的快捷菜单中选择"移动或复制工作表"命令。

STEP 2 复制工作表

❶ 打开"移动或复制工作表"对话框，单击选中"建立副本"复选框；❷ 单击"确定"按钮。

STEP 3 查看成功复制的工作表

此时，在"Sheet1"工作表左侧即可得到复制的"Sheet1（2）"工作表。

🏃 技巧秒杀

快速移动或复制工作表

在同一个工作簿中，在工作表标签上按住鼠标左键不放，将其拖动到其他位置，即可移动工作表；如果在拖动工作表的同时按住【Ctrl】键，即可复制工作表。

3. 在不同工作簿中移动或复制工作表

在办公中也存在将一个工作簿中的工作表移动或复制到另一个工作簿中的情况。下面将在不同的工作簿中移动或复制工作表，其具体操作步骤如下。

STEP 1 选择快捷菜单命令

❶打开"素材 .xlsx"工作簿，在"Sheet1"工作表标签上单击鼠标右键；❷在弹出的快捷菜单中选择"移动或复制工作表"命令。

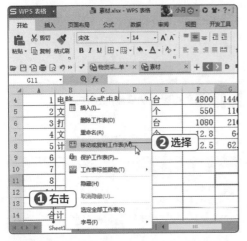

STEP 2 复制工作表

❶打开"移动或复制工作表"对话框，在"工作簿"下拉列表中选择"物资采购申请单 .xlsx"选项；❷单击选中"建立副本"复选框；❸单击"确定"按钮。

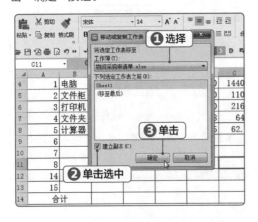

操作解谜

无法复制或移动工作表至其他工作簿

在不同的工作簿中移动或复制工作表时，需要将两个工作簿同时打开。否则，在"移动或复制工作表"对话框的"工作簿"下拉列表框中只会显示当前工作簿的名称，无法选择目标工作簿。

STEP 3 完成工作表的复制操作

此时，可看到"素材"工作簿中的"Sheet1"工作表已复制到"物资采购申请单 .xlsx"工作簿中。

技巧秒杀

移动和复制工作表的区别

无论是在同一个工作簿还是不同的工作簿中，在"移动或复制工作表"对话框中单击选中"建立副本"复选框表示复制工作表；撤销选中该复选框表示移动工作表。

4. 工作表的重命名

工作表的命名方式默认为"Sheet1""Sheet2""Sheet3"……，用户也可以根据需要自定义名称。下面将为"物资采购申请单 .xlsx"工作簿中的工作表重命名，其具体操作步骤如下。

STEP 1 进入名称编辑状态

关闭"素材.xlsx"工作簿,然后在"Sheet1(2)"工作表标签上双击,进入名称编辑状态,工作表名称呈蓝色底纹显示。

STEP 2 输入名称

输入"申请人－戴伟",按【Enter】键,即可为该工作表重新命名。

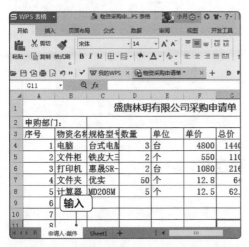

5. 设置工作表标签的颜色

WPS 表格中默认的工作表标签颜色是相同的,为了区别工作簿中的各个工作表,除了对工作表进行重命名外,还可以为工作表的标签设置不同的颜色加以区分。下面将为"物资采购申请单.xlsx"工作簿中的工作表标签设置颜色,其具体操作步骤如下。

STEP 1 选择标签颜色

❶在"申请人－戴伟"工作表标签上单击鼠标右键;❷在弹出的快捷菜单中选择"工作表标签颜色"命令;❸在打开列表的"主题颜色"栏中选择"巧克力黄,着色 2"选项。

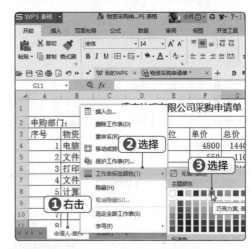

STEP 2 查看设置标签颜色的效果

使用相同的方法,将"Sheet1"工作表标签设置为"标准色"中的"浅蓝"颜色效果(通常当前工作表标签的颜色为较浅的渐变透明色,目的是为了显示出工作表的名称;其他工作表标签则是标准的设置颜色背景)。

6. 隐藏与显示工作表

为了避免重要的工作表被其他人看到并对其进行更改，可以将其隐藏，到需要查看的时候再将隐藏的工作表重新显示出来。下面将在"物资采购申请单.xlsx"工作簿中隐藏与显示工作表，其具体操作步骤如下。

STEP 1 隐藏工作表

❶在工作簿中选择要隐藏的"Sheet1"工作表标签；❷单击"开始"选项卡中的"工作表"按钮；❸在打开的列表中选择"隐藏与取消隐藏"选项；❹再在打开的列表中选择"隐藏工作表"选项。

STEP 2 查看隐藏工作表效果

此时，"物资采购申请单.xlsx"工作簿中就只显示了一张名为"申请人–戴伟"的工作表。

STEP 3 取消隐藏工作表

❶再次单击"开始"选项卡中的"工作表"按钮；❷在打开的列表中选择"隐藏与取消隐藏"选项；❸再在打开的列表中选择"取消隐藏工作表"选项。

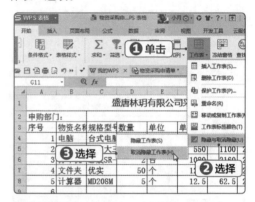

STEP 4 选择取消隐藏的工作表

❶打开"取消隐藏"对话框，在"取消隐藏工作表"列表中选择"Sheet1"选项；❷单击"确定"按钮。

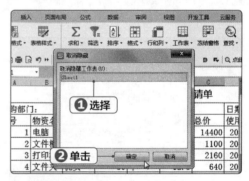

STEP 5 显示工作表

在工作簿中将重新显示"Sheet1"工作表。

操作解谜

想要同时隐藏多个工作表怎么办

在打开的工作簿中，按住【Ctrl】键的同时可以选择多张工作表，然后在所选工作表标签上单击鼠标右键，在弹出的快捷菜单中选择"隐藏"命令，即可隐藏所选工作表。如果想显示已经隐藏的工作表，则可以打开"取消隐藏"对话框，在其中选择要显示的工作表，单击"确定"按钮。

7. 工作表的保护

为防止他人在未经授权的情况下对工作表中的数据进行编辑或修改，也需要为工作表设置密码进行保护。下面将对"物资采购申请单.xlsx"工作簿中的工作表设置密码保护，其具体操作步骤如下。

STEP 1 选择"保护工作表"选项

❶选择要保护的"申请人 - 戴伟"工作表；❷单击"开始"选项卡中的"工作表"按钮；❸在打开的列表中选择"保护工作表"选项。

STEP 2 设置保护

❶打开"保护工作表"对话框，在"密码"文本框中输入"123456"；❷单击"确定"按钮。

STEP 3 确认密码

❶打开"确认密码"对话框，在"重新输入密码"文本框中输入密码"123456"；❷单击"确定"按钮。

STEP 4 成功保护工作表

在完成工作表的保护设置后，如果对工作表进行编辑操作，则会打开下图所示的提示框（单击"确定"按钮后，仍然无法对工作表进行编辑操作，只有撤销工作表保护，才能进行操作）。

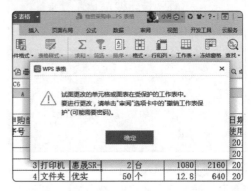

5.1.3 单元格的基本操作

为使制作的表格更加整洁美观，用户可对工作表中的单元格进行编辑整理，常用的操作包括插入与删除单元格、合并和拆分单元格、调整单元格的行高与列宽等，以方便数据的输入和编辑，下面分别进行介绍。

微课：单元格的基本操作

1. 插入与删除单元格

在对工作表进行编辑时，通常都会涉及插入与删除单元格的操作。下面将在"物资采购申请单.xlsx"工作簿中的工作表中插入与删除单元格，其具体操作步骤如下。

STEP 1 打开"插入"对话框

❶选择"申请人-戴伟"工作表中的 B10 单元格；❷单击"开始"选项卡中的"行和列"按钮；❸在打开的列表中选择【插入单元格】/【插入单元格】选项。

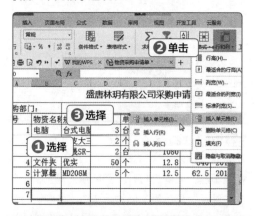

技巧秒杀

单元格的命名

单元格的行号用阿拉伯数字标识，列标用大写英文字母标识。如位于 A 列 3 行的单元格可表示为 A3 单元格；B2 单元格与 C5 单元格之间连续的单元格可表示为 B2:C5 单元格区域。

STEP 2 选择插入类型

❶打开"插入"对话框，单击选中"整行"单选项；

---

❷单击"确定"按钮。

STEP 3 删除插入的单元格

❶保持插入行的选择状态，单击"开始"选项卡中的"行和列"按钮；❷在打开的列表中选择"删除单元格"选项；❸再在打开的列表中选择"删除单元格"选项。

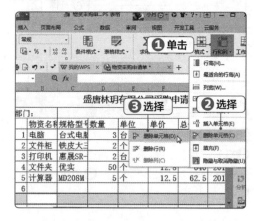

操作解谜

删除单个单元格怎么办

在工作表中选择要删除的单元格，单击"行和列"按钮，在打开的列表中选择【删除单元格】/【删除单元格】选项，打开"删除"对话框，单击选中"右侧单元格左移"或"下方单元格上移"单选项，单击"确定"按钮，可实现删除单个单元格操作。

STEP 4 查看删除单元格的效果

此时，插入的整行单元格将被全部删除，下方的单元格自动上移。

2. 合并与拆分单元格

在编辑工作表时，若一个单元格中输入的内容过多，在显示时可能会占用几个单元格的位置，此时可以将几个单元格合并成一个单元格用于完全显示表格内容。当然合并后的单元格也可以取消合并，即拆分单元格。下面将在"物资采购申请单 .xlsx"工作簿中的工作表中合并单元格，其具体操作步骤如下。

STEP 1 合并单元格

❶选择 H3:I3 单元格区域；❷单击"开始"选项卡中的"合并居中"按钮下方的下拉按钮；❸在打开的列表中选择"合并单元格"选项。

STEP 2 继续合并单元格

❶此时，表格中的两个单元格合并成一个单元格，选择 H4:I4 单元格区域；❷单击"开始"选项卡中的"合并居中"按钮。

STEP 3 查看合并居中的效果

此时，合并后单元格中的文本将居中显示，双击"开始"选项卡中的"格式刷"按钮。

STEP 4 复制格式

将鼠标指针移至表格中，当其变为 ✛̣ 形状时，拖动鼠标选择要应用相同格式的单元格区域。

STEP 5 查看复制效果

此时，表格中所有选择的单元格区域均应用了与 H4:I4 单元格区域相同的格式，按【Esc】键退出复制状态。

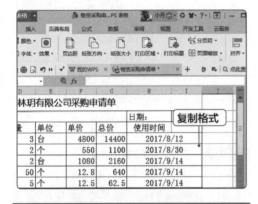

技巧秒杀

取消单元格合并

选择合并后的单元格，单击"开始"选项卡中的"合并居中"按钮下方的下拉按钮，在打开的列表中选择"取消合并单元格"选项。

3. 调整单元格的行高与列宽

当工作表中单元格的行高或列宽不合理时，

将直接影响到单元格中数据的显示，此时需要对行高和列宽进行调整。下面将在"物资采购申请单 .xlsx"工作簿中的工作表中调整单元格的行高和列宽，其具体操作步骤如下。

STEP 1 选择列宽选项

❶在工作表中选择 B 列单元格；❷单击"开始"选项卡中的"行和列"按钮；❸在打开的列表中选择"列宽"选项。

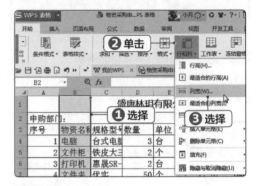

STEP 2 输入列宽

❶打开"列宽"对话框，在"列宽"文本框中输入"12"；❷单击"确定"按钮。

STEP 3 自动调整列宽

❶选择工作表中的 C 列单元格；❷单击"行和

列"按钮；❸在打开的列表中选择"最适合的列宽"选项。

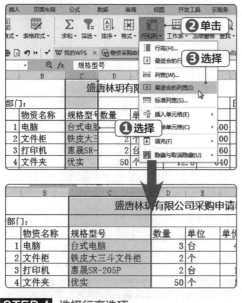

STEP 4 选择行高选项

❶选择工作表中的 3~14 行单元格；❷单击"开始"选项卡中的"行和列"按钮；❸在打开的列表中选择"行高"选项。

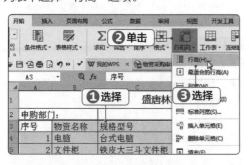

STEP 5 输入行高

❶打开"行高"对话框，在"行高"文本框中输入"25"；❷单击"确定"按钮。

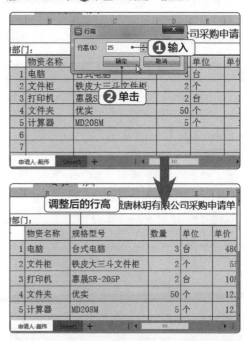

技巧秒杀

自动调整行高

选择单元格区域，单击"开始"选项卡中的"行和列"按钮，在打开的列表中选择"最适合的行高"选项，此时，系统将自动根据数据的显示情况调整适合的行高。

5.2 编辑"商品出入库明细表"工作簿

商品出入库明细表是一种常用的电子表格，在超市数据统计和日常办公中经常使用。制作表格的目的是为了方便查看商品的出入库信息，而这种表格中的数据量较大，因此在制作时需要对工作表进行编辑，如将已有的样式应用在表格中。下面将通过编辑"商品出入库明细表 .xlsx"工作簿，了解输入与编辑数据，以及美化表格的基本操作。

5.2.1 数据录入

微课：数据录入

在 WPS 表格中普通数据类型包括数字、数值、分数、中文文本以及货币等。在默认情况下，输入数字数据后单元格数据将呈右对齐方式显示，输入文本将呈左对齐方式显示。下面介绍在表格中录入数据的方法。

1. 输入单元格数据

单击选择某个单元格，即可在其中输入数据。下面将在"商品出入库明细表.xlsx"中输入数据，其具体操作步骤如下。

STEP 1 选择单元格

打开"商品出入库明细表.xlsx"工作簿，选择 B4 单元格。

STEP 2 输入文本

切换到相应的输入法，输入文本"面膜"。

STEP 3 继续输入其他数据

按【Enter】键完成该单元格的输入，跳转到 B5 单元格，继续在 B5:K15 单元格区域中输入其他数据。

2. 修改单元格数据

修改 WPS 表格中的数据主要有两种情况，一种是修改整个单元格中的数据，另一种是修改单元格中的部分数据。下面将在"商品出入库明细表.xlsx"工作簿中的工作表中修改数据，其具体操作步骤如下。

STEP 1 修改部分数据

❶双击 B9 单元格，将光标定到该单元格中；
❷按【Backspace】键，删除文本"原"，输入"精华"。

STEP 2　修改整个单元格数据

❶选择 E6 单元格；❷直接输入"300"。

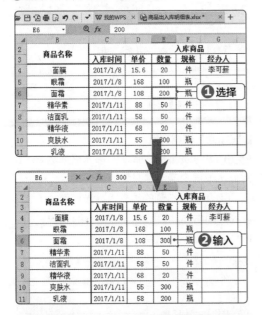

3. 填充单元格数据

　　有时需要输入一些相同或有规律的数据，如序号。手动输入则会增大工作量，为此，WPS 表格专门提供了快速填充数据的功能，可以大大提高输入数据的准确性和工作效率。下面将在"商品出入库明细表 .xlsx"工作簿中的工作表中填充数据，其具体操作步骤如下。

STEP 1　输入起始数据

选择 A4 单元格，输入数字"1"。

STEP 2　填充有规律的数据

❶将鼠标指针定位到 A4 单元格右下角，当其变成黑色十字形状时，按住鼠标左键不放向下拖动，到 A18 单元格；❷释放鼠标，即可为 A4:A18 单元格区域快速填充递增的数据。

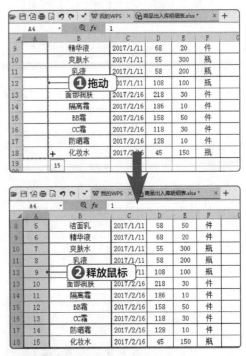

STEP 3　填充相同的数据

❶将鼠标指针定位到 G4 单元格右下角，当其变成黑色十字形状时，按住鼠标左键不放向下拖动，到 G18 单元格；❷释放鼠标，即可为 G4:G18 单元格区域快速填充相同的数据。

STEP 4 继续填充数据

按照相同的操作方法，继续为 H4:H18 单元格区域填充相同的数据"熊小虎"。

	C	D	E	F	G	H	
7	2017/1/11	88	50	件	李可薪	熊小虎	201
8	2017/1/11	58	50	件	李可薪	熊小虎	201
9	2017/1/11	68	20	件	李可薪	熊小虎	201
10	2017/1/11	55	300	瓶	李可薪	熊小虎	201
11	2017/1/11	58		填充数据	李可薪	熊小虎	201
12	2017/1/11	108	100	瓶	李可薪	熊小虎	201
13	2017/2/16	218	30	件	李可薪	熊小虎	201
14	2017/2/16	186	10	件	李可薪	熊小虎	201
15	2017/2/16	158	50	件	李可薪	熊小虎	201
16	2017/2/16	118	30	件	李可薪	熊小虎	201
17	2017/2/16	128	10	件	李可薪	熊小虎	201
18	2017/2/16	45	150	瓶	李可薪	熊小虎	201

技巧秒杀

快速填充相同的数据

如果起始单元格中是数字和字母的组合，进行填充时，需要单击"自动填充选项"按钮，在打开的列表中单击选中"复制单元格"单选项，才能在其他单元格中填充与起始单元格中同样的数据。

4. 更改数据类型

在 WPS 表格中输入货币型的数据，通常要设置单元格的格式。下面将在"商品出入库明细表.xlsx"工作簿中的工作表中设置货币型数据，其具体操作步骤如下。

STEP 1 选择数据类型

❶选择 D4:D18 单元格区域；❷单击"开始"选项卡中"数字格式"列表右侧的下拉按钮；❸在打开的列表中选择"货币"选项。

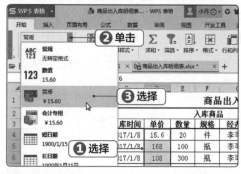

STEP 2 调整列宽

❶更改数据类型后，默认的单元格列宽无法正常显示数据内容，需调整列宽，将鼠标指针移至 D 列单元格右侧的边框上，当其变为十字形状时，向右拖动鼠标至 13.38；❷释放鼠标，即可增大 D 列的宽度。

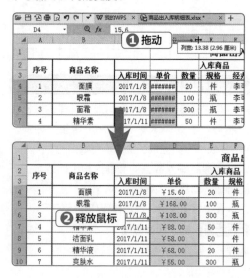

5.2.2 数据编辑

　　WPS 表格中存在各种各样的数据，在编辑操作过程中，除了对数据进行修改，还涉及其他一些操作，如使用记录单批量修改数据、自定义数据显示格式和设置数据验证规则等，对于一些基本操作，如复制粘贴、查找替换等，与 WPS 文字相似，这里不再赘述。

微课：数据编辑

1. 使用记录单修改数据

　　如果工作表的数据量巨大，那么在输入数据时就需要耗费很多时间在来回切换行、列的位置上，有时还容易出现错误。此时可通过 WPS 表格的"记录单"功能，在打开的"记录单"对话框中批量编辑数据，而不用在长表格中编辑数据。下面将在"商品出入库明细表 .xlsx"工作簿中使用记录单修改数据，其具体操作步骤如下。

STEP 1 选择数据区域

❶选择 B3:K15 单元格区域；❷单击"数据"选项卡中的"记录单"按钮。

STEP 2 修改数据

❶打开"Sheet1"对话框，单击"下一条"按钮，进入第二条记录；❷在"单价"文本框中输入"208"；❸在"经办人"文本框中输入"沈明佳"；❹单击"关闭"按钮。

STEP 3 查看修改数据后的效果

返回 WPS 表格工作界面，在第二行中即可看到修改后的数据。

2. 突出显示重复项

　　当需要查找表格中相同的数据时，可以通过设置显示重复项来进行查找，这样既快速又方便。下面将在"商品出入库明细表 .xlsx"工作簿中突出显示重复项，其具体操作步骤如下。

STEP 1 选择"设置高亮重复项"选项

❶在工作表中选择任意一个单元格；❷单击"数据"选项卡中的"高亮重复项"按钮；❸在打开的列表中选择"设置高亮重复项"选项。

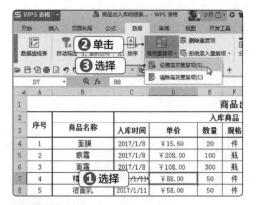

STEP 2 突出显示重复项

打开"高亮显示重复值"对话框,其中显示了进行搜索的单元格区域,保持默认设置,单击"确定"按钮。

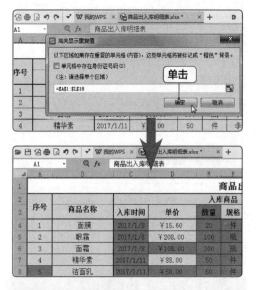

技巧秒杀

更改数据区域

在"高亮显示重复值"对话框中单击"收缩"按钮📊,此时对话框呈收缩状态,拖动鼠标在工作表中重新选择要查找的单元格区域,然后单击"展开"按钮📊,返回"高亮显示重复值"对话框,单击"确定"按钮,即可完成数据区域的更改操作。

3. 设置数据有效性

设置数据有效性,可对单元格或单元格区域输入的数据从内容到范围进行限制。对于符合条件的数据,允许输入;不符合条件的数据,则禁止输入,可防止输入无效数据。下面将在"商品出入库明细表.xlsx"工作簿中设置数据有效性,其具体操作步骤如下。

STEP 1 单击"有效性"按钮

❶在工作表中选择 E4:E18 单元格区域;❷单击"数据"选项卡中的"有效性"按钮。

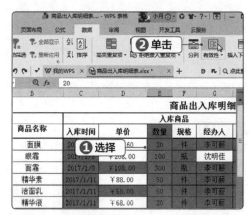

STEP 2 设置验证条件

❶打开"数据有效性"对话框,在"设置"选项卡的"允许"列表中选择"整数"选项;❷在"数据"列表中选择"介于"选项;❸在"最小值"文本框中输入"10";❹在"最大值"文本框中输入"1 000"。

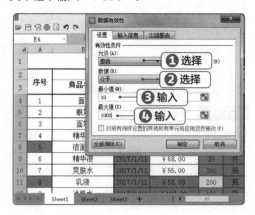

第2篇

STEP 3 设置出错警告

❶单击"出错警告"选项卡；❷在"样式"列表中选择"停止"选项；❸在"错误信息"栏中输入"只能输入 10-1 000 的整数"；❹单击"确定"按钮。

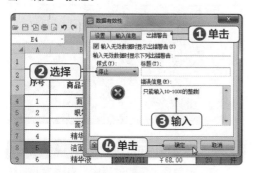

STEP 4 验证数据有效性

在 E8 单元格中输入数字"22.3"后，按【Enter】键软件会自动弹出错误提示信息，此时需要重新输入正确的数字。

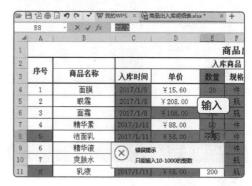

5.2.3 表格的美化

利用 WPS 表格创建的电子表格，有时需要打印出来交上级部门审阅，不仅要内容详实，还需要页面美观。因此需要对表格进行美化操作，对单元格的样式、表格样式等进行设置，使表格的版面美观、图文并茂。

微课：表格的美化

1. 套用表格样式

表格样式是指一组特定单元格格式的组合，使用表格样式可以快速对应用相同样式的单元格进行格式化，从而使工作表格式规范统一。下面将在"商品出入库明细表 .xlsx"工作簿中套用表格样式，其具体操作步骤如下。

STEP 1 选择表格样式

❶在工作表中选择 A2:L18 单元格区域；❷单击"开始"选项卡中的"表格样式"按钮；❸在打开的列表中选择"表样式浅色 15"选项。

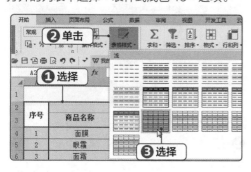

STEP 2 确认表格区域

打开"套用表格样式"对话框，在"表数据的来源"文本框中显示了选择的表格的区域，确认无误后，单击"确定"按钮。

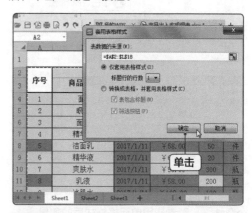

STEP 3 查看套用表格样式后的效果

返回 WPS 表格的工作界面，即可查看套用表格样式的效果。

2. 应用单元格样式

WPS 表格不仅能为表格设置整体样式，也可以为单元格或单元格区域应用样式。下面将在"商品出入库明细表 .xlsx"工作簿中应用单元格样式，其具体操作步骤如下。

STEP 1 选择单元格样式

❶在工作表中选择合并后的 A1 单元格，单击"开始"选项卡中的"格式"按钮；❷在打开的列表中选择"样式"选项；❸再在打开的列表中选择"标题"栏中的"标题"选项。

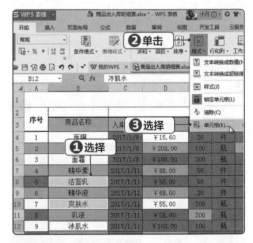

STEP 2 查看应用单元格样式后的效果

返回 WPS 表格的工作界面，标题样式将自动应用到所选的单元格中。

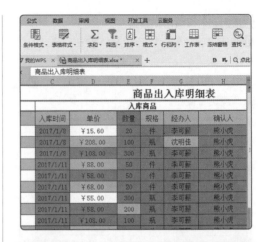

3. 突出显示单元格

在编辑数据表格的过程中，有时需要将某些区域中的特定数据用特定的颜色突出显示，便于观看。下面将在"商品出入库明细表 .xlsx"工作簿中设置突出显示单元格的数据，其具体操作步骤如下。

STEP 1 选择"单元格"选项

❶在按住【Ctrl】键的同时，选择工作表中的 B8、B10、B12 单元格；❷单击"开始"选项卡中的"格式"按钮；❸在打开的列表中选择"单元格"选项。

STEP 2 选择填充效果

❶打开"单元格格式"对话框，单击"图案"

选项卡；❷单击"填充效果"按钮。

STEP 3 设置渐变填充颜色

❶打开"填充效果"对话框，在"颜色 1"列
表中选择"白色，背景 1"选项；❷在"颜
色 2"列表中选择"矢车菊蓝，着色 1"选项；
❸单击"确定"按钮；❹返回"单元格格式"
对话框，单击"确定"按钮。

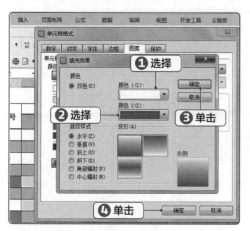

STEP 4 查看填充效果

返回 WPS 表格工作界面，在选择的单元格中，
即可看到按照设置的颜色突出显示的效果。

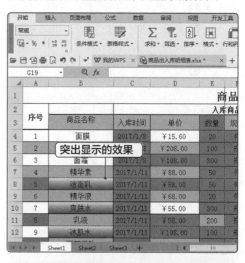

操作解谜

想要对应用高亮重复项重新设置颜色怎么办

　　如果想要对应用高亮效果的重复项重
新设置新的颜色，首先需要单击"数据"选
项卡中的"高亮重复项"按钮，在打开的列
表中选择"清除高亮重复项"选项，清除高
亮重复项后，再按【Ctrl+1】组合键，打开"单
元格格式"对话框，在"图案"选项卡中对
单元格的填充效果进行设置。

新手加油站

1. 在单元格中输入特殊数据

　　特殊数据与普通数据不同之处在于，特殊数据不能通过按键盘直接输入，需要进行设置
或简单处理才能正确输入。如输入以"0"开头的数据。

　　默认情况下，在 WPS 表格中输入以"0"开头的数据，在单元格中不能正确显示，如

第 **5** 章 表格的创建

输入"022"，显示为"22"，此时可以通过相应的设置避免出现类似的情况发生，使以"0"开头的数据完全显示出来，其具体操作步骤如下。

❶ 选择要输入如"0210"类型数字的单元格，按【Ctrl+1】组合键。

❷ 打开"单元格格式"对话框，单击"数字"选项卡，在"分类"列表框中选择"文本"选项，然后单击"确定"按钮。

❸ 输入数字"0210"时即可在单元格中正常显示。

2. 自定义数据显示格式的规则

在"单元格格式"对话框的"数字"选项卡中选择"自定义"选项，在"类型"列表框中显示了 WPS 表格内置的数字格式的代码，用户可在"类型"文本框中自定义数字显示格式。实际上，自定义数字格式代码比较简单，只要掌握了它的规则，即可通过格式代码来创建自定义数字格式。

自定义格式代码可以为 4 种类型的数值指定不同的格式：正数、负数、零值和文本。在代码中，用分号"；"来分隔不同的区段，每个区段的代码作用于不同类型的数值。完整格

式代码的组成结构为："大于条件值"格式；"小于条件值"格式；"等于条件值"格式；文本格式。

在没有特别指定条件值的时候，默认的条件值为 0，因此，格式代码的组成结构也可视作：正数格式；负数格式；零值格式；文本格式。即当输入正数时显示设置的正数格式；当输入负数时，显示设置的负数格式；当输入"0"时，显示设置的零值格式；输入文本时，则显示设置的文本格式。

下面将通过一段代码对数字的格式组成规则进行分析和讲解。

_ * #,##0.00_ ;_ * -#,##0.00_ ;_ * "-"??_ ;_ @_

上述数字类型，可同时设置 4 种数据格式，用";"分隔开。第一节为正数值格式；第二节为负数值格式；第三节为零的显示格式；第四节为文本的显示格式。每一节前后的"_"号用于使数据录入单元格时，前后分别留有 1 个字符位置的距离，使数据不会太靠近表格线。

其中，第一节" * #,##0.00 "数字只保留整数部分，每三位用千位分隔符","隔开，当输入正数，如输入 1234，则显示为 1,234.00。第二节"* -#,##0.00"负数显示为带负号的数字。如输入 -1234，则显示为 -1,234.00。第三节""-""表示零显示为"-"，如输入 0，则显示为 -。第四节"@"表示文本以文本格式显示，如输入 abc，则显示为 abc（前后各空一个空格位置）。

3. 使用记录单

记录单是用来管理表格中每一条记录的对话框，使用它可以方便地对表格中的记录执行添加、修改、查找和删除等操作，有利于数据的管理。在 WPS 表格中，向一个数据量较大的表单中插入一行新记录时，通常需要逐行逐列地输入相应的数据。若使用 WPS 表格提供的"记录单"功能则可以帮助用户在对话框中完成输入数据的工作。

要添加并编辑记录，可在工作表中选择除标题外其他含有数据的单元格区域，然后在"数据"选项卡中单击"记录单"按钮，在打开的对话框中单击"新建"按钮，继续添加记录到表格中，输入完成后单击"关闭"按钮关闭对话框即可。

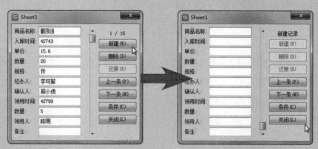

4. 新建单元格样式

WPS 表格软件提供了多种不同类型的单元格样式，如果用户对于内置的单元格样式不满意，可以根据实际需求自定义单元格样式。在表格中新建单元格样式的具体操作步骤如下。

❶ 单击"格式"按钮，在打开的列表中选择"样式"选项，再在打开的列表中选择"新建单元格样式"选项。

❷ 打开"样式"对话框，在"样式名"文本框中输入新建样式的名称，然后单击"格式"按钮。

❸ 打开"单元格格式"对话框，在其中可以对单元格的格式进行设置，包括数字格式、文本对齐方式、字体格式、边框样式以及图案样式、保护方式等，设置完成后单击"确定"按钮。

❹ 返回"样式"对话框，在"样式包括"栏中将会显示对数字、对齐、字体、边框、图案以及保护参数的修改信息，单击"确定"按钮。

❺ 再次单击"格式"按钮，在打开的列表中选择"样式"选项，在打开的列表中的自定义栏中将显示新建的名为"重要数据"的单元格样式选项。

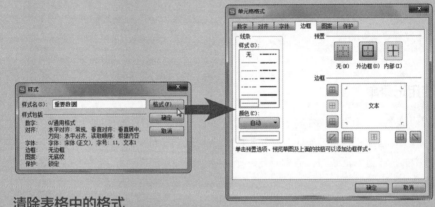

5. 清除表格中的格式

在对表格进行美化时，有时不需要单元格格式，只需保留原始单元格格式和内容，此时，如果直接按【Delete】键，则会将单元格的内容全部删除，而无法实现保留数据的目的。想要清除表格格式的同时并保留数据，则需要利用"格式"按钮来实现，其具体操作步骤如下。

❶ 在工作表中选择需要清除表格中的单元格或单元格区域，然后单击"格式"按钮，在打开的列表中选择"清除"选项。

❷ 在打开的列表中提供了 3 种选择，如果选择"全部"选项，则将所选单元格中的数据全部删除，包括格式和内容；如果选择"格式"选项，则将所选单元格中的格式全部删除，保留内容；如果选择"内容"选项，则将所选单元格的内容全部删除，保留单元格所应用的格式。

第 2 篇

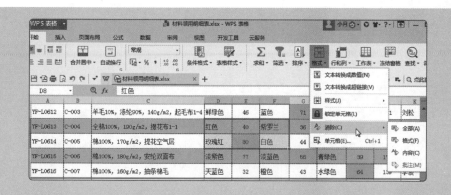

YF-L0612	C-003	羊毛10%，涤纶90%，140g/m2，起毛布1-4	鲜绿色	46	蓝色	71		1	刘松
YF-L0613	C-004	全棉100%，190g/m2，提花布1-1	红色	40	紫罗兰	36			
YF-L0614	C-005	棉100%，170g/m2，提花空气层	玫瑰红	80	白色	44			
YF-L0615	C-006	棉100%，180g/m2，安纶双面布	浓紫色	77	淡蓝色	66	青绿色	39	1
YF-L0616	C-007	棉100%，160g/m2，抽条棉毛	天蓝色	32	橙色	43	水绿色	64	1

高手竞技场

1. 编辑"产品价格表"工作簿

打开素材文件"产品价格表.xlsx"工作簿，然后对表格进行编辑，具体要求如下。

- 利用"开始"选项卡中的"合并居中"按钮，对表格中的标题栏进行合并居中显示，并将字号增大为"14"。
- 拖动鼠标手动调整列宽，然后打开"行高"对话框，将行高设置为"20"。
- 将表格中的字体设置为"微软雅黑"。
- 删除"Sheet3"工作表，并将"Sheet2"工作表重命名为"2017 年 10 月 20 日"，然后利用鼠标右键，将工作表标签颜色设置为"橙色"。
- 使用"记录单"功能，对表格中的数据进行修改。
- 将 E3:E20 单元格区域中的数据类型设置为"货币"，并将工作簿进行加密保护，保护密码为"123"。

1	产品价格表				
2	货号	产品名称	净含量	产品规格	价格
3	XY001	保湿洁面乳	105g	48支/箱	￥65.00
4	XY002	美白紧肤水	110ml	48瓶/箱	￥185.00
5	XY003	美白保湿乳液	110ml	48瓶/箱	￥298.00
6	XY004	美白保湿霜	35g	48瓶/箱	￥268.00
7	XY005	美白眼部修护素	30ml	48瓶/箱	￥398.00
8	XY006	美白深层洁面膏	105g	48支/箱	￥128.00
9	XY007	美白活性按摩膏	105g	48支/箱	￥98.00
10	XY008	美白水分面膜	105g	48支/箱	￥168.00
11	XY009	活性营养滋润霜	35g	48瓶/箱	￥228.00
12	XY010	美白保湿精华露	30ml	48瓶/箱	￥208.00
13	XY011	美白去黑头面膜	105g	48支/箱	￥98.00
14	XY012	美白深层去角质霜	105ml	48支/箱	￥299.00

2. 编辑"供货商管理表"工作簿

打开素材文件"供货商管理表.xlsx"工作簿，然后对工作表进行编辑，具体要求如下。

● 选择工作表中任意一个单元格，然后利用"表格样式"按钮，对工作表套用"表样式深色10"的表格样式。

● 合并居中标题栏文本，然后将工作表中的文本居中对齐显示。

● 新建单元格样式，样式内容包括水平和垂直均居中对齐、字体为"微软雅黑"、字号为"20"、双横线的下边框、白色和深灰绿，着色3的渐变填充底纹。

● 拖动鼠标适当调整行高。

WPS 表格制作

第 6 章
表格中数据的计算

WPS 表格最强大的功能之一就是数据计算，本章将对数据计算的两种方式，即公式和函数的应用进行介绍，以方便表格数据的统计。

本章重点知识

- ☐ 输入与编辑公式

- ☐ 相对引用单元格

- ☐ 绝对引用单元格

- ☐ 调试公式

- ☐ 输入函数

- ☐ 常用函数的使用

- ☐ 排名与统计函数

6.1 计算"员工工资表"工作簿

工资表是按单位、部门编制的用于核算员工工资的表格，一般会在工资正式发放前的 1~3 天发放到员工手中，员工可以就工资表中发现的问题及时向上级反映。在工资表中，要根据工资卡、考勤记录、补贴及代扣款项等资料等进行数据的计算。工资表制作主要涉及的知识点包括公式的基本操作与调试，以及单元格中数据的引用。

6.1.1 输入与编辑公式

WPS 表格中的公式是一种对工作表中的数值进行计算的等式，它可以帮助用户快速完成各种复杂的数据运算。在 WPS 表格中对数据进行计算时，应该先输入公式，如果输入错误或对输入的公式不满意，还需要对其进行编辑或修改。

微课：输入与编辑公式

第 2 篇

1. 输入公式

在 WPS 表格中输入计算公式进行数据计算时需要遵循一个特定的次序或语法：最前面是等号"="，然后是计算公式。公式中可以包含运算符、常量数值、单元格引用、单元格区域引用和函数等。下面将在"员工工资表 .xlsx"工作簿中输入公式，其具体操作步骤如下。

STEP 1 输入公式

❶打开"员工工资表 .xlsx"工作簿，选择 J4 单元格；❷输入符号"="，编辑栏中会同步显示输入的符号"="，依次输入要计算的公式内容"2000+200+302.56+200+300+200-203.65-50"，编辑栏中同步显示输入内容。

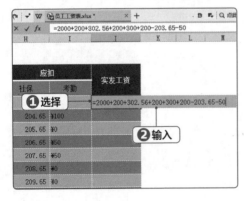

STEP 2 查看计算结果

按【Enter】键，WPS 表格将对公式进行计算，并在 J4 单元格中显示计算结果。

技巧秒杀

在编辑栏中输入公式

在工作表中选择显示计算结果的单元格，将光标定位到编辑栏，输入公式即可。

2. 复制公式

在 WPS 表格中计算数据时，通常公式的组成结构是固定的，只是计算的数据不同，通过复制公式然后直接修改的方法，能够节省输入数据的时间。下面将在"员工工资表.xlsx"工作簿中复制公式，其具体操作步骤如下。

STEP 1 复制公式

❶选择工作表中的 J4 单元格；❷单击"开始"选项卡中的"复制"按钮。

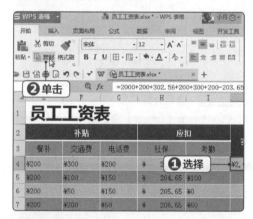

STEP 2 粘贴公式

❶选择 J5 单元格；❷单击"开始"选项卡中的"粘贴"按钮右侧的下拉按钮；❸在打开的列表中选择"公式"选项。

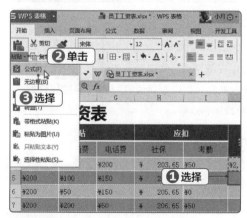

STEP 3 查看复制公式后的结果

将公式复制到 J5 单元格中，显示的是公式的计算结果，并在编辑栏中也可以看到公式的计算过程。

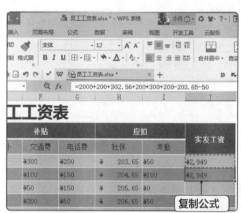

操作解谜

复制公式和普通复制的区别

如果直接单击"开始"选项卡中的"粘贴"按钮；或通过【Ctrl+C】【Ctrl+V】组合键来复制公式，不仅能复制公式，而且还会将源单元格中的格式复制到目标单元格中。

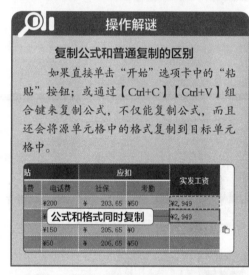

3. 修改公式

编辑公式的方法很简单，输入公式后，如果发现输入错误或情况发生改变时，就需要修改公式。修改时，只需要选择公式中要修改的部分，重新输入内容即可。下面将在"员工工资表.xlsx"工作簿中修改公式，其具体操作步骤如下。

STEP 1 选择修改的数据

❶选择 J5 单元格；❷将光标定位到编辑栏中，并选择第二个参数"200"。

STEP 2　修改公式

在编辑栏中输入数据"150"。

STEP 3　继续修改其他数据

按照相同的操作方法，继续在编辑栏中修改其他的错误数据。

STEP 4　查看计算结果

修改完成后按【Enter】键，J5 单元格中将显示新公式的计算结果。

6.1.2　引用单元格

引用单元格的作用在于标识工作表中的单元格或单元格区域，并通过引用单元格来标识公式中所使用的数据地址，这样在创建公式时就可以直接通过引用单元格的方法来快速创建公式并实现计算，提高计算数据的效率。

微课：引用单元格

1.　在公式中引用单元格计算数据

在 WPS 表格中利用公式来计算数据时，最常用的方法是直接引用单元格。下面将在"员工工资表 .xlsx"工作簿中引用单元格，其具体操作步骤如下。

STEP 1　删除公式

在工作表中选择J4:J5 单元格区域，按【Delete】键，删除其中的公式。

第2篇

STEP 2 输入公式

选择工作表中的 J4 单元格，并在其中输入公式 "=B4+C4+D4+E4+F4+G4-H4-I4"。

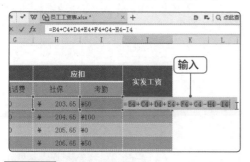

STEP 3 查看计算结果

按【Enter】键即可在 J4 单元格中显示计算结果。

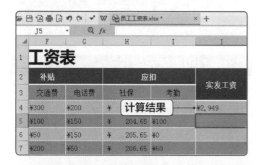

技巧秒杀

单元格引用

单击选择工作表中的单元格也能引用单元格地址，并在公式中输入引用单元格的地址。此外，单击选择能更加直观地引用单元格，并减少公式中引用错误的发生。

---

2. 相对引用单元格

在默认情况下复制与填充公式时，公式中的单元格地址会随着存放计算结果的单元格位置不同而不同，这就是使用的相对引用。将公式复制到其他单元格时，单元格中公式的引用位置会发生相应的变化，但引用的单元格与包含公式的单元格的相对位置不变。下面将在"员工工资表.xlsx"工作簿中通过相对引用单元格来复制公式，其具体操作步骤如下。

STEP 1 复制公式

选择工作表中的 J4 单元格，按【Ctrl+C】组合键，进入复制公式状态。

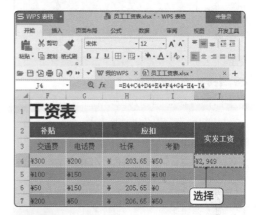

STEP 2 粘贴公式

❶选择 J5 单元格；❷单击"开始"选项卡中的"粘贴"按钮右侧的下拉按钮；❸在打开的列表中选择"公式"选项。

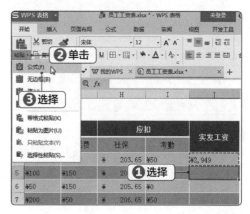

STEP 3 查看复制公式结果

此时，将 J4 单元格中的公式复制到 J5 单元格中，由于这里是相对引用单元格，所以公式中引用的单元格是第 5 行中的。

STEP 4 通过控制柄复制公式

将鼠标指针移动到 J5 单元格右下角的填充柄上，按住鼠标左键不放并拖动至 J21 单元格，释放鼠标即可通过填充方式复制公式到 J6:J21 单元格区域中，计算出其他员工的实发工资。

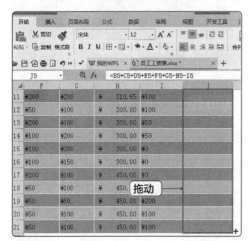

STEP 5 设置填充选项

❶单击"自动填充选项"按钮；❷在打开的列表中单击选中"不带格式填充"单选项。

STEP 6 查看自动填充公式效果

此时，在 J6:J21 单元格区域中将自动填充公式，并计算出结果。

3. 绝对引用单元格

绝对引用是指引用单元格的绝对地址，被引用单元格与引用单元格之间的关系是绝对的。将公式复制到其他单元格时，行和列的应用不会变。绝对引用的方法是在行号和列标前分别添加一个"$"符号，下面将在"员工工资表 .xlsx"工作簿中通过绝对引用来计算数据，其具体操作步骤如下。

STEP 1 删除多余数据

❶选择 E4:E21 单元格区域，按【Delete】键；❷单击"开始"选项卡中的"合并居中"按钮。

STEP 2 输入数据

在合并后的 E4 单元格中输入"200"，按
【Enter】键。

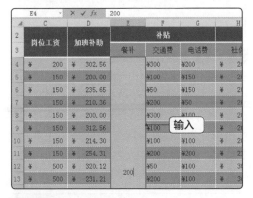

STEP 3 设置绝对引用

❶选择 J4 单元格；❷在编辑栏中选择"E4"
文本，重新输入"$E$4"。

技巧秒杀

快速将相对引用转换为绝对引用

在公式的单元格地址前或后按【F4】键，
即可快速将相对引用转换为绝对引用。

STEP 4 复制公式

按【Enter】键得出计算结果，将鼠标指针移动
到 J4 单元格右下角的填充柄上，按住鼠标左键
不放并拖动至 J21 单元格，释放鼠标即可通过
填充方式快速复制公式到 J5:J21 单元格区域中。

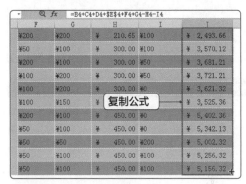

STEP 5 设置填充选项

❶单击"自动填充选项"按钮；❷在打开的列
表中单击选中"不带格式填充"单选项。

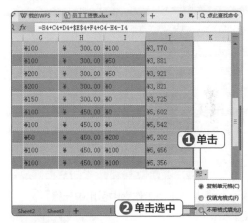

STEP 6 查看填充效果

此时，在 J5:J21 单元格区域中将自动填充不
带格式的公式，并显示出结果。

第2篇

操作解谜

混合引用

混合引用是指公式中既有绝对引用又有相对引用，如公式"=I$9"就是混合引用。在混合引用中，绝对引用部分将会保持绝对引用的性质，而相对引用部分也会保持相对引用的性质。

4. 引用不同工作表中的单元格

在制作表格时，有时需要调用不同工作表中的数据，此时就需要引用其他工作表中的单元格。下面将在"员工工资表.xlsx"工作簿中引用不同工作表中的单元格，其具体操作步骤如下。

STEP 1 编辑公式

❶选择 J4 单元格；❷在编辑栏中公式的最后输入运算符"+"。

STEP 2 在不同工作表中引用单元格

❶单击"Sheet2"工作表标签；❷在该工作表中选择 L3 单元格。

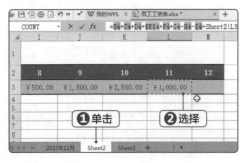

STEP 3 设置绝对引用

按【Enter】键返回"2017 年 11 月"工作表，将光标定位到编辑栏的"L3"文本处，按【F4】键，将该引用转换为绝对引用。

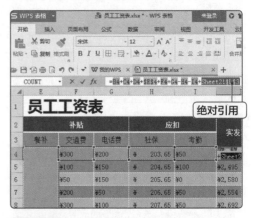

STEP 4 复制公式

❶按【Enter】键得出计算结果，将鼠标指针移动到 J4 单元格右下角的填充柄上，按住鼠标左键不放并拖动至 J21 单元格，释放鼠标即可通过填充方式快速复制公式到 J5:J21 单元格区域中；❷单击"自动填充选项"按钮；❸在打开的列表中单击选中"不带格式填充"单选项。

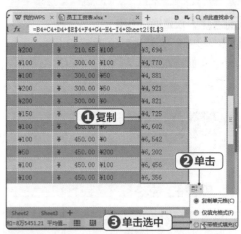

STEP 5 查看填充公式效果

此时，在 J5:J21 单元格区域中将自动填充公式，并计算出结果。

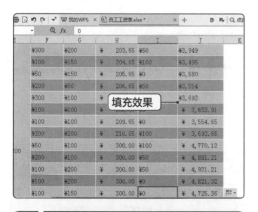

填充效果

操作解谜

引用不同工作表中单元格的格式

在同一工作簿的另一张工作表中引用单元格数据时，只需在单元格地址前添加工作表的名称和感叹号"!"即可，其格式为：工作表名称! 单元格地址。

5. 引用定义了名称的单元格

默认情况下，单元格以行号和列标定义单元格名称，用户可以根据实际使用情况，对单元格名称重新命名，然后在公式或函数中使用，简化输入过程，并且让数据的计算更加直观。下面将在"固定奖金表.xlsx"工作簿中引用定义了名称的单元格，其具体操作步骤如下。

STEP 1　选择单元格区域

❶打开素材文件"固定奖金表.xlsx"工作簿，选择 B3:B20 单元格区域；❷单击"公式"选项卡中的"名称管理器"按钮。

STEP 2　新建名称

打开"名称管理器"对话框，单击"新建"按钮。

STEP 3　输入新建名称

❶打开"新建名称"对话框，在"名称"文本框中输入"固定奖金"；❷单击"确定"按钮。

STEP 4　新建名称

返回"名称管理器"对话框，其中显示了刚定义好的单元格名称，再次单击"新建"按钮。

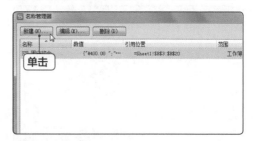

STEP 5　定义名称

❶打开"新建名称"对话框，在"名称"文本框中输入"工作年限奖金"；❷在"引用位置"文本框中输入要定义的单元格区域"=Sheet1!$C$3:$C$20"；❸单击"确定"

按钮。

STEP 6 继续新建名称

返回"名称管理器"对话框，单击"新建"按钮。

STEP 7 定义名称

❶打开"新建名称"对话框，在"名称"文本框中输入"其他津贴"；❷在"引用位置"文本框中输入"=Sheet1!$D$3:$D$20"；❸单击"确定"按钮。

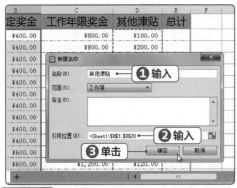

STEP 8 完成定义名称

返回"名称管理器"对话框，其中显示了刚定义的3个名称，确认无误后，单击"关闭"按钮。

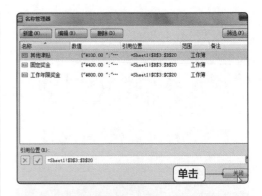

技巧秒杀

编辑定义的名称

如果对于定义好的名称不满意，还可以对其进行修改。方法为：打开"名称管理器"对话框，选择列表框中需要编辑的名称，然后单击"编辑"按钮，在打开的"编辑名称"对话框中可以修改名称、引用位置、备注等信息。

STEP 9 输入公式

❶选择 E3 单元格；❷输入"= 固定奖金 + 工作年限奖金 + 其他津贴"。

STEP10 计算结果

按【Enter】键得出计算结果。

STEP 11 复制公式

❶将鼠标指针移动到 E3 单元格右下角的填充柄上，按住鼠标左键不放并拖动至 E20 单元格，释放鼠标即可通过填充方式快速复制公式到 E4:E20 单元格区域中；❷单击"自动填充选项"按钮；❸在打开的列表中单击选中"不带格式填充"单选项。

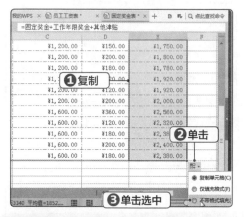

STEP 12 查看填充公式后的效果

在 E4:E20 单元格区域中将自动填充公式，并计算出结果。

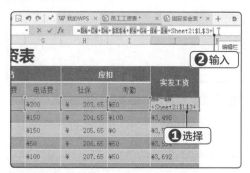

6. 引用不同工作簿中的单元格

WPS 表格可以引用不同工作表中的单元格，同样也能引用不同工作簿中的单元格。下面将在"员工工资表 .xlsx"工作簿中引用"固定奖金表 .xlsx"工作簿中的单元格，其具体操作步骤如下。

STEP 1 编辑公式

❶在"员工工资表 .xlsx"工作簿中选择 J4 单元格；❷将光标定位到编辑栏中，在公式的最后输入运算符"+"。

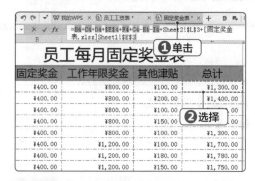

STEP 2 引用不同工作簿中的单元格

❶单击"固定奖金表"选项卡，切换到"固定奖金表"工作簿；❷选择 E3 单元格，在编辑栏中即可看到公式中引用了该工作簿的单元格。

STEP 3 转换为相对引用

在编辑栏中，删除"$"符号，将绝对引用"$E$3"转换为相对引用"E3"。

按钮；❸在打开的列表中单击选中"不带格式填充"单选项。

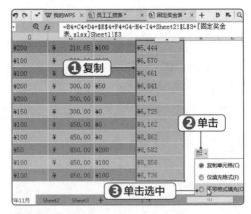

操作解谜

引用不同工作簿中单元格的格式

若打开了引用数据的工作簿，则引用格式为：=[工作簿名称]工作表名称!单元格地址；若关闭了引用数据的工作簿，则引用格式为：'工作簿存储地址[工作簿名称]工作表名称'!单元格地址。

STEP 4 查看计算结果

按【Enter】键即可返回"员工工资表"，在 E4 单元格中得出结果。

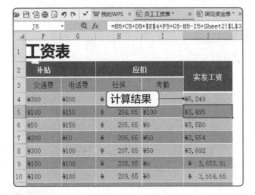

STEP 5 复制公式

❶将鼠标指针移动到 J4 单元格右下角的填充柄上，按住鼠标左键不放并拖动至 J21 单元格，释放鼠标即可通过填充方式快速复制公式到 J5:J21 单元格区域中；❷单击"自动填充选项"

STEP 6 查看填充公式后的效果

此时，在 J5:J21 单元格区域中将自动填充公式，并计算出结果。

6.1.3 调试公式

公式作为电子表格中数据处理的核心，在使用过程中出错的概率非常大，为了有效地避免输入的公式出错，则需要对公式进行调试，使公式能够按照预想的方式计算出数据的结果。调试公式的操作包括检查公式和审核公式。

微课：调试公式

1. 检查公式

在 WPS 表格中，要查询公式错误的原因可以通过"错误检查"功能实现，该功能可以

根据设定的规则对输入的公式自动进行检查。下面将在"员工工资表 .xlsx"工作簿中使用错误检查功能检查公式，其具体操作步骤如下。

第 2 篇

STEP 1　检查错误

❶选择"员工工资表 .xlsx"工作簿中的 J4 单元格；❷单击"公式"选项卡中的"错误检查"按钮。

STEP 2　查看错误检查效果

打开提示框，提示完成了整个工作表的错误检查，此处没有检查到公式错误，单击"确定"按钮。

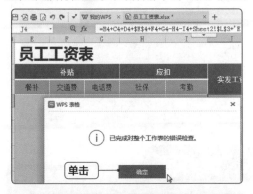

操作解谜

检查到公式错误怎么办？

如果在选择的单元格中检测到公式错误，将打开"错误检查"对话框，并显示公式错误的位置以及错误的原因，单击"在编辑栏中编辑"按钮，返回 WPS 表格的工作界面，在编辑栏中重新输入正确的公式，然后单击"错误检查"对话框中的"下一个"按钮，系统会自动检查表格中的下一个错误。如果表格中没用公式错误将会打开提示对话框，提示已经完成对整个工作表的错误检查。

2.　审核公式

在公式中引用单元格进行计算时，为了降低使用公式时发生错误的概率，可以利用 WPS 表格提供的公式审核功能对公式的正确性进行审核。对公式的审核包括两个方面，一是检查公式所引用的单元格是否正确，二是检查指定单元格被哪些公式所引用。下面将在"员工工资表 .xlsx"工作簿中审核公式，其具体操作步骤如下。

STEP 1　追踪引用单元格

❶选择 J4 单元格；❷单击"公式"选项卡中的"追踪引用单元格"按钮。

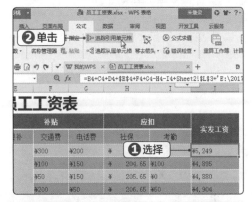

STEP 2　查看追踪效果

此时，表格便会自动追踪 J4 单元格中所显示值的数据来源，并用蓝色箭头将相关单元格标注出来（如果引用了其他工作表或工作簿的数据，将在目标单元格左上角显示一个表格图标）。

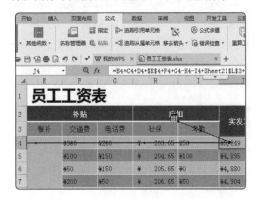

STEP 3 追踪从属单元格

❶选择 E4 单元格；❷单击"公式"选项卡中的"追踪从属单元格"按钮。

STEP 4 查看追踪结果

此时，单元格中将显示蓝色箭头，箭头所指向的单元格即为引用了该单元格的公式所在单元格。

STEP 5 移去箭头

❶审核完所有的公式后，单击"公式"选项卡中的"移去箭头"按钮右侧的下拉按钮；❷在打开的列表中选择"移去箭头"选项。

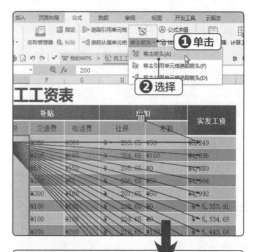

6.2 计算"员工绩效考核表"工作簿

　　最近，公司销售部的业绩不但没有提升，而且还有明显下滑的趋势。销售经理决定利用绩效考核表来判断员工与岗位的要求是否相称。员工绩效考核表是对员工的工作业绩、工作能力、工作态度以及个人品德等进行评价和统计的依据。编辑"员工绩效考核表"工作簿涉及的操作主要是函数的使用。函数常被称作"特殊公式"，可进行复杂的运算，快速地计算出数据结果。

6.2.1 函数的基本操作

　　在 WPS 表格中使用函数计算数据时，需要掌握的函数基本操作主要有输入函数、自动求和、编辑函数、嵌套函数，以及定义与使用名称等，大部分操作与使用公式的操作基本相似。下面将介绍函数基本操作的相关知识。

微课：函数的基本操作

138

1. 输入函数

与输入公式一样，在工作表中使用函数也可以在单元格或编辑栏中直接输入；除此之外，还可以通过插入函数的方法来输入并设置函数参数。对于初学者而言，采用插入函数的方式输入较好，这样比较容易设置函数的参数。下面将在"员工绩效考核表 .xlsx"工作簿的"第一季度绩效"工作表中输入函数，其具体操作步骤如下。

STEP 1 选择单元格

❶打开素材文件"员工绩效考核表 .xlsx"工作簿，单击"第一季度绩效"工作表标签；❷选择 G3 单元格；❸单击"公式"选项卡中的"插入函数"按钮。

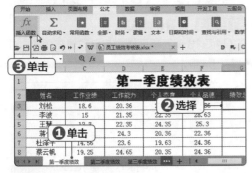

STEP 2 选择函数

❶打开"插入函数"对话框，在"选择函数"列表框中选择"SUM"选项；❷单击"确定"按钮。

STEP 3 打开"函数参数"对话框

打开"函数参数"对话框，单击"数值 1"文本框右侧的"收缩"按钮。

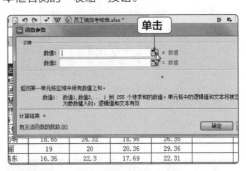

STEP 4 设置函数参数

❶此时，"函数参数"对话框将自动折叠，在"第一季度绩效"工作表中选择 C3:F3 单元格区域；❷在折叠的"函数参数"对话框中单击右侧的"展开"按钮。

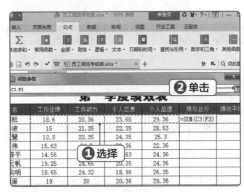

STEP 5 完成函数参数设置

返回"函数参数"对话框，单击"确定"按钮。

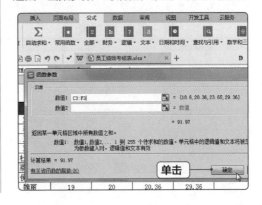

STEP 6 查看计算结果

返回 WPS 表格的工作界面，即可在 G3 单元格中看到输入函数后的计算结果。

技巧秒杀

利用编辑栏插入函数

在编辑栏中单击"插入函数"按钮 *fx*，也可以打开"插入函数"对话框，在其中可以选择不同的函数进行计算。

2．复制函数

复制函数的操作与复制公式相似。下面将在"第一季度绩效"工作表中复制函数，其具体操作步骤如下。

STEP 1 选择单元格

将鼠标指针移动到 G3 单元格右下角，当其变成黑色十字形状时，将其向下拖动。

STEP 2 复制函数

❶拖动到 G18 单元格释放鼠标，即可通过填充方式快速复制函数到 G4:G18 单元格区域中；❷单击"自动填充选项"按钮；❸在打开的列表中单击选中"不带格式填充"单选项。

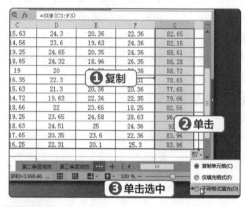

STEP 3 查看计算结果

在 G4:G18 单元格区域中将自动填充函数，并计算出结果。

3．嵌套函数

嵌套函数是函数使用时最常见的一种操作，它是指某个函数或公式以函数参数的形式参与计算的情况。在使用嵌套函数时应该注意返回值类型需要符合外部函数的参数类型。下面将在"第三季度绩效"工作表中通过嵌套函数计算数据，其具体操作步骤如下。

STEP 1 选择单元格

❶选择"第三季度绩效"工作表，选择 H3 单元格；❷单击编辑栏中的"插入函数"按钮。

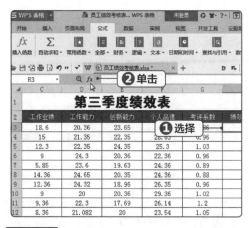

STEP 2　选择函数

❶打开"插入函数"对话框，在"选择函数"列表框中选择"SUM"选项；❷单击"确定"按钮。

STEP 3　设置函数参数

❶打开"函数参数"对话框，在"数值 1"文本框中输入参数"C3:F3"；❷单击"确定"按钮。

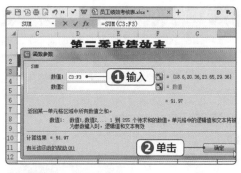

STEP 4　输入嵌套函数

❶将光标定位到编辑栏中函数的最后，输入运算符"*"；❷选择工作表中的 G3 单元格。

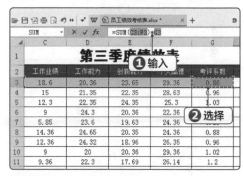

STEP 5　查看计算结果

按【Enter】键，即可在 H3 单元格中看到输入函数后的计算结果。

6.2.2　常用函数

　　WPS 表格提供了多种函数类别，如财务函数、日期与时间函数、统计函数、查找与引用函数以及数学和三角函数等。在日常办公中常用的包括求和函数 SUM、平均值函数 AVERAGE、最大 / 小值函数 MAX/MIN、排名函数 RANK 以及条件函数 IF 等。

微课：常用函数

1. 求和函数 SUM

求和函数用于计算两个或两个以上单元格的数值之和，是 WPS 表格中使用最频繁的函数。下面将在"第二季度绩效"工作表中使用求和函数计算数据，其具体操作步骤如下。

STEP 1 选择常用函数

❶选择"第二季度绩效"工作表；❷选择 G3 单元格；❸单击"公式"选项卡中的"常用函数"按钮；❹在打开的列表中选择"SUM"选项。

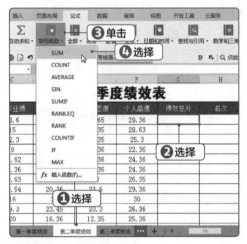

STEP 2 设置函数参数

打开"函数参数"对话框，单击"数值 1"文本框右侧的"收缩"按钮。

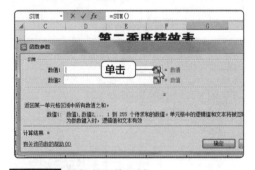

STEP 3 选择单元格区域

❶"函数参数"对话框将自动折叠，在"第二季度绩效"工作表中选择 C3:F3 单元格区域；❷单击折叠的"函数参数"对话框中的"展开"

按钮。

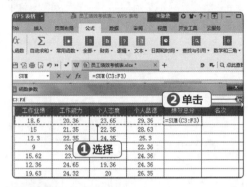

STEP 4 确认函数参数

返回"函数参数"对话框，单击"确定"按钮。

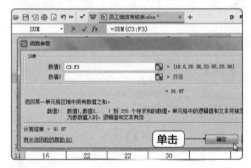

STEP 5 复制公式

返回 WPS 表格的工作界面，即可在 G3 单元格中显示最终的计算结果，然后拖动鼠标，将 G3 单元格中的函数复制到 G4:G18 单元格区域中。

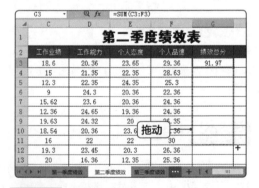

STEP 6 查看填充效果

❶单击"自动填充选项"按钮；❷在打开的列

表中单击选中"不带格式填充"单选项。

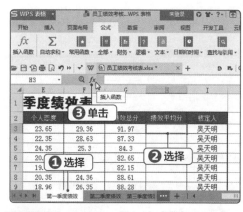

技巧秒杀

自动求和函数

在数据统计工作中,求和是一种最常见的公式计算。在 WPS 表格中,除了利用插入函数方式进行求和外,还可以进行自动求和,方法如下:选择存放计算结果的目标单元格,然后单击"公式"选项卡中的"自动求和"按钮 Σ,即可在目标单元格中显示自动求和结果。需要注意的是,进行求和的单元格区域一定要是连续的。

2. 平均值函数 AVERAGE

平均值函数用于计算参与的所有参数的平均值,即使用公式将若干个单元格数据相加后再除以单元格个数。下面将在"第一季度绩效"工作表中利用平均值函数计算数据,其具体操作步骤如下。

STEP 1 选择单元格

❶在"员工绩效考核表 .xlsx"工作簿中,选择"第一季度绩效"工作表; ❷选择 H3 单元格;❸单击编辑栏中的"插入函数"按钮。

STEP 2 选择函数

❶打开"插入函数"对话框,在"选择函数"列表框中选择"AVERAGE"选项; ❷单击"确定"按钮。

操作解谜

平均值函数的语法结构及参数

AVERAGE(number1,number2,⋯),number1、number2、⋯⋯为 1 ~ 255 个需要计算平均值的数值参数。

STEP 3 设置函数参数

❶打开"函数参数"对话框,在"数值 1"文本框中输入参数"C3:G3"; ❷单击"确定"按钮。

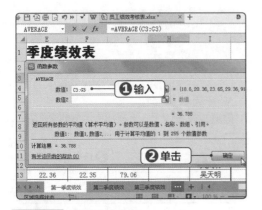

STEP 4 查看计算结果

返回"第一季度绩效"工作表，在 H3 单元格中显示了函数的计算结果。

季度绩效表

个人态度	个人品德	绩效总分	绩效平均分	核定人
23.65	29.36	91.97	36.788	吴天明
22.35	28.63	87.33		吴天明
24.35	25.3	84.3	计算结果	吴天明
20.36	22.36	82.65		吴天明
19.63	24.36	82.15		吴天明
20.35	24.36	88.61		吴天明
18.96	26.35	88.28		吴天明
20.36	29.36	88.72		吴天明
17.69	22.31	78.65		吴天明
20.36	20.36	77.65		吴天明

STEP 5 复制函数

将函数复制到 H4:H18 单元格区域，并采用"不带格式填充"的方式对单元格内容进行填充，最终在 H4:H18 单元格区域内，将自动填充平均值函数，并计算出结果。

	F	G	H	I
6	20.36	22.36	82.65	33.06	吴天明
7	19.63	24.36	82.15	32.86	吴天明
8	20.35	24.36	88.61	35.444	吴天明
9	18.96	26.35	88.28	35.312	吴天明
10	20.36	29.36	88.72	35.488	吴天明
11	17.69		65	31.46	吴天明
12	20.36		65	31.06	吴天明
13	22.36	22.35	79.06	31.624	吴天明
14	23.65	18.25	82.56	33.024	吴天明
15	24.58	28.63	96.11	38.444	吴天明
16	25	24.36	92.5	37	吴天明
17	23.6	22.36	83.96	33.584	吴天明
18	20.1	25.3	83.96	33.584	吴天明

复制后的效果

3. 最大值函数 MAX 和最小值函数 MIN

最大值函数用于返回一组数据中的最大值，最小值函数用于返回一组数据中的最小值。下面将在"第一季度绩效"工作表中分别使用最大值函数和最小值函数计算数据，其具体操作步骤如下。

STEP 1 选择单元格

❶在"第一季度绩效"工作表中选择 C20 单元格；❷单击"公式"选项卡中的"插入函数"按钮。

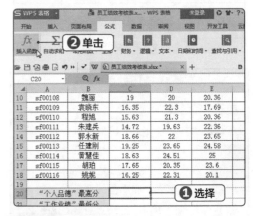

STEP 2 选择函数

❶打开"插入函数"对话框，在"选择函数"列表框中选择"MAX"选项；❷单击"确定"按钮。

STEP 3 设置函数参数

打开"函数参数"对话框，单击"数值 1"文本框右侧的"收缩"按钮。

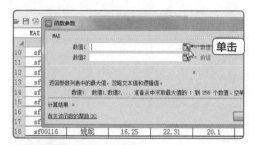

STEP 4　选择单元格区域

❶拖动鼠标选择工作表中的 F3:F18 单元格区域；❷在折叠后的"函数参数"对话框中单击"展开"按钮。

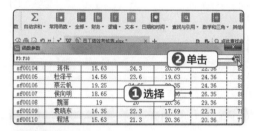

STEP 5　查看计算结果

返回"函数参数"对话框，单击"确定"按钮，即可在 C20 单元格中查看最终的计算结果。

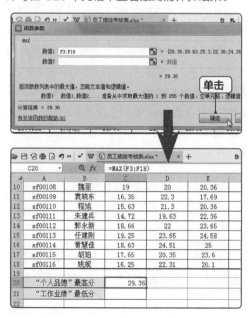

STEP 6　选择函数

❶在工作表中选择 C21 单元格，打开"插入函数"对话框，在"或选择类别"列表中选择"统计"选项；❷在"选择函数"列表框中选择"MIN"选项；❸单击"确定"按钮。

操作解谜

最大 / 最小值函数的语法结构及参数

MAX/MIN(number1,number2,…)，number1、number2、……为 1 ~ 255 个需要计算最大值 / 最小值的数值参数。

STEP 7　设置函数参数

打开"函数参数"对话框，单击"数值 1"文本框右侧的"收缩"按钮。

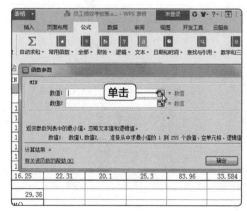

STEP 8 选择单元格区域

❶拖动鼠标选择工作表中的 C3:C18 单元格区域; ❷在折叠后的"函数参数"对话框中单击"展开"按钮。

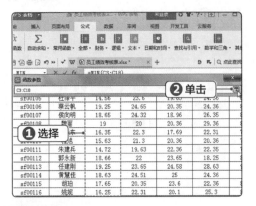

STEP 9 查看计算结果

返回"函数参数"对话框,单击"确定"按钮,即可在 C21 单元格中查看最终的计算结果。

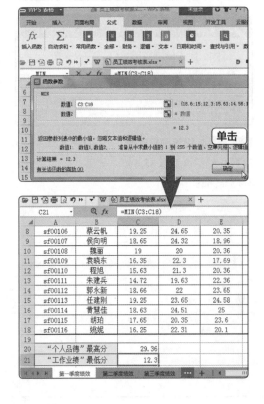

技巧秒杀

简化函数参数

简化函数参数,即在公式中引用定义了名称的单元格。如在本例中便可以通过"公式"选项卡中的"名称管理器"按钮,将 C3:C18 单元格区域定义为"工作业绩",那么在"函数参数"对话框中的"数值 1"文本框中便可直接输入"工作业绩",从而省去了在工作表中拖动鼠标选择单元格区域的麻烦。

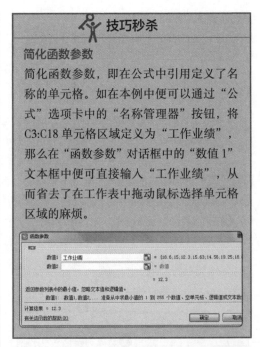

4. 条件函数 IF

条件函数 IF 用于判断数据表中的某个数据是否满足指定条件,如果满足则返回特定值,不满足则返回其他值。下面将在"第二季度绩效"工作表中,以绩效总分 85 分作为标准,通过逻辑函数 IF 来判断各个员工是否达标,85 分以上即可"达标",否则"不合格",其具体操作步骤如下。

STEP 1 选择函数

❶在"第二季度绩效"工作表中选择 I3 单元格; ❷单击"公式"选项卡中的"逻辑"按钮; ❸在打开的列表中选择"IF"选项。

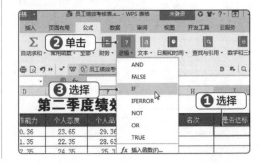

STEP 2 设置函数参数

❶打开"函数参数"对话框，在"测试条件"文本框中输入"G3>85"；❷在"真值"文本框中输入""达标""；❸在"假值"文本框中输入""不合格""；❹单击"确定"按钮。

STEP 4 复制函数

采用拖动鼠标方式，在 I4:I18 单元格区域中复制函数，并采用"不带格式填充"方式对单元格内容进行复制。

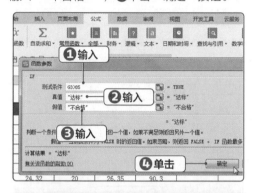

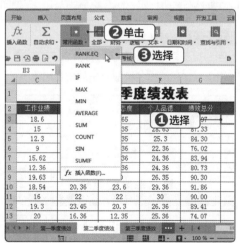

操作解谜

条件函数的语法结构及参数

IF(logical_test,value_if_true,value_if_false)，其中"logical_test"表示计算结果为真值或假值的任意值或表达式；"value_if_true"表示"测试条件"为 true 时要返回的值，可以是任意数据；"value_if_false"表示"测试条件"为 false 时要返回的值，也可以是任意数据。在本例中，"G3>85"是判断的条件，"达标"表示如果 G3 单元格中的数据大于 85，在 I3 单元格中将显示"达标"，否则在 I3 单元格中将显示"不合格"。

5. 排名函数 RANK. EQ

排名函数用于分析与比较一列数据并根据数据大小返回数值的排列名次，在商务办公的数据统计中经常使用。下面将在"第二季度绩效"工作表中使用排名函数计算数据，其具体操作步骤如下。

STEP 1 选择函数

❶选择"第二季度绩效"工作表中的 H3 单元格；❷单击"公式"选项卡中的"常用函数"按钮；❸在打开的列表中选择"RANK.EQ"选项。

STEP 3 查看计算结果

返回"第二季度绩效"工作表，即可在 I3 单元格中看到利用条件函数得出的结果。

STEP 2 设置函数参数

❶打开"函数参数"对话框，在"数值"文本框中输入"G3"；❷在"引用"文本框中输入"$G$3:$G$18"；❸在"排位方式"文本框中输入"0"，按降序排位；❹单击"确定"按钮。

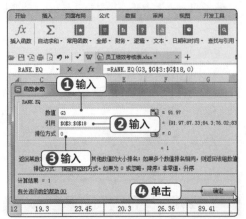

操作解谜

排名函数的语法结构及参数

RANK.EQ(number,ref,order)："number"指需要找到排位的数字；"ref"指数字列表数组或对数字列表的引用；"order"指排位的方式，为 0（零）或省略表示对数字的排位是基于参数"数值"按照降序排列的列表，不为零表示对数字的排位是基于"数值"按照升序排列的列表。

STEP 3 查看计算结果

返回"第二季度绩效"工作表，即可在 H3 单元格中看到利用排名函数得出的排名结果。

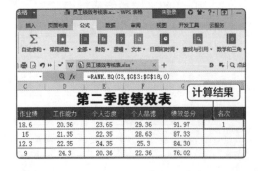

STEP 4 复制函数

❶将函数复制到 H4:H18 单元格区域；❷单击"自动填充选项"按钮；❸在打开的列表中单击选中"不带格式填充"单选项。

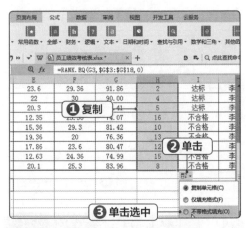

STEP 5 查看填充结果

在 H4:H18 单元格区域中将自动填充排名函数，并得出各单元格的排名结果。

6. 统计函数 COUNTIF

统计函数用于对表格中指定区域进行筛选，并统计出来满足一定条件的数字的个数。下面将在"第二季度绩效"工作表中统计"绩效总分"大于 88 的员工个数，其具体操作步骤如下。

STEP 1 定义名称

❶在"第二季度绩效"工作表中选择 G3:G18

单元格区域；❷单击"公式"选项卡中的"名称管理器"按钮。

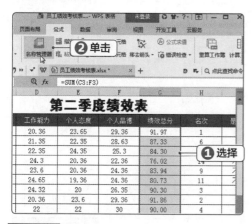

STEP 2　新建名称

打开"名称管理器"对话框，单击"新建"按钮。

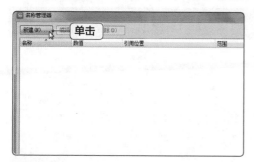

STEP 3　输入名称

❶打开"新建名称"对话框，在"名称"文本框中输入"绩效总分"；❷单击"确定"按钮。

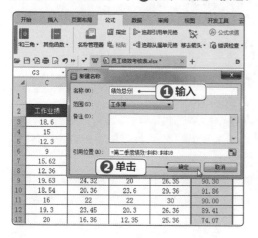

STEP 4　查看定义的名称

返回"名称管理器"对话框，单击"关闭"按钮。

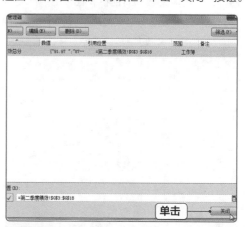

STEP 5　选择函数

❶选择 D20 单元格；❷单击"公式"选项卡中的"其他函数"按钮；❸在打开的列表中选择"统计"选项；❹再在打开的列表中选择"COUNTIF"选项。

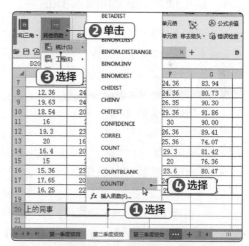

操作解谜

统计函数的语法结构及参数

COUNTIF(range,criteria)："range"指条件区域，表示对单元格进行计数的区域；"criteria"条件的形式可以是数字、表达式或文本，甚至可以使用通配符。

STEP 6 设置函数参数

❶打开"函数参数"对话框，在"区域"文本框中输入"绩效总分"；❷在"条件"文本框中输入">88"；❸单击"确定"按钮。

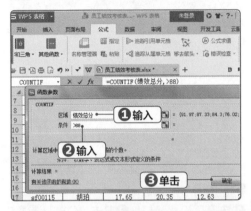

STEP 7 查看计算结果

在 D20 单元格中将自动显示统计结果。

新手加油站

1. 认识使用公式的常见错误值

在单元格中输入错误的公式不仅会出现错误值，而且还会产生某些意外结果，如在需要输入数字的公式中输入文本、删除公式引用的单元格或者使用了宽度个足以显示结果的单元格等。进行这些操作时单元格将显示一个错误值，如 ####、#VALUE! 等。下面介绍产生这些错误值的原因及其解决方法。

● **出现错误值 ####**：如果单元格中所含的数字、日期或时间超过单元格宽度或者单元格的日期时间产生了一个负值，就会出现 #### 错误。解决的方法是增加单元格列宽、应用不同的数字格式、保证日期与时间公式的正确性。

● **出现错误值 #VALUE!**：当使用的参数或操作数类型错误，或者当公式自动更正功能不能更正公式，如公式需要数字或逻辑值（如 True 或 False）时，却输入了文本，将产生 #VALUE! 错误。解决方法是确认公式或函数所需的运算符或参数是否正确，公式引用的单元格中是否包含有效的数值。如单元格 A1 包含一个数字，单元格 B1 包含文本"单位"，则公式 =A1+B1 将产生 #VALUE! 错误。

● **出现错误值 #N/A**：当在公式中没有可用数值时，将产生错误值 #N/A。如果工作表中某些单元格没有数值，可以在单元格中输入 #N/A，公式在引用这些单元格时，将不进行数值计算，而是返回 #N/A。

● **出现错误值 #REF!**：当单元格引用无效时将产生错误值 #REF!，产生的原因是删除了其他公式所引用的单元格，或将已移动的单元格粘贴到其他公式所引用的单元格中。

解决的方法是更改公式；在删除或粘贴单元格之后恢复工作表中的单元格。

● **出现错误值 #NUM!**：通常公式或函数中使用无效数字值时，会出现这种错误。产生的原因是在需要数字参数的函数中使用了无法接受的参数，解决的方法是确保函数中使用的参数是数字。例如，即使需要输入的值是 $5,000，也应在公式中输入 5000。

2. 对单元格中的数值进行四舍五入

表格中的数据常包含多位小数，这样不仅不便于数据的浏览，还会影响表格的美观。下面介绍对单元格中的数据进行四舍五入的方法，其具体操作步骤如下。

❶ 选择需要进行四舍五入的单元格，在"公式"选项卡中单击"插入函数"按钮。

❷ 打开"插入函数"对话框，在"或选择类别"下拉列表框中选择"数学与三角函数"选项，在"选择函数"列表框中选择"ROUND"选项（该函数有 number 和 num-digits 两个参数，number 是要进行四舍五入的数值或用公式计算的结果，num-digits 是希望得到的数值的小数位数），单击"确定"按钮。

❸ 在打开的"函数参数"对话框中进行相关设置，单击"确定"按钮，即可对所选单元格中的数据进行四舍五入。

3. 计算员工的工龄

当得知员工的入职日期后，使用 YEAR 和 TODAY 函数可以计算出员工的工龄，其具体操作步骤如下。

❶ 选择显示计算结果的单元格 H27，在编辑栏中输入公式"=YEAR(TODAY())-YEAR(F27)"，按【Enter】键返回日期值。

❷ 拖动鼠标，将 H27 单元格中的公式复制到 H28:H34 单元格区域，即可根据入职日期返回员工工龄。

	编号	姓名	出生年月	入职时间	年龄	工龄
25						
26	编号	姓名	出生年月	入职时间	年龄	工龄
27	001	李明月	1984/10/2	2005/9/10	33	12
28	002	张琪	1982/3/5	2005/8/10	35	12
29	003	沈华	1984/5/6	2006/9/6	33	11
30	004	李兼萧	1988/5/7	2007/8/10	29	10
31	005	曾林	1984/10/8	2007/9/10	33	10
32	006	牟小君	1984/7/8	2007/8/6	33	10
33	007	张碧云	1978/6/6	2006/5/10	39	11
34	008	黄晓丹	1979/8/7	2005/6/9	38	12
35						
36						

4. 返回列标和行号

COLUMN 函数、ROW 函数分别用于返回引用的列标、行号，其语法结构分别为：COLUMN(reference) 和 ROW(reference)。在这两个函数中都有一个共同的参数 "reference"，该参数表示需要得到其列标、行号的单元格，在使用该函数时，"reference" 参数可以引用单元格，但是不能引用多个区域，当引用的是单元格区域时，将返回引用区域第 1 个单元格的列标。如下图所示为两个函数的应用效果。

	A	B	C
1	函数	结果	含义
2	=COLUMN(B7)	2	单元格B7位于第2列
3	=COLUMN(A5)	1	单元格A5位于第1列
4			
5	=ROW()	5	函数所在行的行号
6	=ROW(C11)	11	引用C11单元格所在行的行号

5. 返回指定内容

返回指定内容的函数是 INDEX，主要包括两种形式。

（1）数组形式

INDEX 函数的数组形式用于返回列表或数组中的指定值，语法结构为：INDEX(array,row_num,column_num)。INDEX 函数的数组形式包含 3 个参数，其中，array 表示单元格区域或数组常量；row_num 表示数组中的行序号；column_num 表示数组中的列序号。下图所示为 INDEX 函数的数组形式的应用效果。

	A	B	C
1	苹果	菠萝	1
2	香蕉	桃子	2
3			
4	函数	结果	含义
5	=INDEX(A1:A2,2)	香蕉	因为只有一列，返回第2行的值
6	=INDEX(A1:B2,2,2)	桃子	返回第2行第2列的值
7	=INDEX(A1:B2,3,1)	#REF!	因为只有两行，返回错误值
8	=INDEX({2,8,3;2,5,6},2,2)	5	返回第2行第2列的值
9	=INDEX({2,8,3;2,5,6},0,2)	{8;5}	返回数组中第2列的值

以数组形式输入 INDEX 函数时，如果数组有多行，将 "column_num" 参数设置为 "0"，则返回的是数组中的整行；如果数组有多列，并将 "row_num" 参数设置为 "0"，则返回的是数组中的整列；如果数组有多行和多列，将 "row_num" 和 "column_num" 参数均设置为 "0"，则返回的是整个数组的对应数值。

（2）引用形式

INDEX 函数的引用形式也用于返回列表和数组中的指定值，但通常返回的是引用，其语法结构为：INDEX(reference,row_num,column_num,area_num)。INDEX 函数的引用形式中包含了 4 个参数，reference 表示对一个或多个单元格区域的引用；row_num 表示引用中的行序号；column_rum 表示引用中的列序号；area_num 表示当"reference"有多个引用区域时，用于指定从其某个引用区域返回指定值。该参数如果省略，则默认为第 1 个引用区域。

在 INDEX 函数中，如果"reference"参数需要将几个引用指定为一个参数时，必须用括号括起来，第一个区域序号为 1，第二个为 2，以此类推。如函数"=INDEX((A1:C6,A5:C11),1,2,2)"中，参数"reference"由两个区域组成，即"(A1:C6, A5:C11)"，而参数"area_num"的值为 2，指第二个区域（A5:C11），然后求该区域第一行第二列的值，最终返回的将是 B5 单元格的值。下图所示为 INDEX 函数的引用形式的应用效果。

	A	B	C
1	苹果	菠萝	1
2	香蕉	桃子	2
3			
4	函数	结果	含义
5	=INDEX(A1:B2,1,2)	菠萝	返回区域中第1行第2列中的数据
6	=INDEX((A1:B2,B1:C2),2,2,1)	桃子	返回第1个区域中第2行第2列中的数据
7	=INDEX((A1:B2,C2),2,0,1)	{"香蕉";"桃子"}	以数组形式返回第1个引用区域的第2行的值
8			
9			

6. 运算符

运算符是用来对公式中的元素进行运算而规定的特殊字符。WPS 表格中包含 3 种类型的运算符：算数运算符、字符连接运算符、关系运算符。

（1）算术运算符

算术运算符是制作表格时，运用最为广泛的一种运算符。这种运算符主要包括：加、减、乘、除、括号，即 +，-，*，/，（）。

（2）字符连接运算符

字符运算符使用频率较低，一般通过"&"连接相关字符，如 =A5&D5，表示连接 A5 单元格的文字与 D5 单元格中的文字。

（3）关系运算符

关系运算符主要包括：大于、小于、等于、大于或等于、小于或等于、不等于，即 >，<，=，>=，<=，<>。关系运算符的作用可以比较两个值，结果为一个逻辑值，不是"TRUE(真)"就是"FALSE(假)"，用户可以根据需要选择不同的运算符进行运算。

高手竞技场

1. 计算"员工销售业绩"工作簿

打开素材文件"员工销售业绩表 .xlsx"工作簿，然后对表格进行计算，要求如下。

- 在 H3 单元格中输入公式"=D3+E3+F3+G3",然后采用不带格式的填充方式,将 H3 单元格中的公式复制到 H4:H18 单元格区域中。
- 在 J3 单元格中输入公式"=H3/$I$3",其中 I3 单元格为绝对引用。
- 对公式进行错误检查,并查看追踪引用的从属单元格。

编号	姓名	所属部门	第一季度	第二季度	第三季度	第四季度	年度合计	销售目标	完成率
CM001	蔡云帆	销售一部	60	85	88	70	303		84%
CM002	方艳芸	销售一部	80	60	61	50	251		70%
CM003	谷城	销售一部	60	92	94	90	336		93%
CM004	胡哥飞	销售一部	63	54	55	58	230		64%
CM005	蒋京华	销售一部	64	90	89	96	339	360	94%
CM006	李哲明	销售一部	90	89	96	80	355		99%
CM007	龙泽苑	销售一部	66	89	96	89	340		94%
CM008	詹姆斯	销售一部	67	72	60	95	294		82%
CM009	刘畅	销售二部	68	85	88	70	311		97%
CM010	桃淑香	销售二部	69	92	94	90	345		108%
CM011	汤家桥	销售二部	70	84	80	87	321		100%
CM012	唐萌梦	销售二部	70	72	60	88	290	320	91%
CM013	赵飞	销售二部	60	54	55	58	227		71%

表标题:员工销售业绩表

2. 计算"新晋员工素质测评表"工作簿

打开素材文件"新晋员工素质测评表 .xlsx"工作簿,然后对工作表进行计算,具体要求如下。

- 对测评项目中的 6 个项目定义名称,如 C4:C15 单元格区域定义为"企业文化"。
- 利用 SUM 函数计算"测评总分",利用 AVERAGE 函数计算"测评平均分"。
- 利用 RANK.EQ 函数对员工进行排名,利用 IF 函数判断新晋员工是否符合转正标准。
- 利用 MAX 函数求出各个测评项目的最高分。

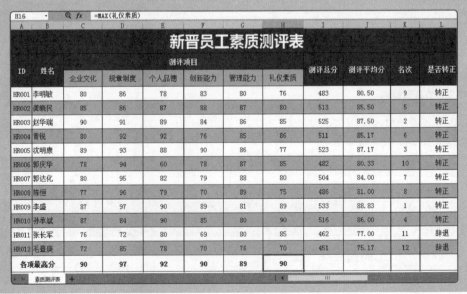

第 7 章
表格中数据的处理

完成 WPS 表格中数据的计算后，还应该对其进行适当的管理与分析，以便用户更好地了解表格中的数据信息。如对数据的大小进行排序、筛选出用户需要查看的部分数据内容、分类汇总显示各项数据，以及设置条件格式等。

本章重点知识

☐ 简单排序

☐ 多重排序

☐ 自动筛选

☐ 自定义筛选

☐ 添加数据条

☐ 创建分类汇总

☐ 显示与隐藏分类汇总

7.1 处理"业务人员提成表"中的数据

小孙被公司安排到了销售部做文员，销售经理让她每个月都要制作本部门的"业务人员提成表"，方便下个月部门计划的制定。提成表通常是各种数据的集合，主要涉及数据的排序和筛选，通过对表格中各种数据的分类排序，既有利于上级领导查阅，也能非常方便地筛选出其中某个项目的领先者和落后者。

7.1.1 数据的排序

排序是最基本的数据管理方法，用于将表格中杂乱的数据按一定的条件进行排序，该功能对于浏览数据量较多的表格时非常实用，如将销售额按高低顺序进行排序等，可以更加直观地查看、理解并快速查找需要的数据。

微课：数据的排序

1. 简单排序

简单排序是根据数据表中的相关数据或字段名，将表格数据按照升序（从低到高）和降序（从高到低）的方式进行排列，是处理数据时最常用的排序方式。下面将对"业务人员提成表 .et"工作薄中的合同金额进行降序排列，其具体操作步骤如下。

STEP 1 设置排序

❶打开"业务人员提成表 .et"工作簿，在"Sheet1"工作表中选择 E2 单元格；❷单击"数据"选项卡中的"降序"按钮。

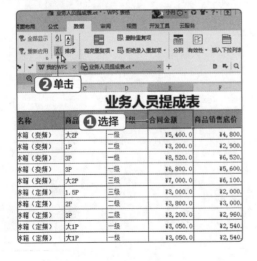

STEP 2 查看排序结果

表格中的所有数据将以"合同金额"所在列的数据为标准，将合同金额按从高到低的顺序进行排列。

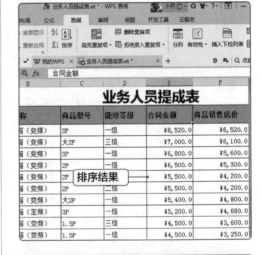

2. 删除重复项

重复值是指工作表中某一行中的所有值与另一行中的所有值完全匹配的值，用户可逐一查找数据表中的重复数据，然后按【Delete】键将其删除。不过，此方法仅适用于数据记录较少的工作表，对于数据量庞大的工作表而言，

第2篇

则应使用 WPS 表格提供的删除重复项功能快速完成此操作。下面将在"业务人员提成表 .et"工作簿中删除重复项，其具体操作步骤如下。

STEP 1　删除重复项

❶选择工作表中的 A2:G21 单元格区域；❷单击"数据"选项卡中的"删除重复项"按钮。

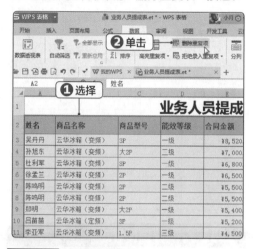

STEP 2　设置删除条件

❶打开"删除重复项"对话框，单击选中"数据包含标题"复选框，保持"列"列表框中所有复选框的选中状态；❷单击"删除重复项"按钮。

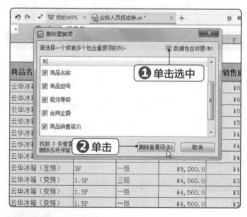

STEP 3　确认删除

打开提示对话框，显示删除重复项的相关信息，确认无误后单击"确定"按钮。

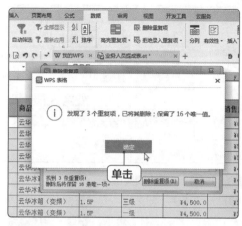

STEP 4　查看删除重复项的效果

此时，数据表中只保留了 16 条记录，其中所有数据都重复的 3 条记录已成功删除，其他有某一项数据相同的都保留了下来。

	A		C	D	E
5	杜利军	云华冰箱（变频）	3P	一级	¥6,800.0
6	徐孟兰	云华冰箱（变频）	2P	一级	¥6,500.0
7	陈鸣明	云华冰箱（变频）	2P	二级	¥5,500.0
8	郑明	云华冰箱（变频）	大2P	一级	¥5,400.0
9	吕苗苗	云华冰箱（定频）	3P	一级	¥5,200.0
10	李亚军	云华冰箱（变频）	1.5P	三级	¥4,500.0
11	赖文峰	云华冰箱（变频）	1.5P	一级	¥4,500.0
12	钱瑞麟	云华冰箱（定频）	2P	二级	¥3,800.0
13	韩雨芹	云华冰箱（变频）	2P	二级	¥3,600.0
14	王思雨	云华冰箱（变频）	1P	二级	¥3,200.0
15	陆伟东	云华冰箱（定频）	3P	二级	¥3,200.0
16	吕苗苗	云华冰箱（变频）	1P	一级	¥3,200.0
17	赖文峰	云华冰箱（定频）	大1P	一级	¥3,050.0
18	孙靓靓	云华冰箱（定频）	1.5P	三级	¥3,000.0
19					

3. 多重排序

在对数据表中的某一字段进行排序时，出现一些记录含有相同数据而无法正确排序的情况，此时就需要另设其他条件来对含有相同数据的记录进行排序。下面将对"业务人员提成表 .et"工作簿进行多重排序，其具体操作步骤如下。

STEP 1　数据排序

❶在"Sheet1"工作表中选择任意一个单元格，这里选择 B4 单元格；❷单击"数据"选项卡中的"排序"按钮。

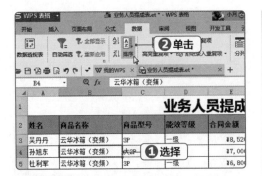

STEP 2 设置主要关键字

❶打开"排序"对话框，在"主要关键字"列表中选择"商品名称"选项；❷在"排序依据"列表中选择"数值"选项；❸在"次序"列表中选择"升序"选项；❹单击"添加条件"按钮。

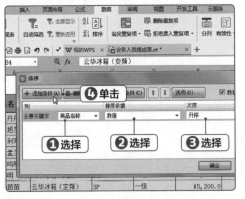

STEP 3 设置次要关键字

❶在"次要关键字"列表中选择"商品销售底价"选项；❷在"排序依据"列表中选择"数值"选项；❸在"次序"列表中选择"降序"选项；❹单击"确定"按钮。

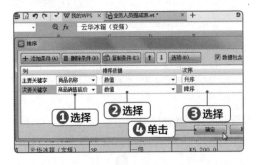

STEP 4 查看多重排序效果

此时，即可对数据表先按照"商品名称"序列升序排序，对于"商品名称"列中重复的数据，则按照"商品销售底价"进行降序排序。

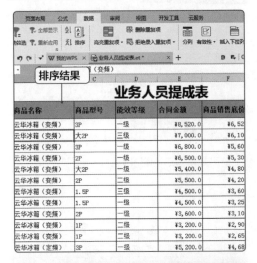

操作解谜

数字和字母排序

在 WPS 表格中，除了可以对数字进行排序外，还可以对字母或文本进行排序，对于字母，升序是从 A 到 Z 排列；对于数字，升序是按数值从小到大排列，降序则相反。

4. 自定义排序

需要将数据按照除升序和降序以外的其他次序进行排列，那么就需要设置自定义排序。下面将"业务人员提成表 .et"工作簿按照"商品型号"序列排序，次序为"1P → 大1P → 1.5P → 2P →大 2P → 3P"，其具体操作步骤如下。

STEP 1 打开"选项"对话框

❶在"业务人员提成表 .et"工作簿中单击"WPS表格"按钮；❷在打开的列表中选择"选项"选项。

STEP 2 输入序列

❶打开"选项"对话框,单击"自定义序列"选项卡;❷在"输入序列"文本框中输入自定义的序列"1P, 大 1P,1.5P,2P, 大 2P,3P",其中逗号一定要在英文状态下输入。

STEP 3 自定义序列

❶单击"添加"按钮,将输入的序列添加到"自定义序列"列表中;❷单击"确定"按钮。

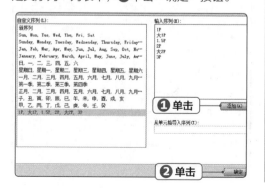

STEP 4 数据排序

❶选择 B2:G18 单元格区域;❷单击"数据"选项卡中的"排序"按钮。

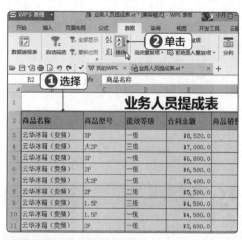

STEP 5 设置主要关键字

❶打开"排序"对话框,在"主要关键字"列表中选择"商品型号"选项;❷在"排序依据"列表中选择"数值"选项;❸在"次序"列表中选择"自定义序列"选项。

STEP 6 选择序列

❶打开"自定义序列"对话框,在"自定义序列"列表框中选择"1P, 大 1P,1.5P,2P, 大 2P,3P"选项;❷单击"确定"按钮。

操作解谜

想要随机排序怎么办

　　进行数据分析时，有时并不会按照固定的规则来进行排序，而是希望对数据进行随机排序，然后再抽取其中的数据进行分析。在 WPS 表格中则可使用 RAND 函数来轻松实现随机排序。RAND 函数主要用于随机生成 0~1 之间的随机数，其语法结构为 =RAND( )。

STEP 7 删除条件

❶返回"排序"对话框，在条件列表框中选择"次要关键字"选项；❷单击"删除条件"按钮。

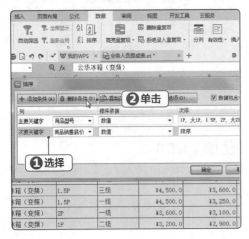

STEP 8 完成排序

单击"确定"按钮，完成排序。

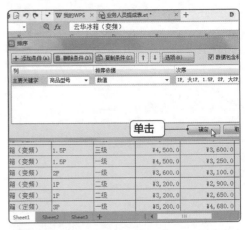

STEP 9 查看自定义排序效果

返回 WPS 表格的工作界面，即可看到自定义排序后的效果。

操作解谜

自定义排序的注意事项

　　输入自定义序列时，各个字段之间必须使用逗号或分号隔开（英文符号），也可以换行输入。对数据进行排序时，如果打开提示框"要求合并单元格都具有相同大小"，则表示当前数据表中包含合并后的单元格，此时需要用户手动选择规则的排序区域，然后再进行排序操作。

微课: 数据的筛选

7.1.2 数据的筛选

在工作中, 有时需要从数据繁多的工作簿中查找符合某一个或多个条件的数据, 此时可采用 WPS 表格的筛选功能, 轻松地筛选出符合条件的数据。筛选功能主要有"自动筛选""自定义筛选"两种, 下面分别进行介绍。

1. 自动筛选

自动筛选数据就是根据用户设定的筛选条件, 自动将表格中符合条件的数据显示出来。下面将在"业务人员提成表 .et"工作簿中筛选出"云华冰箱 (变频)"的销售数据, 其具体操作步骤如下。

STEP 1 单击"自动筛选"按钮

❶选择 B2:G18 单元格区域; ❷单击"数据"选项卡中的"自动筛选"按钮。

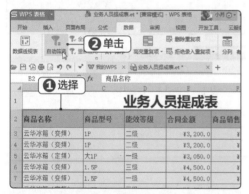

技巧秒杀

退出筛选状态

要取消已设置的数据筛选状态, 显示表格中的全部数据, 只需在工作表的"数据"选项卡中单击"自动筛选"按钮。

STEP 2 设置筛选条件

❶所有列标题单元格的右侧自动显示"筛选"按钮, 单击"商品名称"单元格右侧的"筛选"按钮; ❷在打开的列表中撤销选中"云华冰箱 (定频)"复选框; ❸单击"确定"按钮。

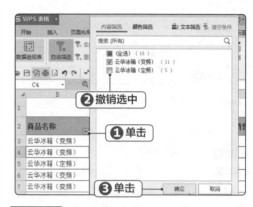

STEP 3 查看筛选结果

"Sheet1"工作表中只显示商品名称为"云华冰箱 (变频)"的数据信息, 其他数据将全部隐藏。

2. 自定义筛选

与数据排序类似, 如果自动筛选方式不能满足需要, 此时可自定义筛选条件。自定义筛选一般用于筛选数值型数据, 通过设定筛选条件可将符合条件的数据筛选出来。下面将在"业务人员提成表 .et"工作簿中筛选出"合同金额"大于或等于"6000"的数据记录, 其具体操作步骤如下。

STEP 1 显示全部数据

在"业务人员提成表 .et"工作簿的"数据"选项卡中单击"全部显示"按钮。

STEP 2 自定义筛选

❶单击"合同金额"单元格右侧的"筛选"按钮；❷在打开的列表中单击"数字筛选"按钮；❸在打开的子列表中选择"大于或等于"选项。

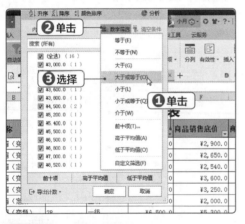

STEP 3 设置筛选条件

❶打开"自定义自动筛选方式"对话框，在"大于或等于"下拉列表框右侧的文本框中输

入"6000"；❷单击"确定"按钮。

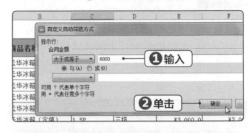

技巧秒杀

设置自定义筛选

在"自定义自动筛选方式"对话框左侧的下拉列表框中只能执行选择操作，而右侧的下拉列表框可直接输入数据，在输入筛选条件时，可使用通配符代替字符或字符串，如用"？"代表任意单个字符，用"*"代表任意多个字符。

STEP 4 查看筛选效果

此时，即可在工作表中显示出"合同金额"大于或等于"6000"的数据信息，其他数据将自动隐藏。

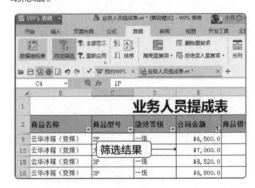

7.2 处理"客户订单明细表"中的数据

销售经理想要查看 5 ~ 8 月的客户资料，并根据数据来对客户进行维护。但拿到的表格中只有简单的数据统计，因此，需要对这些数据进行条件格式的设置，清晰地展示各个客户的定单金额，并对这些数据按照配送地址进行分类汇总。

第 2 篇

7.2.1 设置条件格式

微课：设置条件格式

条件格式用于将数据表中满足指定条件的数据以特定的格式显示出来，便于直观查看与区分数据。特定的格式包括数据条、色阶、图标集等，主要为了实现数据的可视化效果。下面将介绍设置数据的条件格式的相关操作。

1. 添加数据条

数据条的功能就是为 WPS 表格中的数据插入底纹颜色，这种底纹颜色能够根据数值大小自动调整长度。数据条有两种默认的底纹颜色类型，分别是"渐变填充"和"实心填充"。下面将在"客户订单明细表 .et"工作簿中添加数据条，其具体操作步骤如下。

STEP 1 添加渐变数据条

❶打开"客户订单明细表 .et"工作簿，选择 D3:D20 单元格区域；❷单击"开始"选项卡中的"条件格式"按钮；❸在打开的列表中选择"数据条"选项；❹再在打开的子列表的"渐变填充"栏中选择"绿色数据条"选项。

STEP 2 查看数据条效果

返回 WPS 表格的工作界面，即可看到选择的区域中出现了绿色的数据条。

2. 添加色阶

使用色阶样式主要通过颜色对比直观地显示数据，并帮助用户了解数据分布和变化，通常使用双色刻度来设置条件格式。下面将在"客户订单明细表 .et"工作簿中添加色阶，其具体操作步骤如下。

STEP 1 自定义规则

❶选择工作表中的 E3:E20 单元格区域；❷单击"条件格式"按钮；❸在打开的列表中选择"色阶"选项；❹再在打开的子列表中选择"其他规则"选项。

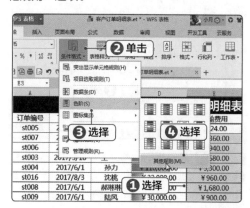

技巧秒杀

突出显示指定规则中的数据

制作表格时，有时需要对单元格中指定范围内的数据以某种颜色进行突出显示。方法为：选择要编辑的单元格或单元格区域，单击"条件格式"按钮，在打开的列表中选择"突出显示单元格规则"选项，再在打开的列表中选择预设的规则，最后在打开的对话框中设置单元格的显示格式，即可突出显示数据。

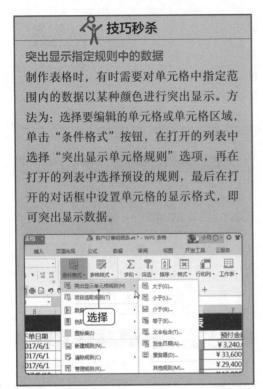

STEP 2 编辑规则

❶打开"新建格式规则"对话框，单击"编辑规则说明"栏中"最低值"类型对应的"颜色"下拉按钮；❷在打开的列表中选择"橙色，着色4"选项。

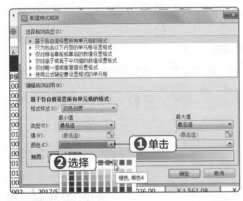

STEP 3 编辑规则

❶单击"编辑规则说明"栏中"最高值"类型对应的"颜色"下拉按钮；❷在打开的列表中

选择"浅绿，着色6"选项。

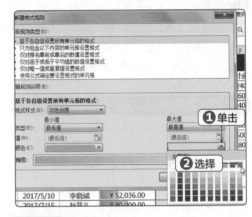

STEP 4 确认设置

返回"新建格式规则"对话框，单击"确定"按钮。

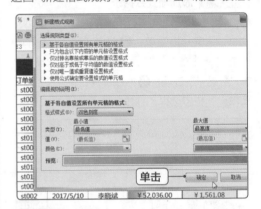

STEP 5 查看添加色阶后的效果

返回 WPS 工作界面，在 E3:E20 单元格区域中将自动添加底纹颜色，并根据数值大小显示不同颜色。

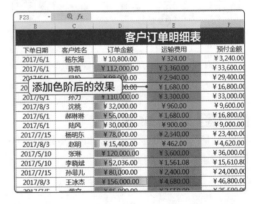

3. 添加图标集

使用图标集可以对数据进行注释，并可以按大小将数据分为 3~5 个类别，每个图标代表一个数据范围。图标集中的"图标"是以不同的形状或颜色来表示数据的大小，用户可以根据数据进行选择。下面将在"客户订单明细表.et"工作簿中添加图标，其具体操作步骤如下。

STEP 1　选择图标集样式

❶选择 F3:F20 单元格区域；❷单击"开始"选项卡中的"条件格式"按钮；❸在打开的列表中选择"图标集"选项；❹在打开的子列表的"等级"栏中选择"3 个星形"选项。

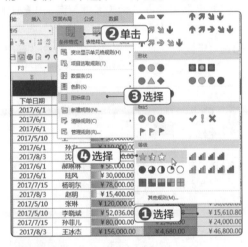

STEP 2　查看图标集后的效果

在 F3:F20 单元格区域中将自动添加星形图标，并根据数值大小显示不同样式。

技巧秒杀

删除单元格中的条件格式

选择设置了条件格式的单元格区域，单击"开始"选项卡中的"条件格式"按钮，在打开的列表中选择"清除规则"选项，在打开的子列表中选择"清除所选单元格的规则"选项。

7.2.2　数据的分类汇总

分类汇总顾名思义可分为分类和汇总两部分，即以某一列字段为分类项目，然后对表格中其他数据列的数据进行汇总，以便使表格的结构更清晰，使用户能更好地掌握表格中重要的信息。下面将主要介绍分类汇总的创建和显示操作。

微课：数据的分类汇总

1. 创建分类汇总

分类汇总是按照表格数据中的分类字段进行汇总，同时，还需要设置分类的汇总方式和汇总项。当然要使用分类汇总，首先需要创建分类汇总。下面将在"客户订单明细表.et"工

作簿中创建分类汇总，其具体操作步骤如下。

STEP 1　数据排序

❶选择工作表中任意一个单元格，这里选择 F5 单元格；❷单击"数据"选项卡中的"排序"按钮。

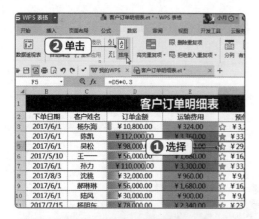

汇总"按钮。

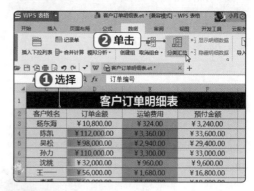

操作解谜

分类汇总前为什么要对数据排序

分类汇总分为两个步骤：先分类，再汇总。分类就是把数据按一定条件进行排序，让相同数据排列在一起。进行汇总的时候才可以把同类数据进行求和、求平均或计数之类的汇总处理。如果不进行排序，直接进行分类汇总，汇总的结果会很凌乱。

STEP 2 设置排序条件

❶打开"排序"对话框，在"主要关键字"下拉列表框中选择"配送地址"选项；❷在"排序依据"下拉列表框中选择"数值"选项；❸在"次序"下拉列表框中选择"升序"选项；❹单击"确定"按钮。

STEP 3 分类汇总数据

❶返回工作表，可以看到表格中的数据按照配送地址进行升序排序的结果，选择 A2:H20 单元格区域；❷单击"数据"选项卡中的"分类

STEP 4 设置分类汇总

❶打开"分类汇总"对话框，在"分类字段"下拉列表框中选择"配送地址"选项；❷在"汇总方式"下拉列表框中选择"计数"选项；❸在"选定汇总项"列表框中单击选中"客户姓名"复选框；❹单击"确定"按钮。

STEP 5 查看汇总结果

返回 WPS 表格的工作界面，工作表中的数据将按照配送地址对客户姓名进行统计。

汇总结果			客户订单
	订单编号	下单日期	客户姓名	订单金额
3	st005	2017/6/1	杨东海	￥10,800.00
4	st007	2017/6/1	陈凯	￥112,000.00
5			2	
6	st006	2017/6/1	吴松	￥98,000.00
7	st004	2017/6/1	孙力	￥110,000.00
8	st016	2017/8/3	沈桃	￥32,000.00
9			3	
10	st003	2017/5/10	王——	￥56,000.00
11	st013	2017/7/15	李爱	￥60,000.00
12			2	
13	st009	2017/6/1	陆风	￥30,000.00
14	st008	2017/6/1	郝琳琳	￥56,000.00
15			2	
16	st018	2017/8/3	赵明	￥15,400.00

2. 显示与隐藏分类汇总

当在表格中创建了分类汇总后,为了查看某部分数据,可将分类汇总后暂时不需要的数据隐藏起来,减小界面的占用空间。下面将在"客户订单明细表 .et"工作簿中隐藏与显示分类汇总,其具体操作步骤如下。

STEP 1 隐藏部分数据

在分类汇总数据表格的左上角单击"2"按钮,将隐藏汇总的部分数据。

STEP 2 隐藏全部数据

在分类汇总数据表格的左上角单击"1"按钮,隐藏汇总的全部数据,只显示总计的汇总数据。

技巧秒杀

显示或隐藏明细数据

对数据进行分类汇总后,单击分类汇总数据表格左侧的"展开"按钮 + 可显示对应栏中的单个分类汇总明细行;单击"收缩"按钮 - ,则可以将对应栏中单个分类汇总的明细行隐藏。

STEP 3 查看隐藏全部数据的效果

此时,工作表中的数据将全部隐藏,只显示最终的总计数栏。

操作解谜

如何删除分类汇总

在"分类汇总"对话框中单击"全部删除"按钮即可删除已创建好的分类汇总。

新手加油站

1. 分列显示数据

在一些特殊情况下需要使用 WPS 表格的分列功能快速将一列中的数据分列显示,如将日期的月与日分列显示、将姓名的姓与名分列显示等。分列显示数据的具体操作如下。

❶ 在工作表中选择需分列显示数据的单元格区域,单击"数据"选项卡中的"分列"按钮。

❷ 在打开的"文本分列向导－3 步骤之 1"对话框中选择最合适的文件类型，然后单击"下一步"按钮，若单击选中"分隔符号"单选项，在打开的"文本分列向导－3 步骤之 2"对话框中可根据需要设置分列数据所包含的分隔符号；若单击选中"固定宽度"单选项，在打开的对话框中可根据需要建立分列线，完成后单击"下一步"按钮。

❸ 在打开的"文本分列向导－3 步骤之 3"对话框中保持默认设置，单击"完成"按钮，返回工作表中可看到分列显示数据后的效果。

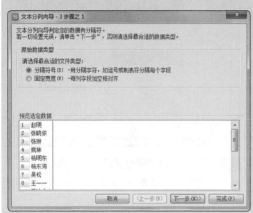

2. 特殊筛选

在 WPS 表格中，能够通过特殊筛选功能按字体颜色或单元格颜色筛选数据，以及按多条件方式筛选。

（1）按字体颜色或单元格颜色筛选

如果在表格中设置了单元格或字体颜色，通过单元格或字体颜色可快速筛选数据，单击设置了字体颜色或填充了单元格颜色字段右侧的下拉按钮，在打开的下拉列表中选择"颜色筛选"选项，在打开的子列表中可选择按单元格颜色筛选或按字体颜色筛选。

（2）多条件筛选

由于自动筛选是根据 WPS 表格提供的条件进行筛选数据，若要根据自己设置的筛选条件对数据进行筛选，则需使用多条件筛选功能。多条件筛选功能可以筛选出同时满足两个或两个以上约束条件的记录，其具体操作步骤如下。

❶ 对表格数据应用自动筛选功能，单击需要筛选数据单元格中的"筛选"按钮，其中提供了"内容筛选"、"颜色筛选"、"文本筛选"、"数字筛选"或"日期筛选"等不同的筛选条件，可以选择其中的 3 种条件同时进行筛选。

❷ 在"内容筛选"列表中选择要筛选的内容；在"颜色筛选"列表中选择要筛选的单元格背景颜色。

❸ 单击"文本筛选"按钮，在打开的列表中提供了多种不同的筛选条件，用户可以根据需要进行选择。同样，单击"数字筛选"按钮或"日期筛选"按钮，也可以选择多种不同的

筛选条件。

3．字符串的排序规则

对于由数字和英文大小写字母和中文字符构成的字符串，在比较两个字符串时，应从左侧起始字符开始，对对应位置的字符进行比较，比较的基本原则如下。

- 数字＜字母＜中文，其中大写字母＜小写字母。
- 字符从小到大的顺序如下：0123456789（空格）！"#$%&()*,./:;?@[\]^_'{|}-+<=>ABCDEFGHIJKLMNOPQRSTUVWXYZ。如果两个文本字符串除了连字符不同外，其余都相同，则带连字符的文本排在后面。
- 通过"排序选项"对话框系统默认的排序次序区分大小写，字母字符的排序次序如下：aAbBcCdDeEfFgGhHiIjJkKlLmMnNoOpPqQrRsStTuUvVwWxXyYzZ。在逻辑值中，FALSE 排在 TRUE 之前。
- 中文字符的排序按中文字符全拼字母的顺序进行比较（例如 jian<jie）。
- 如果某个字符串中对应位置的字符大，则该字符串较大，比较停止。
- 当被比较的两个字符相同时，进入下一个字符的比较，如果某个字符串已经结束，则结束的字符串较小（例如 jian<jiang）。

高手竞技场

1．处理"空调维修记录表"工作簿

打开素材文件"空调维修记录表 .et"工作簿，然后对表格数据进行处理，具体要求如下。

- 选择 A2:G17 单元格区域，单击"数据"选项卡中的"升序"按钮，对表格数据进行升序排列。
- 单击"自动筛选"按钮，然后单击"维修次数"单元格右侧的"筛选"按钮，在打开的列

表中筛选出维修次数在 2 次以上（包含 2 次）的空调维修信息。

● 单击"自动筛选"按钮退出筛选状态，对价格大于 5000 元的单元格进行突出显示，显示颜色为"浅红填充色深红色文本"。

空调维修记录表						
序号	品牌	型号	颜色	价格	所属部门	维修次数
1	美迪	A8	黑色	￥3,500.00	行政部	2
2	奥斯特	H530	白色	￥5,000.00	办事处	2
3	奥斯特	H530	黑色	￥4,500.00	销售部	4
4	美迪	A4	白色	￥5,600.00	技术部	1
5	奥斯特	H330	白色	￥6,500.00	销售部	3
6	美迪	A7L	黑色	￥4,000.00	技术部	4
7	松盛	560S	黑色	￥5,000.00	销售部	1
8	松盛	458P	白色	￥4,600.00	销售部	1
9	美迪	A6L	黑色	￥3,500.00	销售部	0
10	宝瑞	A3	红色	￥6,500.00	销售部	2
11	宝瑞	Q5	白色	￥3,200.00	技术部	1
12	宝瑞	53Q	黄色	￥4,600.00	技术部	1
13	宝瑞	Q3	银色	￥5,000.00	销售部	3
14	松盛	5503S	黑色	￥6,500.00	行政部	1

2. 处理"销售数据汇总表"工作簿

打开素材文件"销售数据汇总表 .et"工作簿，然后对工作表中的数据进行整理，具体要求如下。

● 对 C3:F12 单元格区域中的数据应用"五象限图"的图标集。

● 利用"数据"选项卡中的"排序"按钮，对"产品名称"进行升序排序。

● 创建分类汇总，按产品名称对第一季度和第二季度的销售进行合计。

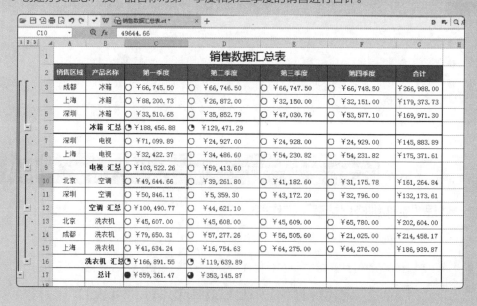

第 8 章
表格中数据的分析

表格中数据的分析，主要是指通过图表、数据透视表和数据透视图等方式，对表格中的数据通过直观的方式进行全面了解。涉及的操作主要包括：图表的创建、图表的编辑，以及创建数据透视表和数据透视图，并通过数据透视图、数据透视表对数据进行分析。

本章重点知识

☐ 创建图表

☐ 编辑并美化图表

☐ 创建数据透视表

☐ 设置透视表样式

☐ 插入并使用切片器

☐ 创建数据透视图

☐ 美化数据透视图

8.1 分析"部门费用统计表"工作簿

总经理想要了解公司最近三个月内各部门的费用使用情况，要求行政管理部周一提供一份"部门费用统计表"，以便查阅。制作统计类的表格，要想体现很好的视觉效果，就需要借助 WPS 表格的图表功能，通过图表能够将工作表中枯燥的数据显示得更清楚、更易于理解，从而使分析的数据更具有说服力。

8.1.1 创建图表

WPS 表格提供了 10 多种类型的图表，如柱形图、折线图、饼图、XY 散点图和面积图等。用户可以为不同的表格数据创建合适的图表类型。创建图表的操作包括插入图表、修改图表数据、调整图表大小和位置，以及更改图表布局。

微课：创建图表

1. 插入图表

在创建图表之前，首先应制作或打开一个创建图表所需的数据区域存储的表格，然后再选择图表类型。下面将在"部门费用统计表 .et"工作簿中，为其中的数据表格插入图表，其具体操作步骤如下。

STEP 1 插入图表

❶打开"部门费用统计表 .et"工作簿，在"Sheet1"工作表中选择 A2:F11 单元格区域；
❷单击"插入"选项卡中的"图表"按钮。

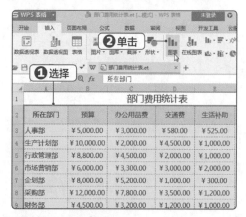

STEP 2 选择图表类型

❶打开"插入图表"对话框，单击"柱形图"

选项卡；❷在打开的列表中选择"簇状柱形图"选项；❸单击"确定"按钮。

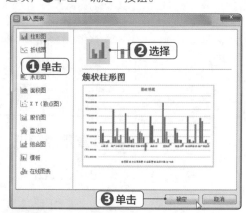

STEP 3 查看图表效果

插入图表的效果如下图所示。

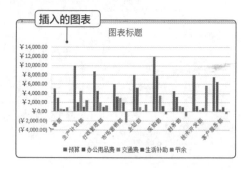

操作解谜

图表右侧 4 个按钮的作用

在 WPS 表格中成功插入图表后，图表右侧会自动显示 4 个按钮，从上至下依次为"图表元素"按钮 ⊞，可以设置图表元素，如坐标轴、数据标签、图表标题等；"图表样式"按钮 ✎，可以设置图表的样式和配色方案；"图表筛选器"按钮 ▽，可以设置图表上需要显示的数据点和名称；"设置图表区域格式"按钮 ⚙，可以精确地设置所选图表元素的格式。

2. 调整图表的位置和大小

图表通常会浮于工作表上方，有时可能会遮挡表格中的数据，这样不利于数据的查看，此时就需要对图表的位置和大小进行调整。下面将在"部门费用统计表 .et"工作簿中调整图表的位置和大小，其具体操作步骤如下。

STEP 1 调整图表大小

将鼠标指针移至图表右下角的控制点上，按住鼠标左键不放，拖动鼠标调整图表的大小。

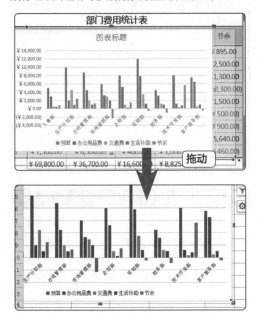

STEP 2 调整图表位置

将鼠标指针移动到图表区的空白位置，待鼠标指针变为十字箭头形状时，按住鼠标左键不放，拖动鼠标移动图表位置。

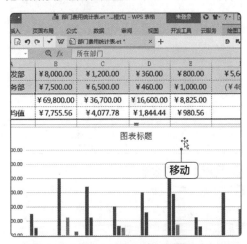

3. 更改图表数据源

图表依据数据表所创建，若创建图表时选择的数据区域有误，那么在创建图表后，可能根据需要修改图表数据源。下面将在"部门费用统计表 .et"工作簿中将图表区域从 A2:F11 单元格区域修改为 A2:F8 单元格区域，其具体操作步骤如下。

STEP 1 单击"选择数据"按钮

❶在工作表中选择插入的图表；❷单击"图表工具"选项卡中的"选择数据"按钮。

STEP 2 单击"收缩"按钮

打开"编辑数据源"对话框,单击"图表数据区域"文本框右侧的 "收缩" 按钮。

STEP 3 选择数据区域

❶拖动鼠标在"Sheet1"工作表中选择 A2:F8单元格区域;❷在收缩后的"编辑数据源"对话框中单击"展开"按钮。

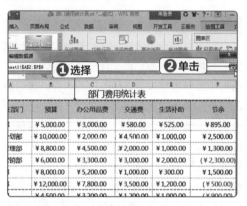

STEP 4 确认选择的数据源

返回"编辑数据源"对话框,单击"确定"按钮。

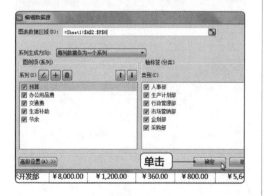

STEP 5 查看更改数据源后的效果

返回 WPS 表格的工作界面,即可看到修改数据源后的图表。

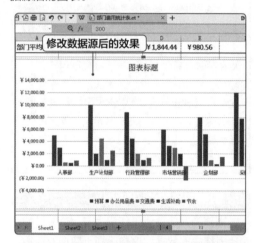

技巧秒杀

快速更改数据源

在工作表中选择插入的图表,创建图表时所选择的数据区域将自动呈现出红、蓝、紫 3 种边框,此时,利用鼠标拖动这些带颜色的边框,可快速更改图表中的数据源区域。

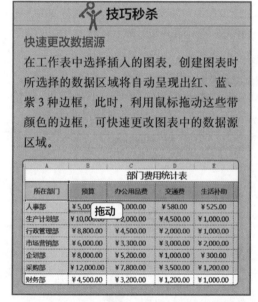

---

4. 更改图表类型

　　WPS 表格中包含了多种不同的图表类型,如果创建的图表无法清晰地表达出数据的含义,则可以更改图表的类型。下面将在"部门费用统计表 .et"工作簿中更改图表的类型,其具体操作步骤如下。

STEP 1　更改图表类型

保持工作表中插入图表的选择状态,单击"图表工具"选项卡中的"更改类型"按钮。

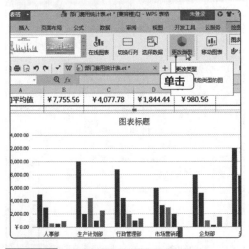

STEP 2　选择图表

❶打开"更改图表类型"对话框,单击"条形图"选项卡;❷在打开的列表中选择"簇状条形图"选项;❸单击"确定"按钮。

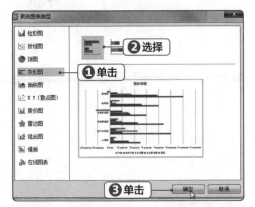

技巧秒杀

快速更改图表的布局

在对插入的图表进行编辑时,除了可以更改图表的类型外,还可以单击"图表工具"选项卡中的"快速布局"按钮,在打开的列表中选择图表布局样式。

STEP 3　查看更改后的图表

返回 WPS 表格的工作界面,即可看到图表已从簇状柱形图变成簇状条形图。

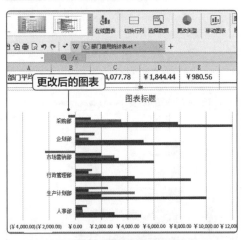

5. 切换图表的行和列

　　利用表格中的数据创建图表后,图表中的数据与表格中的数据是动态联系的,即修改表格中数据的同时,图表中相应数据系列会随之发生变化;而在修改图表中的数据源时,表格中所选的单元格区域也会发生改变。下面将在"部门费用统计表 .et"工作簿中切换行和列的数据,其具体操作步骤如下。

STEP 1　切换行列

保持图表的选择状态,单击"图表工具"选项卡中的"切换行列"按钮。

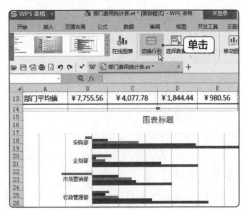

STEP 2 查看切换后的效果

返回 WPS 表格工作界面，即可看到图表中的数据系列已发生变化。

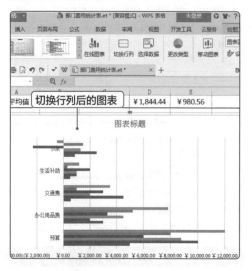

8.1.2 编辑并美化图表

插入图表后，往往需要对图表以及其中的数据或元素等进行编辑，使图表符合用户的制作需求。图表美化不仅可增强图表的吸引力，而且还能清晰地表达出数据的内容，从而帮助阅读者更好地理解数据。

微课：编辑并美化图表

1. 设置图表元素

图表元素包括坐标轴、轴标题、图表标题以及数据标签等。默认创建的图表只显示了图表标题，其他图表元素需要用户自行添加。下面将在"部门费用统计表 .et"工作簿中添加纵坐标轴标题和数据标签，其具体操作步骤如下。

STEP 1 输入图表标题

拖动鼠标选择图表中的"图表标题"文本，然后按【Delete】键，将文本删除，重新输入文本"部门费用统计"。

技巧秒杀

设置文本格式

选择图表标题元素后，单击"文本工具"选项卡，在其中可以对文本格式进行设置。

技巧秒杀

移动图表

在工作表中编辑好图表后，有时需要在工作表与工作表之间移动图表，或者在不同工作簿之间移动图表，此时，首先应在工作表中选择要移动的图表，然后单击"图表工具"选项卡中的"移动图表"按钮，在打开的对话框中选择要移动的位置，单击"确定"按钮即可成功移动图表。

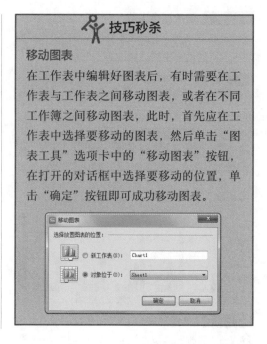

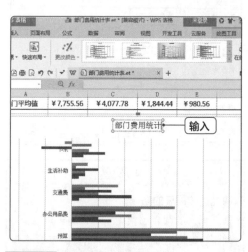

STEP 2 添加纵坐标轴标题

❶选择插入的图表；❷单击"图表工具"选项卡中的"添加元素"按钮；❸在打开的列表中

选择"轴标题"选项；❹再在打开的子列表中选择"主要纵向坐标轴"选项。

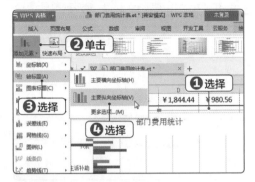

STEP 3 输入纵坐标轴标题

拖动鼠标选择"坐标轴标题"文本，按【Delete】键将其删除，重新输入纵坐标轴标题文本"费用列表"。

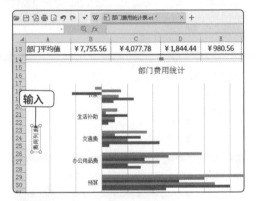

STEP 4 打开"属性"窗格

单击图表右侧的"设置图表区域格式"按钮。

STEP 5 单击"大小与属性"按钮

在打开的"属性"窗格中单击"大小与属性"按钮。

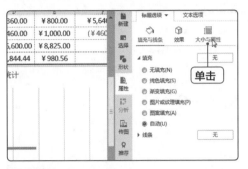

STEP 6 设置文字方向

❶在"对齐方式"栏中单击"文字方向"下拉按钮；❷在打开的列表中选择"竖排"选项。

STEP 7 查看添加坐标轴标题效果

返回 WPS 表格工作界面，即可在图表中看到添加的纵坐标轴标题。

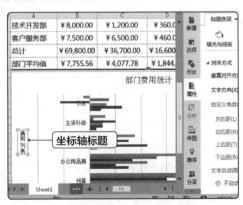

STEP 8 添加数据标签

❶保持图表的选择状态，单击"图表工具"选项卡中的"添加元素"按钮；❷在打开的列表中选择"数据标签"选项；❸再在打开的子列表中选择"数据标签外"选项。

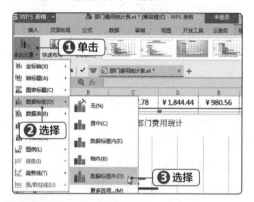

STEP 9 选择数据系列

❶在"图表工具"选项卡中单击"图表元素"下拉按钮；❷在打开的列表中选择"系列'生产计划部'"数据系列。

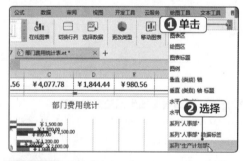

STEP 10 删除数据系列

按【Delete】键，将所选的"生产计划部"数据系列删除。

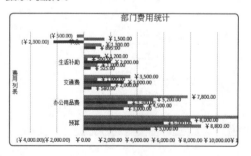

STEP 11 删除其他数据系列

按照相同的操作方法，继续将图表中的"企划部"数据系列和"市场营销部"数据系列删除。

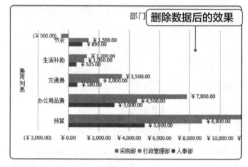

STEP 12 设置数据标签格式

❶选择图表中的"采购部"数据标签系列；❷在"文本工具"选项卡中单击"加粗"按钮。

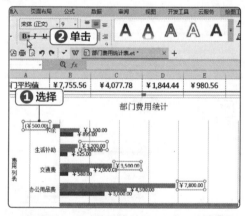

STEP 13 应用文本样式

在"文本工具"选项卡的"预设样式"列表框中选择"渐变填充–亮石板灰"选项。

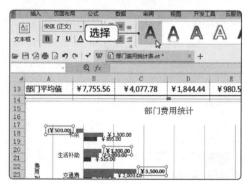

STEP 14 查看数据标签效果

此时，即可在图表中看到添加的数据标签。

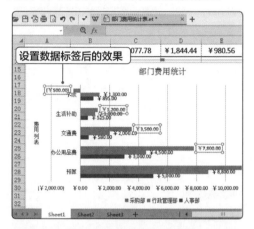

设置数据标签后的效果

❷单击

❶选择

❸选择

❹选择

STEP 2 查看调整图例后的效果

返回 WPS 表格的工作界面，即可在图表右侧看到调整后的图例。

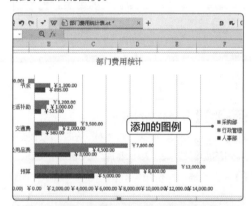

添加的图例

技巧秒杀

重置样式

如果对于图表中设置的数据标签格式不满意，可以将数据标签恢复到默认值，然后再进行重新设置。方法为：单击"图表工具"选项卡中的"重置样式"按钮。需要注意的是，单击"重置样式"按钮只能恢复最近一次的设置，如果最近一次进行的是图标题样式设置，那么单击"重置样式"按钮，只能恢复图标题样式，而不能恢复数据标签样式。

操作解谜

设置图表网格线

创建图表默认将显示主要水平网格线，但也可以设置其他网格线样式，在"图表工具"选项卡中单击"添加元素"按钮，在打开的列表中选择"网格线"选项，再在其子列表中选择一种网格线样式即可。

2. 调整图例位置

图例是用一个色块表示图表中各种颜色所代表的含义。下面将在"部门费用统计表.et"工作簿中调整图例位置，其具体操作步骤如下。

STEP 1 调整图例位置

❶选择插入的图表；❷单击"图表工具"选项卡中的"添加元素"按钮；❸在打开的列表中选择"图例"选项；❹再在打开的子列表中选择"右侧"选项。

3. 添加并设置趋势线

趋势线是以图形的方式表示数据系列的变化趋势并对以后的数据进行预测，如果在实际工作中需要利用图表进行回归分析时，则可以在图表中添加趋势线。下面将在"部门费用统计表.et"工作簿中添加并设置趋势线，其具体操作步骤如下。

STEP 1 添加趋势线

❶选择插入的图表；❷单击"图表工具"选项卡中的"添加元素"按钮；❸在打开的列表中选择"趋势线"选项；❹再在打开的子列表中选择"线性"选项。

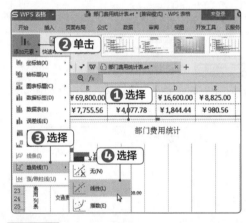

STEP 2 设置趋势线系列

❶打开"添加趋势线"对话框，在"添加基于系列的趋势线"列表中选择"人事部"选项；❷单击"确定"按钮。

STEP 3 设置趋势线样式

返回 WPS 表格的工作界面，在"绘图工具"

选项卡的"预设样式"列表中选择"强调线 – 强调颜色 2"选项。

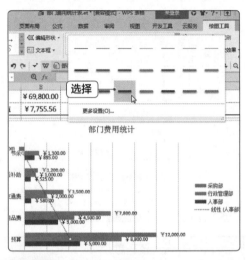

STEP 4 设置趋势线线型

❶单击"绘图工具"选项卡中"轮廓"按钮右侧的下拉按钮；❷在打开的列表中选择"虚线线型"选项；❸再在打开的列表中选择"短划线"选项。

STEP 5 查看添加趋势线的效果

返回 WPS 表格的工作界面，查看添加和设置趋势线的效果。

第 2 篇

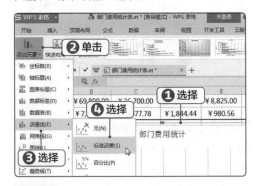

添加的趋势线

按钮右侧的下拉按钮；❷在打开的列表中选择
"系列'采购部'Y 误差线"选项。

❶单击
❷选择

操作解谜

哪些图表不能添加趋势线

三维图表、堆积型图表、雷达图、饼图或圆环图的数据系列中不能添加趋势线。

4. 添加并设置误差线

误差线通常用于统计或分析数据，显示潜在的误差或相对于系列中每个数据标志的不确定程度。添加误差线的方法与添加趋势线的方法十分相似，并且添加误差线后也可以对其进行格式设置。下面将在"部门费用统计表 .et"工作簿中添加并设置误差线，其具体操作步骤如下。

STEP 1 添加误差线

❶选择"采购部"数据系列；❷单击"图表工具"选项卡中的"添加元素"按钮；❸在打开的列表中选择"误差线"选项；❹再在打开的列表中选择"标准误差"选项。

STEP 3 单击"设置格式"按钮

单击"图表工具"选项卡中的"设置格式"按钮。

单击

STEP 4 设置误差线方向

打开"属性"窗格，在"水平误差线"栏中单击选中"正偏差"单选项。

单击选中

❷单击
❶选择
❹选择
❸选择

STEP 2 选择添加的误差线

❶单击"图表工具"选项卡中的"图表元素"

STEP 5 设置误差线颜色与线条

❶单击"填充与线条"按钮；❷在"颜色"列表中选择"标准颜色"栏中的"紫色"选项；❸在"宽度"文本框中单击"增加"按钮，将宽度增加至"1.75磅"。

STEP 6 更改图表类型

返回 WPS 表格工作界面，查看添加和设置误差线的效果，单击"图表工具"选项卡中的"更改类型"按钮。

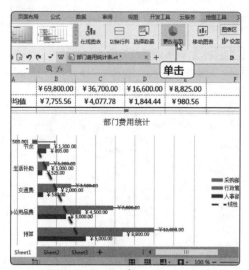

STEP 7 选择图表类型

❶打开"更改图表类型"对话框，在左侧的列表框中单击"组合图"选项卡；❷在右侧的窗

格中选择"簇状柱形图－折线图"选项；❸单击"确定"按钮。

STEP 8 查看更改图表类型后的效果

此时，工作表中的簇状柱形图将自动更正为簇状柱形图－折线图效果。

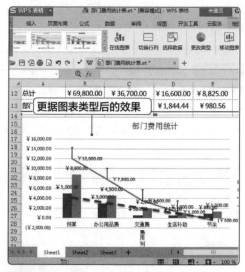

STEP 9 设置图表标题格式

❶选择图表标题；❷单击"文本工具"选项卡，将标题文本格式设置为"加粗、18、渐变填充－亮石板灰"。

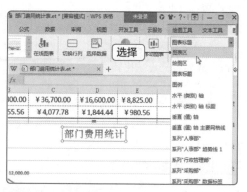

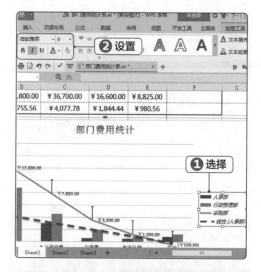

STEP 10　设置图例格式

❶选择图表中的图例；❷在"文本工具"选项卡中将图例中的文本格式设置为"微软雅黑，倾斜"。

STEP 2　设置图表区样式

在"绘图工具"选项卡的"预设样式"列表中选择"浅色 1 轮廓，彩色填充 - 矢车菊蓝，强调颜色 5"选项。

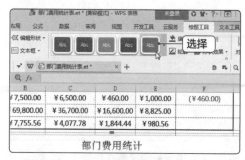

STEP 3　查看设置图表区后的效果

返回 WPS 表格的工作界面，即可看到为图表区设置样式后的效果。

5. 设置图表区样式

　　图表区即整个图表的背景区域，包括所有的数据信息以及图表辅助的说明信息。下面将在"部门费用统计表 .et"工作簿中设置图表区的形状样式，其具体操作步骤如下。

STEP 1　选择图表区

在"图表工具"选项卡的"图表元素"列表中选择"图表区"选项。

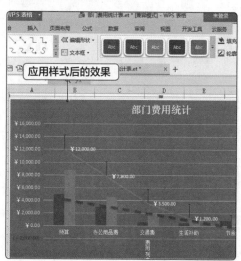

6. 设置绘图区样式

绘图区是图表中描绘图形的区域，其形状是根据表格数据形象化转换而来。绘图区包括数据系列、坐标轴和网格线，绘图区样式的设置与图表区相似。下面将在"部门费用统计表 .et"工作簿中设置绘图区的样式，其具体操作步骤如下。

STEP 1 选择绘图区

在"图表工具"选项卡的"图表元素"列表中选择"绘图区"选项。

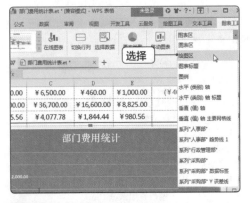

STEP 2 设置绘图区填充颜色

❶单击"绘图工具"选项卡中"填充"按钮右侧的下拉按钮；❷在打开的列表中选择"主题颜色"栏中的"金色，背景 2，深色 50%"选项。

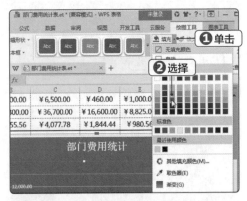

STEP 3 查看设置绘图区样式后的效果

返回 WPS 表格的工作界面，即可看到为绘图区设置样式后的效果。

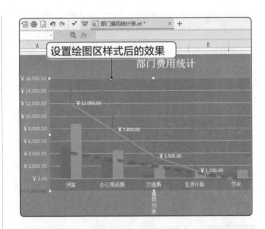

设置绘图区样式后的效果

技巧秒杀

填充纹理效果

在美化图表时，除了可以进行纯色填充背景颜色外，还可以进行纹理填充。方法为：在"绘图工具"选项卡中单击"填充"按钮右侧的下拉按钮，在打开的列表中选择"图案或纹理"选项，再在打开的列表中选择所需的纹理效果即可。

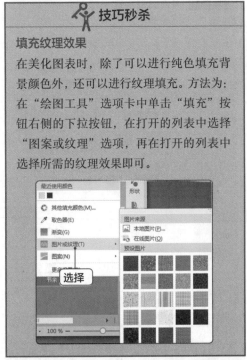

7. 设置数据系列颜色

数据系列是根据用户指定的图表类型以系列的方式显示在图表中的可视化数据，在分类轴上每一个分类都对应着一个或多个数据，并以此构成数据系列。下面将在"部门费用统计表 .et"工作簿中设置数据系列的颜色，其具体操作步骤如下。

STEP 1　选择填充类型

❶选择图表中的"行政管理部"数据系列；
❷单击"绘图工具"选项卡中"填充"按钮右侧的下拉按钮；❸在打开的列表中选择"渐变"选项。

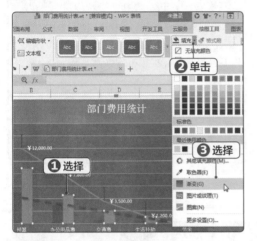

STEP 2　设置渐变颜色

❶打开"属性"窗格，单击选中"填充"栏中的"渐变填充"单选项；❷单击"颜色条"按钮；❸在打开的列表中选择"渐变填充"栏中的"金色 - 暗橄榄绿渐变"选项。

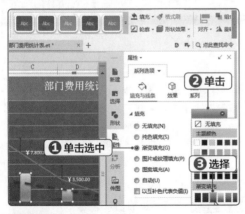

STEP 3　选择图案填充

❶选择图表中的"人事部"数据系列；❷在"属性"窗格中单击选中"填充"栏中的"图案填充"单选项。

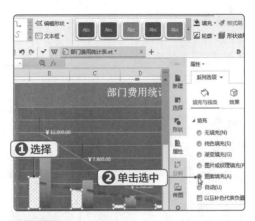

STEP 4　设置前景色

❶单击"填充"栏中的"前景"颜色条；❷在打开的列表中选择"标准颜色"栏中的"深红"选项。

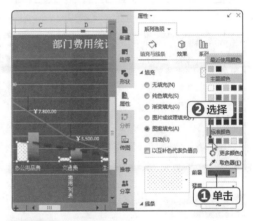

STEP 5　选择图案样式

❶单击"图案样式"按钮；❷在打开的列表中选择"草皮"选项。

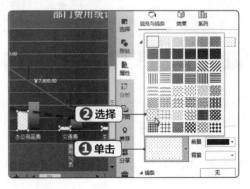

STEP 6 查看图案填充效果

返回 WPS 表格的工作界面，即可查看到数据系列填充后的效果。

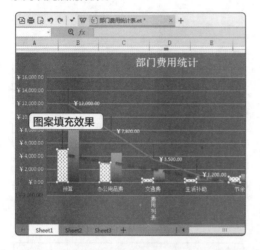

图案填充效果

技巧秒杀

将设置好的图表另存为模板

如果工作中经常要使用某一种图表，为了不每次都重新设计和编辑图表，用户可以将设置好的图表保存成模板格式，在需要使用图表时直接插入即可。将图表保存为模板的方法为：在制作好的图表上单击鼠标右键，在弹出的快捷菜单中选择"另存为模板"命令，打开"保存图表模板"对话框，在其中设置好图表的保存位置和名称后，单击"保存"按钮即可将图表另存为模板。

8.2 分析"固定资产统计表"工作簿

每个企业都有自己的固定资产，也都需要对固定资产进行各种管理，如盘点、折旧、租用、出售等，因此大多数情况下企业都需要对固定资产的各方面数据进行汇总统计和分析管理。为了更好地利用 WPS 表格实现对固定资产的分析与统计，下面将在已经制作好的表格中使用数据透视表和数据透视图功能来灵活的汇总和分析固定资产表格中的数据。

8.2.1 创建数据透视表

数据透视表是一种交互式报表，可以按照不同的需要以及不同的关系来提取、组织和分析数据，从而得到需要的分析结果，它集筛选、排序和分类汇总等功能于一身，是 WPS 表格中重要的分析性报告工具，弥补了在表格中输入大量数据时，使用图表分析显得很拥挤的缺点。

微课：使用数据透视表

1. 创建数据透视表

要在 WPS 表格中创建数据透视表，首先要选择需要创建数据透视表的单元格区域。需要注意的是，创建透视表的表格，数据内容要存在分类，数据透视表进行汇总才有意义。下面将在"固定资产统计表 .et"工作簿中创建数

据透视表，其具体操作步骤如下。

STEP 1 选择透视表显示区域

❶打开素材文件"固定资产统计表 .et"工作簿，在"明细"工作表中选择 A2:F16 单元格区域；❷单击"插入"选项卡中的"数据透视表"按钮。

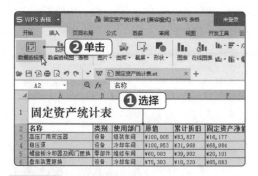

STEP 2 设置数据透视表位置

❶打开"创建数据透视表"对话框,单击选中"请选择放置数据透视表的位置"栏中的"新工作表"单选项;❷单击"确定"按钮。

STEP 3 重命名工作表

新建工作表并创建空白的数据透视表,将工作表名称更改为"透视分析"。

2. 添加字段

创建数据透视表后默认是空白的,原因在于还没有为其添加需要的字段。下面将在"固定资产统计表 .et"工作簿中为创建的数据透视表添加相应的字段,以通过它显示出汇总的数据,其具体操作步骤如下。

STEP 1 添加字段

创建数据透视表后,在自动打开的"数据透视表"窗格的"字段列表"栏中单击选中"使用部门"复选框,该字段将自动添加到下方"数据透视表区域"的"行"列表框中。

STEP 2 移动字段

❶单击"数据透视表区域"按钮,打开"数据透视表区域"列表;❷拖动"使用部门"字段至"列"列表框,将该字段的位置进行调整。

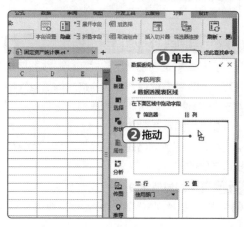

STEP 3 添加字段

❶单击"字段列表"按钮，在打开的"字段列表"列表中单击选中"类别"复选框；❷单击选中"原值"复选框。

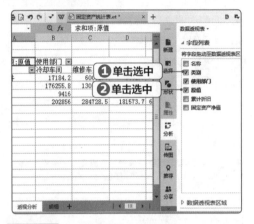

STEP 4 查看创建的数据透视表

此时，在"透视分析"工作表中，可见数据透视表的行标签对应的是"类别"字段的内容；列标签对应的是"使用部门"字段的内容；具体的数值则是对应的"原值"字段的内容。

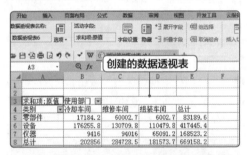

3. 设置值字段数据格式

无论数据透视表引用数据区域的数据格式是哪一种，数据透视表默认的格式均是常规型数据，但此时可以手动对数据格式进行设置。下面将在"固定资产统计表.et"工作簿中将数据透视表中的数据格式设置为货币型，其具体操作步骤如下。

STEP 1 设置值字段

❶单击"数据透视表"窗格中"数据透视表区域"栏的"值"列表框中的"求和项：原值"按钮；❷在打开的列表中选择"值字段设置"选项。

技巧秒杀

打开"值字段设置"对话框

在数据透视表中选择值字段对应的任意单元格，单击"分析"选项卡中的"字段设置"按钮也可以打开"值字段设置"对话框。除此之外，在该对话框中还可以自定义字段名称和选择值字段的汇总方式。

STEP 2 设置数字格式

打开"值字段设置"对话框，单击"数字格式"按钮。

STEP 3 指定数字格式

❶打开"单元格格式"对话框，在"分类"列

表中选择"货币"选项;❷在"小数位数"文本框中输入"0";❸单击"确定"按钮。

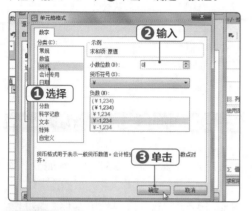

STEP 4 确认设置

返回"值字段设置"对话框,单击"确定"按钮。此时数据透视表中的设置便将显示为货币型数据格式。

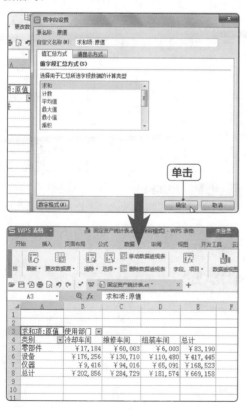

操作解谜

数据格式的应用范围

上述操作中,只是针对"原值"字段进行了数据格式的设置,因此只要值字段是该字段,那么无论对数据透视表进行哪种操作,显示的数据格式都是货币型数据。但是如果值字段换成其他字段,则数据类型仍是默认的常规型数据。

4. 更改字段

为数据透视表添加字段后,可以根据实际情况的需要,随时更改各个区域的字段,也可为某个区域同时添加多个字段,以满足对数据分析的需要。下面将在"固定资产统计表.et"工作簿中对数据透视表的字段进行适当更改,其具体操作步骤如下。

STEP 1 删除字段

在"数据透视表"窗格的"字段列表"列表中撤销选中"类别"复选框,从数据透视表中删除"类别"字段。

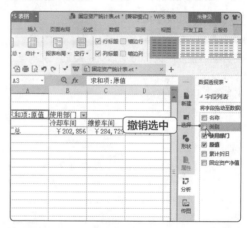

STEP 2 添加字段

在"数据透视表"窗格的"字段列表"列表中单击选中"名称"复选框,使数据透视表的行标签更改为"名称"字段。

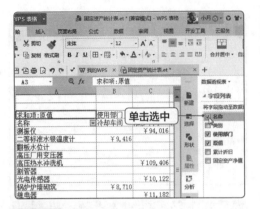

STEP 3 删除字段

在"数据透视表"窗格的"字段列表"列表中撤销选中"使用部门"复选框。

STEP 4 添加字段

将"类别"字段重新拖动到"列"列表框中，使数据透视表的列标签更改为"类别"字段框。

STEP 5 查看效果

此时，数据透视表中显示的每一条记录变为了每种固定资产的原值，同时在列方向上汇总了某种类别固定资产的原值情况。

5. 设置值字段汇总方式

数据透视表默认的值字段汇总方式是求和，根据需要可以重新设置汇总方式，下面将在"固定资产统计表 .et"工作簿中对数据透视表的值字段汇总方式进行设置，其具体操作步骤如下。

STEP 1 删除字段

❶在"数据透视表区域"列表中单击"值"列表中的"求和项：原值"按钮；❷在打开的列表中选择"删除字段"选项。

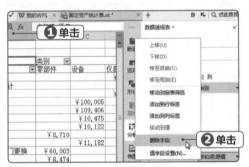

STEP 2 添加字段

在"字段列表"列表中将"固定资产净值"字段拖动到"数据透视表区域"列表中的"值"列表框中。

STEP 3 设置字段

❶选择添加的"固定资产净值"字段；❷在打开的下拉列表中选择"值字段设置"选项。

STEP 4 设置汇总方式

❶打开"值字段设置"对话框，在"值汇总方式"选项卡的列表框中选择"平均值"选项；❷单击"数字格式"按钮。

操作解谜

值显示方式

在"值字段设置"对话框的"值显示方式"选项卡中，可设置值字段的显示方式，默认为"无计算"，根据需要可设置百分比显示、差异显示、指数显示等方式。

8.2.2 使用数据透视表

成功创建数据透视表后，便可使用透视表来进行数据分析。下面分别介绍如何在数据透视表中显示与隐藏明细数据、排序、筛选以及清除和删除数据透视表等的方法。

STEP 5 设置数字格式

❶打开"单元格格式"对话框，在左侧的列表框中选择"货币"选项；❷将小数位数设置为"0"；❸单击"确定"按钮；❹返回"值字段设置"对话框，单击"确定"按钮。

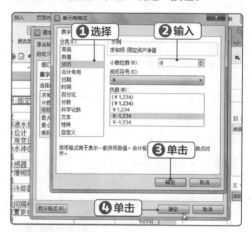

STEP 6 添加字段

此时，数据透视表中的总计结果将从求和更改为平均值。

微课：使用数据透视表

1. 显示和隐藏明细数据

如果数据透视表的某个标签中存在多个字段，则可以利用展开与折叠字段功能使数据透视表中的数据可以随时显示不同的级别。下面将在"固定资产统计表.et"工作簿中对数据透视表的明细数据进行显示与隐藏，其具体操作步骤如下。

STEP 1 添加字段

单击选中"字段列表"列表中的"使用部门"复选框，将"使用部门"字段添加到"数据透视表区域"的"行"列表框中，使行标签中出现两个字段。

STEP 2 调整字段顺序

在"行"列表框中拖动"使用部门"字段至"名称"字段上方，调整两个字段的放置顺序。

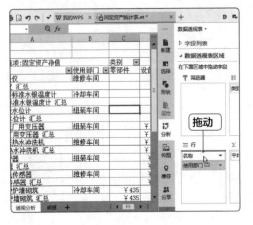

操作解谜

字段的放置顺序

字段在某个区域的放置顺序不同，直接决定数据透视表显示的结果。如"名称"字段在上方，则"使用部门"字段的数据将作为"名称"字段的明细数据。反之，"使用部门"字段在上方，则"名称"字段的数据将作为"使用部门"字段的明细数据。

STEP 3 隐藏字段

❶选择工作表中的 A5 单元格；❷单击"分析"选项卡中的"折叠字段"按钮。

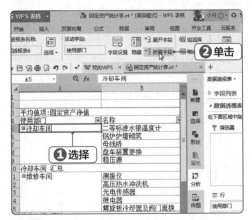

STEP 4 显示字段

此时，3 个使用部门下的明细数据被隐藏起来。单击"分析"选项卡中的"展开字段"按钮。

STEP 5　查看显示字段

此时 3 个使用部门下的明细数据又将重新在数据透视表中显示出来。

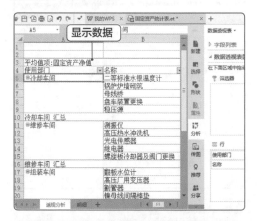

2. 排序数据透视表

数据透视表具备排序功能，可以通过对字段进行排序设置，使显示的数据结果按设置的顺序显示。下面将在"固定资产统计表.et"工作簿中对数据透视表进行排序来更改数据的显示顺序，其具体操作步骤如下。

STEP 1　删除字段

❶选择"数据透视表"窗格的"行"列表框中的"使用部门"字段；❷在打开的列表中选择"删除字段"选项。

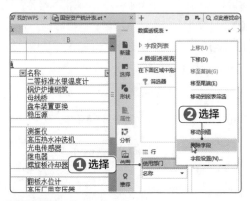

STEP 2　设置排序方式

❶单击工作表中"名称"单元格右侧的下拉按钮；
❷在打开的列表中选择"降序"选项。

STEP 3　设置其他排序方式

❶此时，数据透视表的数据记录将按照名称（拼音的字母顺序）进行降序排序。再次单击"名称"单元格右侧的下拉按钮；❷在打开的列表中选择"其他排序选项"选项。

STEP 4　设置排序方式

❶打开"排序（名称）"对话框，单击选中"降序排序（Z 到 A）依据"单选项；❷在下方的列表框中选择"平均值项: 固定资产净值"选项；
❸单击"确定"按钮。

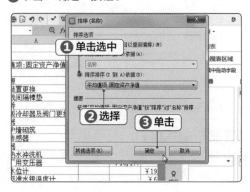

STEP 5 查看排序结果

此时，数据透视表的数据记录将按照各固定资产净值的数值大小，由高到低进行排列。

3. 筛选数据透视表

除排序外，数据透视表还能轻松实现各种数据筛选的操作，并允许直接在标签中进行筛选，也可以通过添加筛选器进行筛选。下面将在"固定资产统计表.et"工作簿中使用两种筛选方式实现对数据透视表数据的筛选工作，其具体操作步骤如下。

STEP 1 添加字段

将"使用部门"字段拖动到"数据透视表区域"列表中的"筛选器"列表框中。

STEP 2 筛选部门

❶此时，数据透视表左上方将出现添加的"使用部门"字段，单击其右侧的下拉按钮；❷在

打开的列表中将鼠标指针移至"维修车间"选项上，单击"仅筛选此项"按钮。

STEP 3 查看筛选结果

此时，数据透视表中将只会显示维修车间的固定资产净值数据。

STEP 4 筛选多个部门段

❶再次单击"使用部门"字段右侧的下拉按钮；❷在打开的列表中单击选中"选择多选"复选框；❸在上方仅单击选中"冷却车间"和"组装车间"复选框；❹单击"确定"按钮。

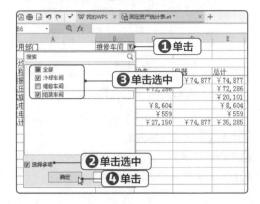

第2篇

STEP 5 查看筛选结果

此时，数据透视表中将只会显示冷却车间和组装车间的固定资产净值的相关数据。

STEP 6 清除筛选

❶单击"使用部门"字段右侧的下拉按钮；❷将鼠标指针移至打开列表中的"全部"选项上，单击"清除筛选"按钮。

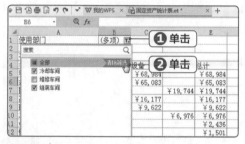

STEP 7 值筛选

❶此时，数据透视表中将重新显示所有部门的固定资产净值数据。单击"名称"单元格右侧的下拉按钮；❷在打开的列表中选择"值筛选"选项 ❸再在打开的列表中选择"前 10 项"选项。

STEP 8 设置筛选范围

❶打开"前 10 个筛选（名称）"对话框，在"显示"栏中将筛选范围设置为"固定资产净值最大的前 10 项"；❷单击"确定"按钮。

STEP 9 查看筛选结果

此时，数据透视表中将仅显示净值最大的前 10 项固定资产的数据。

4. 刷新数据透视表

如果对数据源进行了修改，此时数据透视表中的数据不会自动更正，需要手动进行刷新。下面将在"固定资产统计表 .et"工作簿中修改数据并刷新数据透视表，其具体操作步骤如下。

STEP 1 修改数据

选择"明细"工作表，将测振仪的原值、累计折旧和固定资产净值的数据进行修改。

STEP 2 刷新数据

❶切换到"透视分析"工作表，此时可见数据透视表中测振仪的固定资产净值并没有同步进行更改。单击"分析"选项卡中的"刷新"按钮下方的下拉按钮；❷在打开的列表中选择"刷新数据"选项。

STEP 3 查看数据

此时，数据透视表中测振仪的数据将发生变化，与数据源中的数据保持一致。

技巧秒杀

清除/删除数据透视表

如果需要重新设置数据透视表的数据源，或者不需要数据透视表，则可将其清除或删除。方法为：选择数据透视表中的任意一个单元格，单击"分析"选项卡中的"清除"按钮，在打开的列表中选择"全部清除"选项，即可将透视表中的数据全部清除，但数据透视表本身仍然存在。如果单击"删除数据透视表"按钮，则将数据透视表和透视表中的数据全部清除。

8.2.3 美化数据透视表

数据透视表虽然是根据数据源而创建的，但同样可以对其外观进行美化设置。下面将介绍如何为数据透视表应用样式，以及手动美化数据透视表的方法。

微课：美化数据透视表

1. 应用并设置样式

如果需要快速美化数据透视表，则可直接应用WPS表格提供的样式。下面将在"固定资产统计表.et"工作簿中为数据透视表应用样式并进行适当设置，其具体操作步骤如下。

STEP 1 选择表格样式

❶选择数据透视表中任意一个单元格；❷在"设计"选项卡中的"预设样式"列表中选择"数

据透视表样式深色 4"选项。

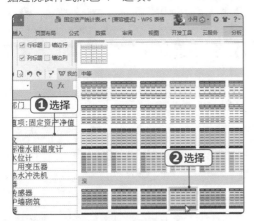

STEP 2 查看应用样式后的效果

此时，数据透视表将应用所选的样式，且标题和汇总行等区域也会根据选择的样式自动应用对应的格式。

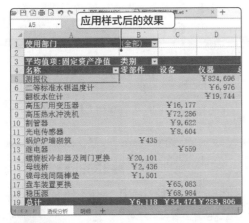

STEP 3 设置行样式

单击选中"设计"选项卡中的"镶边行"复选框。

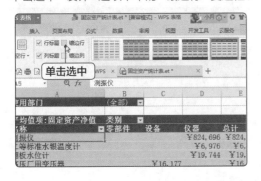

STEP 4 设置列样式

单击选中"设计"选项卡中的"镶边列"复选框。

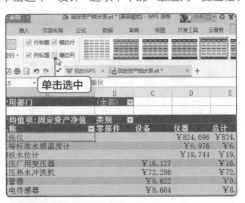

STEP 5 设计样式后的效果

此时，数据透视表各行各列都添加了边框。

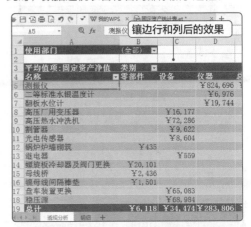

2. 手动美化数据透视表

如果 WPS 表格提供的样式无法满足对数据透视表的美化需要，则可手动进行美化。下面将在"固定资产统计表 .et"工作簿中为数据透视表进行适当美化设置，其具体操作步骤如下。

STEP 1 设置字体

❶选择"透视分析"工作表中的 A1:E19 单元格区域；❷单击"开始"选项卡中"字体"按钮右侧的下拉按钮；❸在打开的列表中选择"微软雅黑"选项。

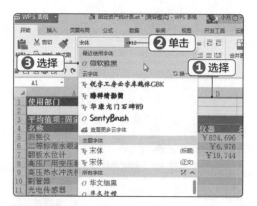

STEP 2 调整单行行高

将鼠标指针定位到第一行的下边框上，然后按住鼠标左键不放向下拖动，直至行高高度变为"22.45"后释放鼠标。

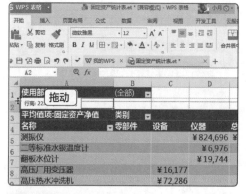

STEP 3 调整多行行高

❶选择数据透视表中的 3~19 行单元格区域；❷打开"行高"对话框，在"行高"数值框中输入"22"；❸单击"确定"按钮。

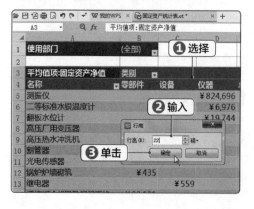

STEP 4 调整多列列宽

❶选择透视表中的 B~E 列单元格区域；❷打开"列宽"对话框，在"列宽"数值框中输入"15"；❸单击"确定"按钮。

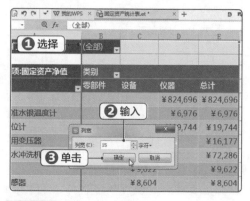

STEP 5 选择填充颜色

❶选择透视表中的 E5:E18 单元格区域；❷单击"开始"选项卡中"填充颜色"按钮右侧的下拉按钮；❸在打开的列表中选择"标准色"栏中的"橙色"选项。

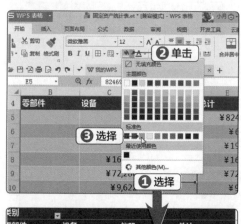

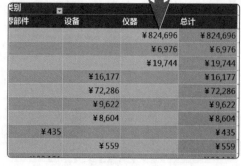

8.3 分析"硬件质量问题反馈"工作簿

最近，公司客户服务部门总是收到产品质量问题的投诉，为此生产主任要求小陈立即制作一份质量问题分析表，对最近销售的计算机产品质量反馈信息进行分析和统计，主要从赔偿、退货和换货等情况分析质量因素形成的原因，从而制定相应的管理措施，以便提高产品的质量。为了直观地表现出数据间的关系，下面将创建数据透视图来显示工作簿中的数据。

8.3.1 创建数据透视图

数据透视图的创建与透视表的创建相似，关键在于数据区域与字段的选择。另外，在创建数据透视图的同时，WPS 表格也会同时创建数据透视表。也就是说，数据透视图和数据透视表是关联的，无论哪一个对象发生了变化，另一个对象也将同步发生变化。

微课：创建数据透视图

1. 插入数据透视图

插入数据透视图需要指定数据源，同样也需要添加字段到"数据透视图"窗格。下面将在"硬件质量问题反馈 .et"工作簿中插入数据透视图，其具体操作步骤如下。

STEP 1 选择单元格

❶打开素材文件"硬件质量问题反馈 .et"工作簿，选择工作表中的 A17 单元格；❷单击"插入"选项卡中的"数据透视图"按钮。

STEP 2 设置数据透视图参数

❶ 打开"创建数据透视图"对话框，在"请选择单元格区域"文本框中输入"Sheet1!$A$2:$F$15"；❷单击"确定"按钮。

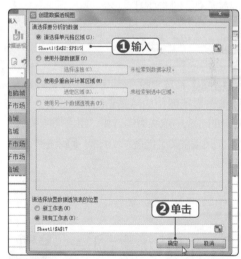

STEP 3 添加字段

此时，在 Sheet1 工作表中成功创建数据透视图并打开"数据透视图"窗格，在"字段列表"列表中依次单击选中"产品名称""质量问题""退货人数"复选框。

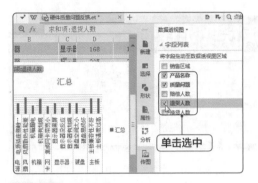

STEP 4 移动字段

打开"数据透视图区域"列表，将"轴（类别）"列表中的"质量问题"字段拖动至"图例（系列）"列表中。

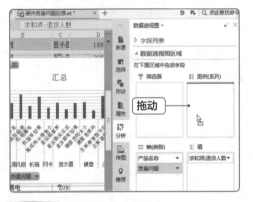

STEP 5 筛选字段

❶单击透视图中的"质量问题"按钮；❷在打开的列表中依次撤销选中"电源插座接触不良""风扇散热性能差"复选框；❸单击"确定"按钮。

STEP 6 查看插入的透视图

返回 WPS 表格的工作界面，在 Sheet1 工作表中成功插入了指定数据区域的数据透视图。

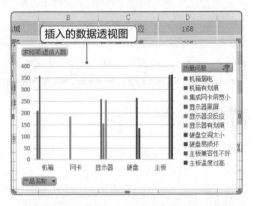

2. 移动数据透视图

为了更好地显示图表，可以将数据透视图单独放置到一个工作表中。下面将在"硬件质量问题反馈 .et"工作簿中将插入的数据透视图移动到新工作表中，其具体操作步骤如下。

STEP 1 移动图表

❶选择插入的数据透视图；❷单击"图表工具"选项卡中的"移动图表"按钮。

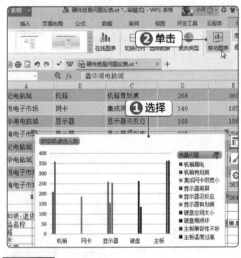

STEP 2 设置位置

❶打开"移动图表"对话框，单击选中"新工作表"单选项；❷单击"确定"按钮。

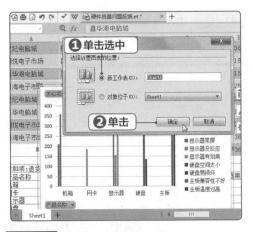

STEP 3 查看移动后的透视图

此时，数据透视图将移动到自动新建的"Chart1"

工作表中，该图表成为工作表中的唯一对象，随工作表大小的变化而自动变化。

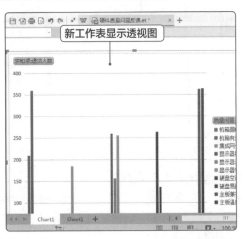

8.3.2 使用数据透视图

数据透视图兼具数据透视表和图表的功能，因此在使用上也同时具备这两种对象的操作方法。下面将重点介绍对数据透视图的筛选、添加数据标签、设置和美化等操作。

微课：使用数据透视图

1. 筛选图表并添加数据标签

插入数据透视图后，可利用添加的字段，在图表区通过各种筛选按钮实现数据的筛选，当然也可为图表添加数据标签。下面将在"硬件质量问题反馈 .et"工作簿中对数据透视图进行筛选，并添加数据标签，其具体操作步骤如下。

STEP 1 筛选数据

❶单击透视图中的"质量问题"下拉按钮；

❷在打开的列表中依次撤销选中"电源插座接触不良"复选框和"集成网卡带宽小"复选框；

❸单击"确定"按钮。

> 🏃 **技巧秒杀**
>
> **清除筛选条件**
>
> 如果想要清除透视图中的筛选条件，单击"分析"选项卡中的"清除"按钮，在打开的列表中选择"清除筛选"选项即可。

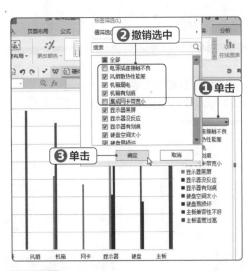

STEP 2 查看筛选结果

此时，数据透视图中将不再显示电源插座和集成网卡的数据信息。

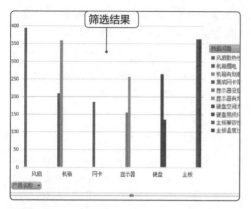

STEP 3 筛选产品名称

❶单击透视图中"产品名称"按钮；❷在打开的列表中撤销选中"主板"复选框；❸单击"确定"按钮。

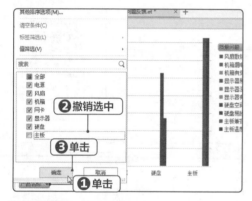

STEP 4 查看筛选结果

此时，数据透视图中将不再显示主板信息。

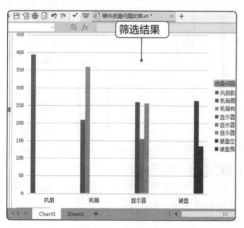

STEP 5 输入图表标题

在数据透视图上方添加"图表标题"，然后输入文字"硬件质量问题反馈"。

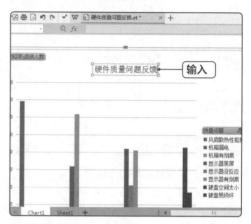

STEP 6 设置标题文本

❶选择数据透视图中的图表标题；❷在"文本工具"选项卡中将字体格式设置为"微软雅黑，加粗"。

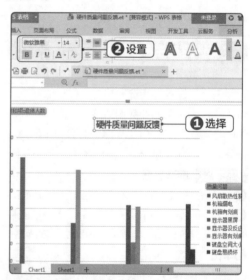

STEP 7 添加数据标签

❶在"图表工具"选项卡中单击"添加元素"按钮；❷在打开的列表中选择"数据标签"选项；❸再在打开的子列表中选择"数据标签外"选项。

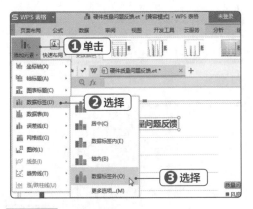

STEP 8 设置数据标签

❶选择"风扇散热性能差"数据标签；❷在"绘图工具"选项卡的"预设样式"列表中选择"彩色轮廓－黑色，深色 1"选项。

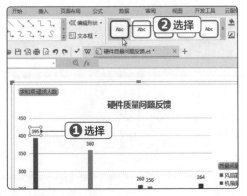

STEP 9 设置数据标签

使用相同的操作方法，为"机箱有划痕"数据标签和"硬盘空间太小"数据标签添加"彩色轮廓－黑色，深色 1"样式。

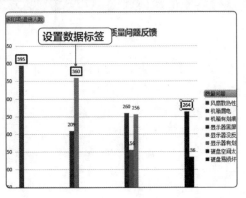

2. 设置并美化数据透视图

数据透视图可以灵活进行设置，如更改数据源、美化外观等。下面将在"硬件质量问题反馈.et"工作簿中对数据透视图进行适当美化，其具体操作步骤如下。

STEP 1 设置图表区

❶选择数据透视图中的图表区；❷单击"绘图工具"选项卡中"填充"按钮右侧的下拉按钮；❸在打开的列表中选择"主题颜色"栏中的"暗板岩蓝，文本 2，浅色 80%"选项。

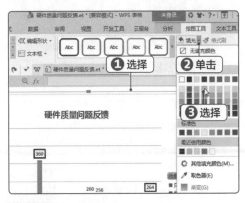

STEP 2 设置绘图区

❶选择数据透视图的绘图区；❷单击"绘图工具"选项卡中"填充"按钮右侧的下拉按钮；❸在打开的列表中选择"主题颜色"栏中的"印度红，着色 2，浅色 40%"选项。

STEP 3 查看填充效果

此时，数据透视图中的图表区和绘图区均应用了设置后的颜色。

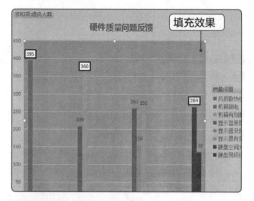

STEP 4 更改图表类型

保持透视图的选择状态，单击"图表工具"选项卡中的"更改类型"按钮。

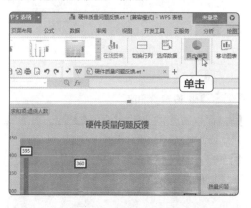

STEP 5 选择图表类型

❶打开"更改图表类型"对话框，单击"条形图"选项卡；❷单击"确定"按钮。

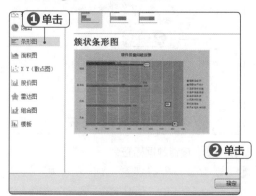

STEP 6 查看更改图表后的效果

此时，数据透视图从柱形图更改为条形图。

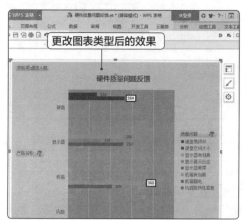

新手加油站

1. 在图表中添加图片

在使用 WPS 表格创建图表时，如果希望图表变得更加生动、美观，可以使用图片来填充原来的单色数据条。为图表填充图片的具体操作步骤如下。

❶ 打开包含图表的工作表，在图表中选择需要添加图片的位置（可以是图表区域背景、绘图区背景或图例背景），然后，单击"图表工具"选项卡中的"设置格式"按钮。

❷ 打开"属性"窗格，单击"填充与线条"选项卡，在"填充"栏中单击选中"图片或纹理填充"单选项，其中提供了在线文件和本地文件两种选项，单击"在线文件"按钮。

❸ 在打开的页面中提供了付费图片与免费的办公图片，选择任意一张图片后单击"插入"按钮，即可将图片插入到图表中。

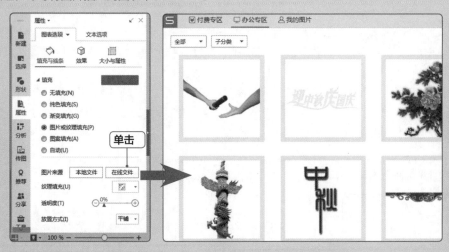

2. 应用数据透视图样式

在 WPS 表格中预设了 16 种不同类型的数据透视图样式，为了快速制作出美观且专业的透视图，用户可以直接选择预设的样式进行透视图的设置。方法为：在工作表中选择要编辑的数据透视图，单击"图表工具"选项卡，然后在预设的图表样式列表中选择任意一种样式即可为数据透视图快速应用该样式。

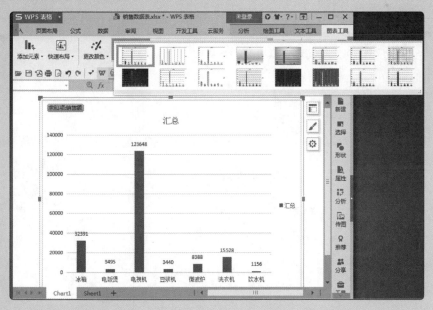

3. 插入和使用切片器

切片器是易于使用的筛选组件，它包含一组按钮，使用户能快速地筛选数据透视表中的数据，而不需要通过下拉列表查找要筛选的项目。创建切片器之后，切片器将和数据透视表一起显示在工作表中，如果有多个切片器，则分层显示。插入和使用切片器的具体操作步骤如下。

❶ 选择工作表中创建的数据透视表，单击"分析"选项卡中的"插入切片器"按钮。

❷ 打开"插入切片器"对话框，其中提供了多个数据字段，单击选中相应的复选框，如"产品名称"复选框，然后单击"确定"按钮。

❸ 此时将插入"产品名称"切片器，在"产品名称"切片器中选择"豆浆机"选项，数据透视表中便同步筛选出"豆浆机"的相关数据信息。

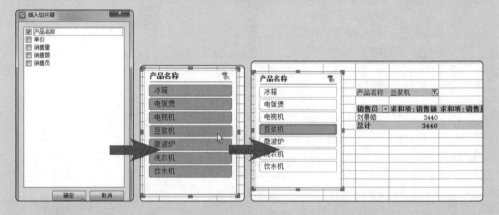

4. 设置切片器

在工作表中成功插入切片器后，可以通过设置来调整切片器中选项的排列方式，也可设置切片器名称，其具体操作步骤如下。

❶ 选择工作表中插入的切片器，单击"选项"选项卡中的"切片器设置"按钮。

❷ 打开"切片器设置"对话框，在其中可以对切片器的名称、项目排序和筛选等参数进行设置，设置完成后单击"确定"按钮。

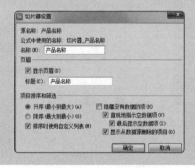

高手竞技场

1. 分析"销售数据统计表"工作簿

打开素材文件"销售数据统计表.et"工作簿，然后对表格数据进行分析，具体要求如下。

● 在"8月份"工作表中插入簇状条形图图表，并将图表中引用的数据源设置为"B2:D10"单元格区域。

● 利用"图表工具"选项卡中的"快速布局"按钮，对簇状条形图应用"样式5"快速布局。

● 将图表颜色更改为"彩色"栏中的第4种样式，并在预设的图表样式列表中选择"样式12"选项。

● 输入图表标题，并将标题文本、垂直（类别）轴文本、数据表中文本的字体均设置为"微软雅黑"。

● 为图表添加数据标签和趋势线。

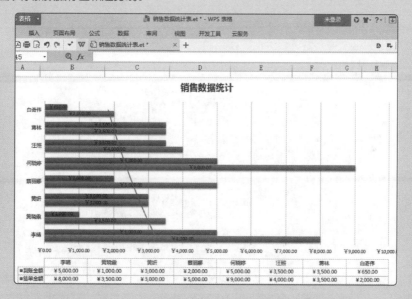

2. 分析"产品销量统计"工作簿

打开素材文件"产品销量统计.et"工作簿，然后对工作表中的数据进行分析，具体要求如下。

● 选择"销量"工作表中的A2:G14单元格区域，单击"插入"选项卡中的"数据透视图"按钮，在工作表中同时插入数据透视图和数据透视表。

● 在"数据透视图"窗格中将"商品名称"字段添加到"图例（系列）"列表中；将"地区"

字段添加到"筛选器"列表中；将"一季度""二季度""三季度""四季度"字段同时
添加到"值"列表中。

● 将图表移动到新的工作表，并将工作表重命名为"数据分析"。

● 在"销量"工作表中插入切片器，并在切片器中选择"华中地区"选项，对华中地区的数
据进行筛选。

● 对数据透视表应用"数据透视表样式深色 5"预设样式，并适当调整透视表的行高。

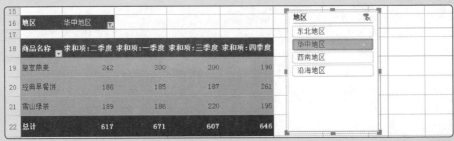

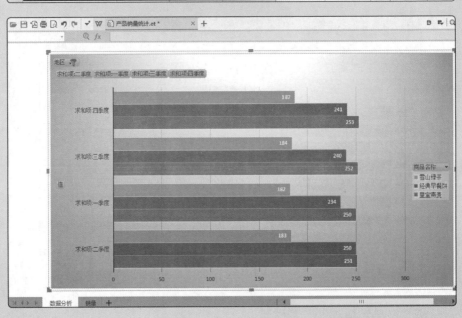

第2篇

WPS 演示制作

第 9 章
制作幻灯片

当企业想要将自己所要表达的信息组织在一组图文并茂的画面中，并通过放映模式展示给客户时，此时便可以利用 WPS 演示软件制作各种各样的演示文稿。演示文稿实际上是由多张幻灯片组成。本章将详细介绍利用 WPS 演示软件制作幻灯片的相关操作，包括新建并保存演示文稿；幻灯片的移动、复制和设计；以及母版的制作等。

本章重点知识

☐ 新建并保存演示文稿

☐ 添加、移动、修改、隐藏幻灯片

☐ 输入与编辑文本

☐ 编辑占位符

☐ 设计幻灯片的母版

☐ 将演示文稿保存为模板

9.1 制作"管理人员培训"演示文稿

帆译集团人力资源部需要制作一份"管理人员培训"演示文稿，用于新一届管理人员正式入职后的培训演示，在制定出相关的培训项目和测试内容之前，HR 需要先制作出"管理人员培训"的模板演示文稿。制作演示文稿主要涉及一些基本操作，如新建和保存演示文稿，新建、复制和移动幻灯片等，下面将详细介绍这些基本操作。

9.1.1 演示文稿的基本操作

使用 WPS 演示软件制作的文档被称为演示文稿，其扩展名为".dps"。下面将详细介绍演示文稿的基本操作，包括新建并保存空白演示文稿、根据模板新建演示文稿、自动保存演示文稿。

微课：演示文稿的基本操作

1. 新建并保存空白演示文稿

空白的演示文稿就是只有一张空白幻灯片，没有任何内容和对象的演示文稿。创建空白演示文稿后，通常需要通过添加幻灯片等操作来完成演示文稿的制作。下面将新建一个空白演示文稿，并将其以"管理人员培训"为名保存到计算机中，其具体操作步骤如下。

STEP 1　启动 WPS 演示
❶在桌面左下角单击"开始"按钮；❷选择【所有程序】/【WPS Office】/【WPS 演示】命令。

STEP 2　新建演示文稿
启动 WPS 演示软件，单击功能区下方的"新建"按钮。

🤸 技巧秒杀

利用菜单新建演示文稿
启动 WPS 演示软件，单击界面左上角"WPS 演示"按钮右侧的下拉按钮，在打开的列表中选择【文件】/【新建】命令，也可以新建演示文稿。

STEP 3　选择创建的演示文稿类型
打开"新建文档"对话框，其中提供了不同类

第3篇

型的演示文稿,如付费模板公司简介、教学课件,免费模板等,这里单击"新建空白演示"按钮。

STEP 4　保存演示文稿

进入 WPS 演示的工作界面,自动新建一个名为"演示文稿 1"的演示文稿,在快速访问工具栏中单击"保存"按钮。

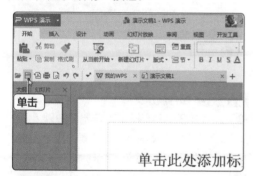

STEP 5　设置保存信息

❶打开"另存为"对话框,在"保存在"列表中设置文件的保存路径;❷在"文件名"下拉列表框中输入"管理人员培训";❸在"文件类型"下拉列表中选择"WPS 演示文件(*.dps)"选项;❹单击"保存"按钮。

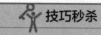 **技巧秒杀**

加密保存演示文稿

在"另存为"对话框中单击"加密"按钮,打开"文档加密"对话框,可按照加密保护工作簿的操作对演示文稿进行加密保护。

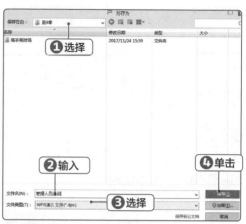

STEP 6　查看保存后的演示文稿

返回 WPS 演示的工作界面,演示文稿的名称已经变为"管理人员培训 .dps"。

2. 关闭并根据模板新建演示文稿

　　WPS 演示软件中提供了两种模板,一是软件自带的模板,二是稻壳模板,但需要付费才能使用。利用模板创建演示文稿能够节省设置模板样式的时间。下面将先关闭创建的"管理人员培训"演示文稿,然后根据模板创建新的"管理人员培训"演示文稿替换创建的空白的"管理人员培训"演示文稿,其具体操作步骤如下。

STEP 1　关闭演示文稿

单击"管理人员培训"选项卡中的"关闭"按钮,关闭新创建的空白演示文稿。

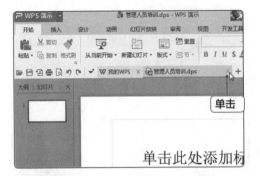

STEP 2　搜索要下载的模板

在"我的 WPS"选项卡的"稻壳模板"的搜索栏中输入要下载模板的关键字"管理人员培训",然后按【Enter】键。

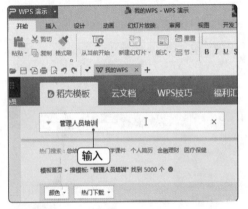

STEP 3　选择模板

稍后,在搜索结果页面中显示了多个符合条件的演示文稿,在其中选择一个免费的管理培训演示文稿。

STEP 4　下载模板

❶进入试读页面,完成试读后单击"下载模板"按钮;❷在打开的"购买文档"页面中单击"免费下载"按钮,即可将所选模板成功下载。

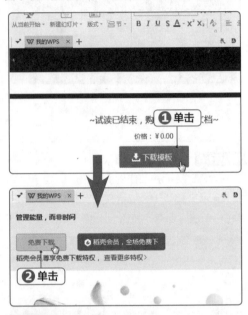

STEP 5　保存演示文稿

稍后,将会在 WPS 演示工作界面中以"管理能量,而非时间"模板创建一个新的演示文稿,在该演示文稿的快速访问工具栏中单击"保存"按钮。

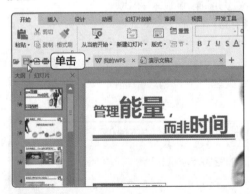

STEP 6　选择保存方式

❶打开"另存为"对话框,在"保存在"列表中选择保存空白演示文稿的文件夹位置;

第 3 篇

❷在"文件类型"列表中选择"WPS 演示 文件（*.dps）"选项；❸在对话框中间的列表中选择"管理人员培训"选项；❹单击"保存"按钮。

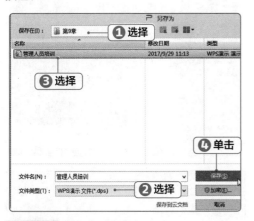

操作解谜

关闭演示文稿

单击 WPS 演示工作界面标题栏右上角的"关闭"按钮，关闭当前演示文稿并退出 WPS 演示软件。

STEP 8 查看保存模板演示文稿效果
返回 WPS 演示工作界面，该演示文稿的名称已经变为"管理人员培训 .dps"。

STEP 7 替换原演示文稿
弹出"确认另存为"提示对话框，单击"是"按钮，确认替换管理人员培训 .dps 演示文稿。

9.1.2　幻灯片的基本操作

幻灯片的基本操作是制作演示文稿的基础，因为在 WPS 演示中几乎所有的操作都是在幻灯片中完成的。幻灯片的基本操作包括新建幻灯片、选择幻灯片、复制和移动幻灯片、隐藏与显示幻灯片以及删除幻灯片等。

微课：幻灯片的基本操作

1. 新建幻灯片

一个演示文稿往往有多张幻灯片，用户可根据实际需要在演示文稿的任意位置新建幻灯片。下面将在"管理人员培训 .dps"演示文稿中新建一张幻灯片，其具体操作步骤如下。
STEP 1 打开演示文稿
在计算机中找到需要打开的演示文稿，双击"管

理人员培训"文件。

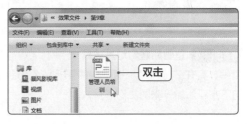

STEP 2 选择图文模板

❶在"幻灯片"窗格中选择第 5 张幻灯片；
❷单击"开始"选项卡中的"新建幻灯片"按
钮下方的下拉按钮；❸在打开的列表中单击"单
页模板"选项卡；❹单击"图文"按钮。

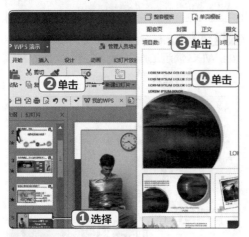

STEP 3 选择幻灯片样式

❶单击"图文"选项卡中的"1-2 项"超链接；
❷将鼠标指针移至打开的图文模板中的第一排
的第二个样式上，单击其中显示的"插入"按钮。

STEP 4 查看新建幻灯片效果

稍后，将在"幻灯片"窗格中的第 5 张幻灯片
的下方新添加一张图文幻灯片。

新插入的幻灯片

技巧秒杀

快速新建幻灯片

将鼠标指针移至"幻灯片"窗格中任意一
张幻灯片上，此时，所选幻灯片中将自动
显示"从当前开始"按钮和"新建幻灯片"
按钮，单击其中的"新建幻灯片"按钮，
同样可以实现新建幻灯片的操作。

2. 删除幻灯片

对于演示文稿中多余的幻灯片，可以将其
删除，需要在"幻灯片"窗格进行。下面将在"管
理人员培训 .dps"演示文稿中删除幻灯片，其
具体操作步骤如下。

STEP 1 选择幻灯片

❶在"幻灯片"窗格中选择第 15 张幻灯片；
❷按住【Shift】键的同时选择第 19 张幻灯片；
❸在所选幻灯片上单击鼠标右键，在弹出的快
捷菜单中选择"删除幻灯片"命令。

第3篇

STEP 2 查看删除幻灯片后的效果

删除了第 15~19 张幻灯片后，在"幻灯片"窗格中自动减少了 5 张幻灯片。

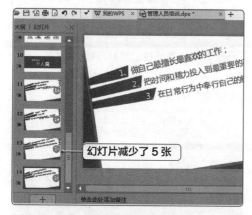

幻灯片减少了 5 张

技巧秒杀

快速删除幻灯片

在"幻灯片"窗格中选择一张幻灯片，按【Delete】键即可快速删除所选幻灯片。

3. 复制和移动幻灯片

移动幻灯片就是在制作演示文稿时，根据需要对各幻灯片的顺序进行调整；而复制幻灯片则是在制作演示文稿时，若需要新建的幻灯片与某张已经存在的幻灯片非常相似，可以

通过复制该幻灯片后再对其进行编辑，来节省时间和提高工作效率。下面将在"管理人员培训 .dps"演示文稿中复制和移动幻灯片，其具体操作步骤如下。

STEP 1 复制幻灯片

❶在"幻灯片"窗格中按住【Ctrl】键，同时选择第 6 和第 10 两张幻灯片；❷在所选幻灯片上单击鼠标右键，在弹出的快捷菜单中选择"新建幻灯片副本"命令。

STEP 2 查看复制后的幻灯片

在第 10 张幻灯片的下方，直接复制出选择的两张幻灯片。

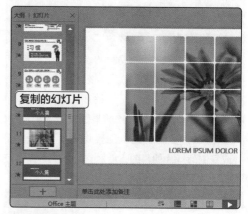

复制的幻灯片

STEP 3 移动幻灯片

将鼠标指针移动到刚刚复制的幻灯片上，按住鼠标左键不放，将其拖动到第 14 张幻灯片下方。

拖动幻灯片

STEP 4　查看移动幻灯片的效果

释放鼠标后，即可将刚复制的幻灯片移动到该位置，并重新对幻灯片编号。

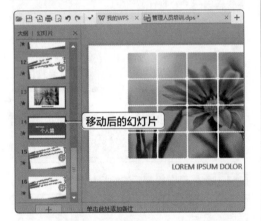

移动后的幻灯片

第 3 篇

技巧秒杀

快速移动或复制幻灯片

在"幻灯片"窗格中选择好要移动或复制的一张或多张幻灯片，直接按【Ctrl+X】或【Ctrl+C】组合键，然后在"幻灯片"窗格中选择目标幻灯片的显示位置，最后按【Ctrl+V】组合键，同样可以实现移动或复制幻灯片的目的。

4. 修改幻灯片的版式

版式是幻灯片中各种元素的排列组合方式，WPS 演示软件默认提供了 11 种版式。下面将在"管理人员培训 .dps"演示文稿中修改幻灯片的版式，其具体操作步骤如下。

STEP 1　选择版式

❶在"幻灯片"窗格中选择第 14 张幻灯片；
❷单击"开始"选项卡中的"版式"按钮；
❸在打开的"母版版式"列表中选择第一列的最后一个样式。

❷单击　❸选择　❶选择

STEP 2　查看修改幻灯片版式的效果

此时，第 14 张幻灯片的版式就变成了带"标题和正文"的样式。

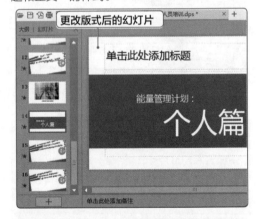

更改版式后的幻灯片

5. 显示和隐藏幻灯片

隐藏幻灯片的作用是在播放演示文稿时，不显示隐藏的幻灯片，当需要时可再次将其显示出来。下面将在"管理人员培训 .dps"演示文稿中隐藏和显示幻灯片，其具体操作步骤如下。

STEP 1 隐藏幻灯片

❶在"幻灯片"窗格中按住【Shift】键，同时选择第 6~9 张幻灯片；❷在所选幻灯片上单击鼠标右键；❸在弹出的快捷菜单中选择"隐藏幻灯片"命令，可以看到所选幻灯片的编号上有一根斜线，表示幻灯片已经被隐藏，在播放幻灯片时，播放完第 5 张幻灯片后，将直接播放第 10 张幻灯片，不会播放隐藏的第 6~9 张幻灯片。

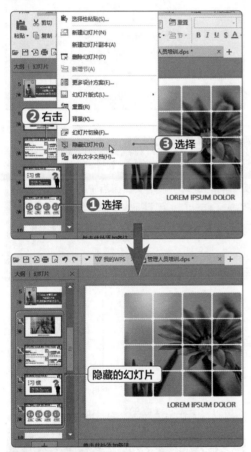

STEP 2 显示幻灯片

❶在"幻灯片"窗格中选择隐藏的第 9 张幻灯片，在所选幻灯片上单击鼠标右键；❷在弹出的快捷菜单中选择"隐藏幻灯片"命令，即可去除编号上的斜线，在播放时显示该幻灯片。

6. 播放幻灯片

制作幻灯片的目的是进行播放，在制作幻灯片时，可以对任意一张幻灯片进行播放预览。下面将在"管理人员培训 .dps"演示文稿中播放幻灯片，其具体操作步骤如下。

STEP 1 选择播放的幻灯片

将鼠标指针移至"幻灯片"窗格中的第 4 张幻灯片上，单击显示的"从当前开始"按钮。

> ### 🏃 技巧秒杀
>
> 快速播放幻灯片
>
> 编辑完演示文稿后，按【F5】键将从头开始播放幻灯片；按【Shift+F5】组合键，将从当前幻灯片开始播放幻灯片。

STEP 2 查看幻灯片播放效果

WPS 演示将全屏播放第 4 张幻灯片。

第3篇

> **✗ 技巧秒杀**
>
> 退出幻灯片播放状态
>
> 播放当前幻灯片时，按【PageDown】键将继续播放下一张幻灯片；按【Esc】键，将退出幻灯片播放状态。

9.2 制作"工作总结报告"演示文稿

市场部小李正在编写工作总结报告，与前两次不同的是，小李不仅在报告中简明扼要地描述了自己主要的工作内容，工作中存在的不足和以后的工作计划，而且还将其制作成演示文稿让人一目了然。小李在制作演示文稿时，主要涉及的操作包括设计幻灯片母版、自定义模板、在幻灯片中插入和编辑文本等相关操作。

9.2.1 设计幻灯片母版

母版是存储了演示文稿中所有幻灯片主题或页面格式的幻灯片视图或页面，用它可以制作演示文稿中的统一标志、文本格式、背景等。制作母版后，可以快速制作出多张版式相同的幻灯片，极大地提高工作效率。

微课：设计幻灯片母版

1. 页面设置

页面设置是指幻灯片页面的长宽比例，即通常所说的页面版式。WPS 演示中默认为宽屏显示，用户可以根据需要将其设置为全屏显示。下面将新建"工作总结报告 .pptx"演示文稿，并设置页面，其具体操作步骤如下。

STEP 1 新建演示文稿

启动 WPS 演示软件，新建一个空白演示文稿，

将其以"工作总结报告"为名进行保存。

> **🔍 操作解谜**
>
> **页面设置的时间**
>
> 页面设置应该是创建演示文稿后的第一步操作，如果制作好演示文稿后再进行页面设置，将会导致幻灯片中的图片、形状和文本框等对象按比例发生相应的拉伸变化。

STEP 2 单击按钮

单击"设计"选项卡中的"页面设置"按钮。

STEP 3 设置页面

❶打开"页面设置"对话框,在"幻灯片大小"栏中的"页面大小"列表中选择"全屏显示(16:9)"选项;❷单击"确定"按钮。

STEP 4 设置页面缩放效果

打开"页面缩放选项"对话框,选择"确保适合"选项。

2. 设置母版背景

若要为所有幻灯片应用统一的背景,可在幻灯片母版中进行设置,设置的方法和设置单张幻灯片背景的方法类似。下面将在"工作总结报告 .pptx"演示文稿中设置母版的背景,其具体操作步骤如下。

STEP 1 进入母版视图

单击"设计"选项卡中的"编辑母版"按钮。

STEP 2 设置背景

❶在"母版幻灯片"窗格中选择第 1 张幻灯片;❷单击"幻灯片母版"选项卡中的"背景"按钮。

STEP 3　设置渐变填充颜色

❶打开"对象属性"窗格，在"填充"栏中单击选中"渐变填充"单选项，单击"填充"栏中的"颜色"按钮；❷在打开的列表中选择"渐变填充"栏的"红色－栗色渐变"选项。

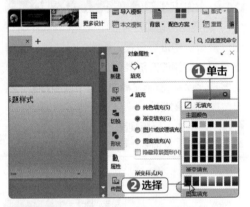

STEP 4　设置停止点颜色和透明度

❶单击"停止点 1"滑块；❷在"色标颜色"列表框中选择"标准颜色"栏中的"橙色"选项；❸拖动"透明度"滑块至"31%"。

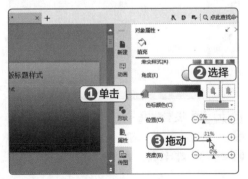

STEP 5　添加渐变光圈

单击"角度"选项下的"增加渐变光圈"按钮，为渐变填充效果增加一个停止点。

STEP 6　继续设置停止点

❶单击"停止点 2"滑块；❷在"色标颜色"列表框中选择"标准颜色"栏中的"深红"选项；❸拖动"亮度"滑块至"10%"。

技巧秒杀

设置渐变样式

在"对象属性"窗格中单击"渐变样式"对应的 4 个按钮，可以将当前渐变样式设置为：线性渐变、射线渐变、矩形渐变和路径渐变 4 种不同的效果。

STEP 7　查看设置母版背景后的效果

关闭"对象属性"窗格，即可看到设置了母版背景格式的效果。

操作解谜

如何将母版背景应用于单个幻灯片

进入编辑幻灯片母版状态后，如果选择母版幻灯片中的第 1 张幻灯片，那么在母版中进行的设置将应用于所有的幻灯片；如果想要单独设计一张母版幻灯片，则需要选择除第 1 张母版幻灯片外的幻灯片进行设计，才不会将设置应用于所有幻灯片。

3. 设置占位符

演示文稿中有些幻灯片的占位符是固定的，如果要逐一更改占位符格式，既费时又费力，此时，可以在幻灯片母版中预先设置好各占位符的位置、大小、字体和颜色等格式，使幻灯片中的占位符都自动应用该格式。下面将在"工作总结报告 .pptx"演示文稿中设置占位符，其具体操作步骤如下。

STEP 1 设置标题占位符

❶在"母版幻灯片"窗格中选择第 2 张幻灯片；❷选择该幻灯片中的标题占位符；❸在"文本工具"选项卡中将占位符的字体、字号和颜色分别设置为"微软雅黑，60，白色"。

操作解谜

如何设置占位符

设置占位符的格式、大小和位置，以及文本的大小、字体、颜色和段落格式的方法与 WPS 文字完全相同，这里不再赘述。

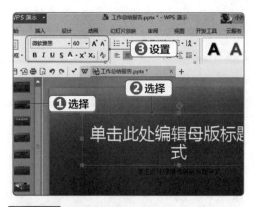

STEP 2 设置副标题占位符

按照相同的操作方法，将第 2 张幻灯片中的副标题占位符的文本格式设置为"微软雅黑，36，白色"。

STEP 3 选择形状

❶单击"插入"选项卡中的"形状"按钮；❷在打开的列表中选择"矩形"栏中的"矩形"样式。

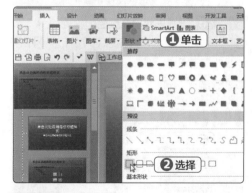

STEP 4 绘制矩形

拖动鼠标在第 2 张幻灯片中绘制一个高度为

"4.8 厘米"，宽度为"26.9 厘米"的矩形，然后利用鼠标将绘制好的矩形拖动到幻灯片中的适当位置。

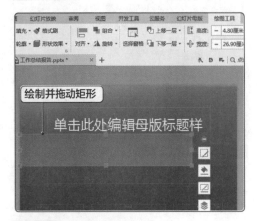

STEP 5 设置形状轮廓

❶保持绘制矩形的选择状态，单击"绘图工具"选项卡中"轮廓"按钮右侧的下拉按钮；❷在打开的列表中选择"无线条颜色"选项。

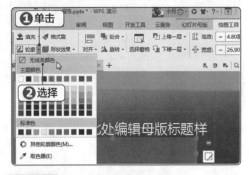

STEP 6 设置形状填充颜色

❶单击"填充"按钮右侧的下拉按钮；❷在打开的列表中选择"黑色"选项。

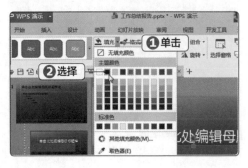

STEP 7 继续绘制矩形

❶按照相同的操作方法，继续在第 2 张幻灯片中绘制一个高度为"4.8 厘米"，宽度为"6.19 厘米"的矩形；❷在"绘图工具"选项卡中将其填充效果设置为"橙色，无线条颜色"。

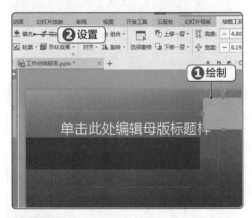

STEP 8 设置对齐方式

❶按住【Ctrl】键的同时，选择绘制的两个矩形；❷单击"绘图工具"选项卡中的"对齐"按钮；❸在打开的列表中选择"靠下对齐"选项。

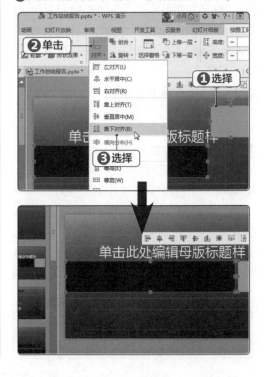

STEP 9 移动占位符

同时选择标题占位符和副标题占位符，将占位符置于顶层，然后按住鼠标左键不放，将其拖动到目标位置后释放鼠标。

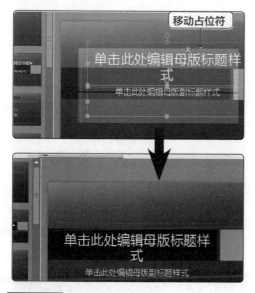

STEP 10 设置第 3 张幻灯片

继续将第 3 张幻灯片中占位符的文本格式设置为"微软雅黑，白色"，然后绘制两个黑色和橙色的矩形，将其置于底层并移至母版标题位置。

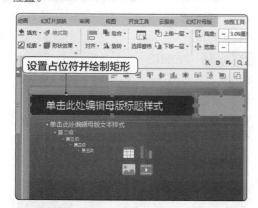

STEP 11 设置第 4 张幻灯片

继续将第 4 张幻灯片中占位符的文本格式分别设置为"微软雅黑，白色，60""微软雅黑，白色，40"，然后绘制两个黑色和橙色的矩形，

将其置于底层并移至母版标题位置。

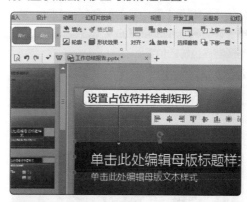

STEP 12 复制标题占位符

删除第 5 张幻灯片的标题占位符，利用【Ctrl+C】组合键和【Ctlr+V】组合键，将第 3 张幻灯片中的标题占位符和矩形复制到第 5 张幻灯片的标题占位符位置。

STEP 13 调整文本占位符大小

选择第 5 张幻灯片中的文本占位符，将鼠标指针定位至下边框中间的控制点上，然后按住鼠标左键不放向上拖动，直至目标位置后再释放鼠标。

STEP 14 复制文本占位符

❶删除幻灯片右侧的另一个文本占位符，将调

整后的文本占位符格式设置为"微软雅黑，白色"；❷利用【Ctrl+C】组合键和【Ctlr+V】组合键复制3个设置好的文本占位符，然后适当调整占位符的位置。

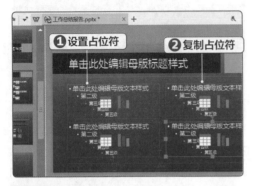

STEP 15 设置第6张幻灯片

将第5张幻灯片的标题占位符和矩形复制到第6张幻灯片的标题占位符位置，删除幻灯片左侧的文本占位符。

STEP 16 设置文本占位符

❶将母版文本样式占位符设置为"微软雅黑，白色"，复制2个设置好的文本占位符，并移至适当位置；❷将未设置的文本占位符缩小，调整至幻灯片的中间位置。

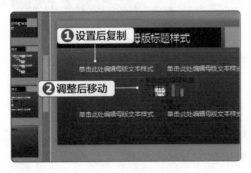

STEP 17 删除母版幻灯片

❶选择"母版幻灯片"窗格中的第9~11张幻灯片，并在所选幻灯片上单击鼠标右键；❷在弹出的快捷菜单中选择"删除版式"命令。

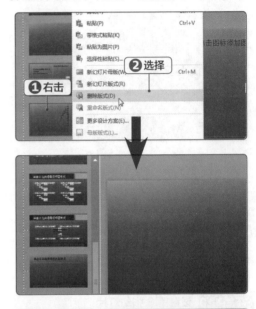

4. 插入并编辑图片

为了使演示文稿的母版内容更加丰富和专业，用户还可以在幻灯片中插入相关的图片进行美化。下面将在"工作总结报告.pptx"演示文稿中插入图片，并对图片进行美化，其具体操作步骤如下。

STEP 1 单击按钮

❶选择第4张幻灯片；❷单击"插入"选项卡中的"图片"按钮。

STEP 2 选择插入的图片

❶打开"插入图片"对话框，在文件列表框中选择要插入的图片；❷单击"打开"按钮。

STEP 3 移动图片的位置

选择插入的图片，利用鼠标将插入的图片移至黑色矩形框的右上角。

STEP 4 为图片添加阴影

❶保持插入图片的选择状态，单击"图片工具"选项卡中的"图片效果"按钮；❷在打开的列表中选择【阴影】/【右下斜偏移】选项。

STEP 5 查看编辑图片后的效果

此时，插入图片将自动呈现出添加外部阴影的效果。

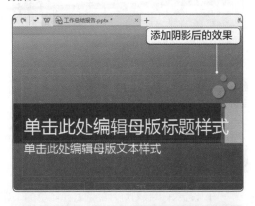

5. 重命名幻灯片母版

当为母版幻灯片中的版式设置好占位符、图片或其他固定的内容时，如果母版幻灯片更改了指定用途，可以将母版幻灯片重命名以便查找；下面将在"工作总结报告.pptx"演示文稿中为母版幻灯片重命名，其具体操作步骤如下。

STEP 1 单击按钮

❶选择"母版幻灯片"窗格中的第 1 张幻灯片；❷单击"幻灯片母版"选项卡中的"重命名"按钮。

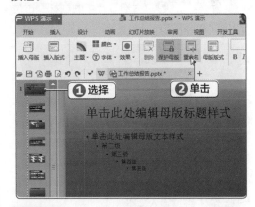

STEP 2 输入母版幻灯片名称

❶打开"重命名"对话框，在"名称"文本框中输入"工作总结报告"；❷单击"重命名"按钮。

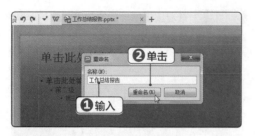

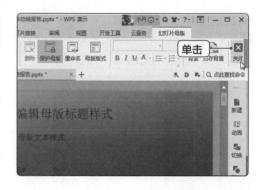

STEP 3　退出母版幻灯片编辑状态

单击"幻灯片母版"选项卡中的"关闭"按钮，退出母版幻灯片的编辑状态。

9.2.2　制作幻灯片内容

仅仅设置好母版幻灯片的版式是不够的，还需要为幻灯片添加文字、图片等信息，并突出显示重点内容。制作幻灯片的内容包括设置文本的格式、项目符号和编号，以及插入与编辑艺术字等操作。

微课：制作幻灯片内容

1. 输入文本

成功设置好母版幻灯片后，需要在幻灯片中手动输入所需的内容。下面将在"工作计划报告 .pptx"演示文稿中输入文本内容，其具体操作步骤如下。

STEP 1　输入文本内容

❶单击幻灯片中的标题占位符，输入文本"工作总结报告"；❷单击幻灯片中的副标题占位符，输入文本"报告人：李敏"。

STEP 2　继续输入文本

❶选择"幻灯片"窗格中唯一的幻灯片，按【Enter】键新建一张幻灯片；❷分别在标题占位符和文本占位符中输入所需的文本内容。

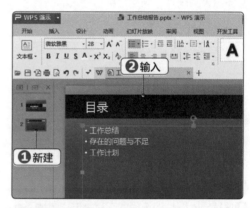

STEP 3　继续输入其他文本

按照相同的操作方法，继续在演示文稿中新建7 张幻灯片，并输入相应的文本内容。

第3篇

2. 设置文本和段落格式

设置文本和段落格式包括设置文本的阴影效果、设置项目符号和编号、调整段间距等。设置方法与在 WPS 文字中的设置基本相似。下面将在"工作总结报告 .pptx"演示文稿中设置文本和段落格式，其具体操作步骤如下。

STEP 1 增大字号

❶选择第 2 张幻灯片中的文本占位符；❷单击"开始"选项卡中的"增大字号"按钮。

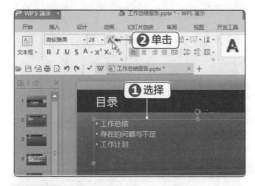

STEP 2 添加阴影效果

单击"开始"选项卡中的"文字阴影"按钮。

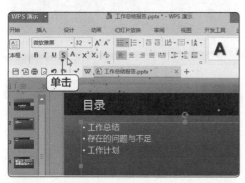

STEP 3 设置行距

❶保持占位符的选择状态，单击"开始"选项卡中的"行距"按钮；❷在打开的列表中选择"2.0"选项。

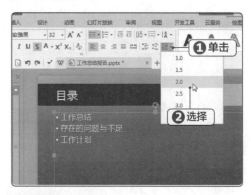

STEP 4 设置编号

❶单击"开始"选项卡中"编号"按钮右侧的下拉按钮；❷在打开的列表中选择第一排的第二个选项。

🏃 技巧秒杀

快速设置占位符或文本框中的字体格式
在幻灯片中，直接选择占位符或文本框，然后设置字体、字号和字体颜色等，占位符或文本框中的文本也将按照设置进行相应变化。

STEP 5 添加项目符号

❶选择第 4 张幻灯片中的文本占位符；❷单击"项目符号"按钮右侧的下拉按钮；❸在打开

的列表中选择"其他项目符号"选项。

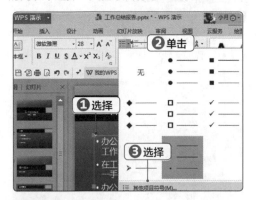

STEP 6 单击按钮

打开"项目符号与编号"对话框,单击"图片"按钮。

STEP 7 选择项目符号

❶打开"打开图片"对话框,在显示的列表中选择第 2 行的第 1 个项目符号;❷单击"打开"按钮。

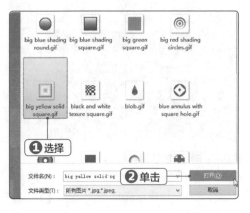

STEP 8 调整段落间距

单击"开始"选项卡中的"增大段落间距"按钮,将占位符中文本的段落间距增大。

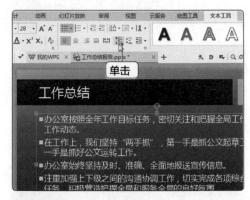

STEP 9 调整占位符位置

利用鼠标,适当拖动文本占位符至幻灯片底部。

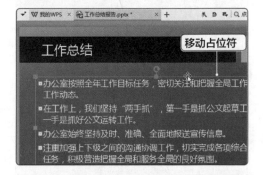

3. 丰富幻灯片内容

为了实现图文并茂的演示效果,在幻灯片中除了输入文本外还应该插入图片和形状对象来丰富幻灯片的内容。下面将在"工作总结报告 .pptx"演示文稿中插入图片和形状,其具体操作步骤如下。

STEP 1 更改幻灯片版式

❶按住【Ctrl】键的同时,在"幻灯片"窗格中选择第 3 张、第 5 张和第 7 张幻灯片,单击"开始"选项卡中的"版式"按钮;❷在打开的列表中选择"母版版式"选项卡中第 1 行的第 3 个样式。

第3篇

STEP 2 更改第 6 张幻灯片版式

❶选择第 6 张幻灯片，单击"开始"选项卡中的"版式"按钮；❷在打开的"母版版式"选项卡中选择第 2 行的第 1 个版式。

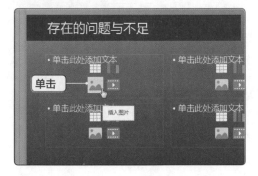

STEP 3 插入图片

单击占位符中的"插入图片"按钮。

STEP 4 选择图片

❶打开"插入图片"对话框，选择"图片 2"选项；❷单击"打开"按钮。

STEP 5 输入文本

单击图片下方的占位符，输入文本内容。

STEP 6 继续制作幻灯片内容

按照相同的操作，在第 6 张幻灯片中继续插入图片，并输入文本。

STEP 7 更改幻灯片版式

❶选择第 8 张幻灯片，单击"开始"选项卡中的"版式"按钮；❷在打开的"母版版式"选项卡中选择第 2 行第 2 个选项。

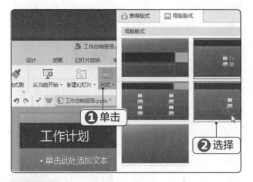

STEP 8 输入文本

分别在 4 个不同的文本占位符中输入相应的文本内容。

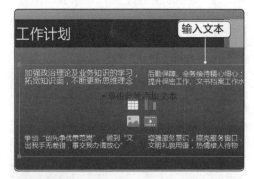

STEP 9 插入图片

单击占位符中的"插入图片"按钮，插入素材文件中的"图片 4"图片。

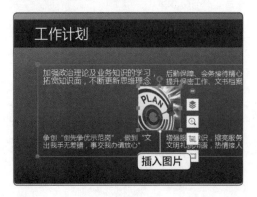

STEP 10 裁剪图片

保持图片的选择状态，单击"图片工具"选项卡中的"裁剪"按钮。

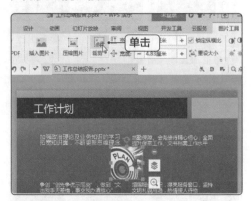

STEP 11 选择裁剪形状

在打开的"按形状裁剪"选项卡中选择"基本形状"栏中的"椭圆"选项，然后按【Enter】键。

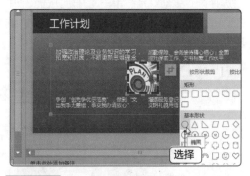

STEP 12 更改图片颜色

❶单击"图片工具"选项卡中的"颜色"按钮；❷在打开的列表中选择"灰度"选项。

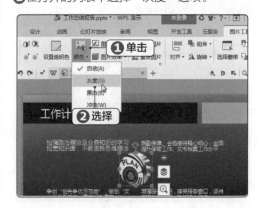

STEP 13 绘制并复制形状

❶通过"形状"按钮，拖动鼠标绘制一个"向上箭头"，并将其颜色设置为"纯色填充 - 灰色 -50%，强调颜色 3"；❷利用【Ctrl+C】和【Ctrl+V】组合键，复制 3 个相同的形状。

STEP 14 旋转形状

❶选择复制的形状；❷单击"绘图工具"选项卡中的"旋转"按钮；❸在打开的列表中选择"垂直翻转"选项。

STEP 15 移动形状

拖动鼠标将翻转后的形状移动到适当的位置。

STEP 16 继续设置形状

继续对绘制好的形状进行旋转，然后拖动鼠标将向上箭头移动至剩余占位符的适当位置。

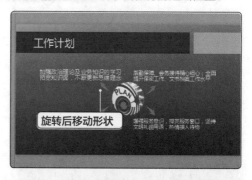

4. 设置艺术字

在幻灯片中，可插入不同样式的艺术字，还可设置艺术字的样式，使文本在幻灯片中更加突出。下面将在"工作总结报告 .pptx"演示文稿中插入并设置艺术字，其具体操作步骤如下。

STEP 1 更改幻灯片版式

❶选择"幻灯片"窗格中的最后一张幻灯片；❷单击"开始"选项卡中的"版式"按钮；❸在打开的"母版版式"选项卡中选择第一列的最后一个版式。

STEP 2 选择艺术字

❶单击"插入"选项卡中的"艺术字"按钮；❷在打开的列表中选择"预设样式"栏中的"渐

变填充 – 亮石板灰"选项。

STEP 3 输入文本

在"请在此处输入文字"文本框中输入文本"THANK YOU FOR WATCHING"。

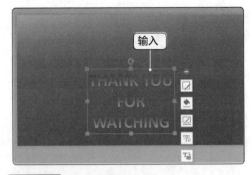

STEP 4 移动艺术字

利用鼠标，拖动艺术字到幻灯片的中间位置。

9.2.3 自定义模板

模板是一张幻灯片或一组幻灯片的图案或蓝图，其后缀名为 .dpt。模板可以包含版式、主题颜色、主题字体、主题效果和背景样式，甚至还可以包含内容。用户可以通过修改模板中的内容和图片，来制作演示文稿。

微课：自定义模板

1. 将演示文稿保存为模板

WPS 演示中自带了很多演示文稿模板，可以直接利用这些模板创建演示文稿。同时，WPS 演示也支持将制作好的演示文稿保存为模板文件。下面将"工作总结报告 .pptx"演示文稿保存为模板，其具体操作步骤如下。

STEP 1 另存为模板

❶单击工作界面左上角的"WPS 演示"按钮；❷在打开的列表中选择"另存为"选项；❸再在打开的列表中选择"WPS 演示 模板文件"

选项。

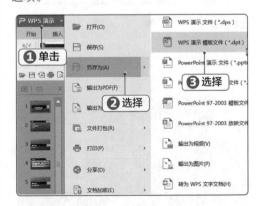

STEP 2 保存模板

打开"另存为"对话框，在"文件名"文本框中自动显示了"工作总结报告"名称，在"文件类型"下拉列表框中显示了"WPS 演示 模板文件（*.dpt）"类型，直接单击"保存"按钮。

2. 应用配色方案

WPS 演示软件中提供了多种不同的配色方案，用户可以根据需要选择相应的配色方案，即可快速解决配色问题。下面将在"工作总结报告.dpt"模板演示文稿中应用预设的配色方案，其具体操作步骤如下。

STEP 1 应用配色方案

❶单击"设计"选项卡中的"配色方案"按钮；

❷在打开的列表中选择"穿越"选项。

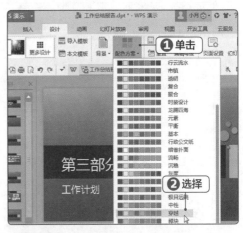

STEP 2 查看应用配色方案后的效果

返回 WPS 演示工作界面，即可看到应用配色方案后幻灯片中颜色的改变。

新手加油站

1. 快速替换演示文稿中的字体

这是一种根据现有字体进行一对一替换的方法，不会影响其他的字体对象，无论演示文稿是否使用了占位符，这种方法都可以调整字体，所以实用性更强，其具体操作步骤如下。

❶ 单击"开始"选项卡中"替换"按钮右侧的下拉按钮，在打开的列表中选择"替换字体"选项。

❷ 打开"替换字体"对话框，在"替换"和"替换为"列表中选择需要进行替换的字体，单击"替换"按钮即可对现有字体进行一对一的替换。

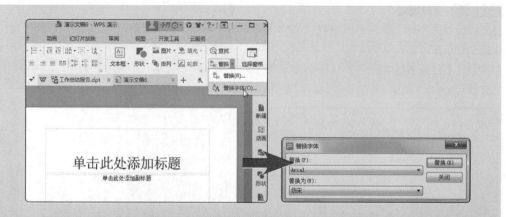

2. 美化幻灯片中的文本

　　演示文稿最初的功能是发言用的提词稿，在实际工作中，通过演示文稿的帮助来完成业务目标才是根本目的。所以，美化文本的根本作用是增加阅读的兴趣，保证文本内容的重要性。除了设置字体、字号、颜色和艺术字等外，还可以通过设置文本方向来达到美化幻灯片中文本的目的。

　　文本的方向除了横向、竖向和斜向外，还可以有更多的变化，设置文本的方向不但可以打破定式思维，而且增加了文本的动感，使文本别具魅力。

- 竖向：中文文本进行竖向排列与传统习惯相符，竖向排列的文本通常显得特别有文化感，如果加上竖式线条修饰更加有助于观众的阅读。
- 斜向：中英文文本都能斜向排列，展示时能带给观众强烈的视觉冲击力，设置斜向文本时，内容不宜过多，且配图和背景图片最好都与文本一起倾斜，让观众顺着图片把注意力集中到斜向的文本。

- 十字交叉：十字交叉排列的文本在海报设计中比较常见，十字交叉处是抓住眼球焦点的位置，通常该处的文本应该是内容的重点，这一点在制作该类型文本时应该特别注意。

第3篇

3. 应用设计方案

WPS 演示软件提供了多种免费的设计方案，用户在制作演示文稿时，可以应用这些设计方案来提高工作效率。方法为：新建演示文稿，单击"设计"选项卡中的"更多设计"按钮，在打开的"在线设计方案"页面中，将鼠标指针移至要使用的方案上，然后单击"应用"按钮，将所选方案成功下载到当前的演示文稿后，便可以编辑幻灯片。

高手竞技场

1. 编辑"微信推广计划"演示文稿

打开素材文件"微信推广计划 .pptx"演示文稿，然后对幻灯片母版进行编辑，具体要求如下。

- 单击"设计"选项卡中的"编辑母版"按钮，进入幻灯片母版的编辑状态。
- 选择"母版幻灯片"窗格中的第 2 张幻灯片，然后单击"幻灯片母版"选项卡中的"背景"按钮，打开"对象属性"窗格，单击选中"图片或纹理填充"单选项，单击"本地文件"按钮。
- 打开"选择纹理"对话框，在"素材文件"文件夹中选择提供的素材图片"背景"，然后单击"打开"按钮。
- 选择第 1 张幻灯片，绘制两个大小分别为"3.94 厘米 ×25.4 厘米"和"2.03 厘米 ×

25.4厘米"的矩形，然后分别将其填充为"茶色，着色5，深色25%"和"茶色、着色5，浅色60%"，最后将矩形置于底层。

● 将幻灯片中的占位符的字体格式设置为"微软雅黑"。

● 选择第2张幻灯片，将标题占位符和副标题占位符的位置和大小进行适当调整。

● 将制作好的演示文稿保存为模板。

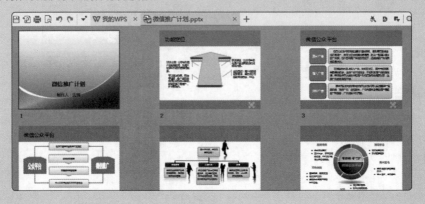

2. 编辑"唐诗宋词赏析"演示文稿

打开素材文件"唐诗宋词赏析.pptx"演示文稿，然后对幻灯片进行编辑，要求如下。

● 选择"幻灯片"窗格中的第2张幻灯片，按【Enter】键新建一张幻灯片。

● 将新插入的幻灯片版式更改为"母版版式"选项卡中的第3列第3个版式，然后分别在标题占位符和文本占位符中输入文字内容，然后单击占位符中的"插入图片"按钮插入素材图片。

● 将第3张幻灯片中的字体格式设置为"微软雅黑，加粗，阴影"，然后复制设置好的第3张幻灯片。

● 将第4张幻灯片中的图片和文字删除，重新输入文字和插入图片，然后按【F5】键播放幻灯片。

WPS 演示制作

第 10 章
编辑幻灯片

幻灯片中的主要元素包括文字和图形，为了使制作的演示文稿更加专业并能引起观众的兴趣，不仅可以在幻灯片中添加图片和图形等对象，还可以插入表格和 SmartArt 图形等对象。与此同时，还可以对插入幻灯片中的各个对象进行美化设置，使制作的幻灯片更加美观、形象，从而引起观众的共鸣。

本章重点知识

☐ 插入与编辑图片

☐ 绘制与编辑图形

☐ 插入与编辑艺术字

☐ 插入与编辑表格

☐ 插入与编辑 SmartArt 图形

☐ 设置图片和形状样式

10.1 编辑"职场礼仪培训"演示文稿

联美美妆公司需要为下属的化妆品销售公司制作一个关于职场礼仪的演示文稿,由于礼仪培训主要是侧重于员工的仪态、仪表和社交礼仪等,所以在制作时需要使用大量关于职场礼仪的图片进行展示。为了使幻灯片内容更加丰富,除了图片外,还可以在幻灯片中插入形状和艺术字。本例中涉及的操作主要包括:图片的插入、裁剪、调整大小;形状的绘制、形状轮廓和颜色的设置;艺术字的插入与设置等,下面进行详细介绍。

10.1.1 插入与编辑图片

在 WPS 演示中插入与编辑图片的大部分操作与在 WPS 文字中插入与编辑图片相同,但由于演示文稿需要通过视觉体验吸引观众的注意,对于图片的要求更高,编辑图片的操作也更加复杂和多样化。

微课:插入与编辑图片

1. 插入图片

插入图片主要是指插入计算机中保存的图片,在上一章中已经介绍过通过占位符中的"插入图片"按钮进行插入图片的方法,这里介绍另一种常用的在幻灯片中插入图片的操作。下面将在"职场礼仪培训.pptx"演示文稿中插入图片,其具体操作步骤如下。

STEP 1 插入图片

❶打开素材文件"职场礼仪培训.pptx"演示文稿,选择"幻灯片"窗格中的第 4 张幻灯片;❷单击"插入"选项卡中的"图片"按钮。

STEP 2 选择图片

❶打开"插入图片"对话框,选择插入图片的保存路径;❷在打开的列表框中选择"职业形象"选项;❸单击"打开"按钮。

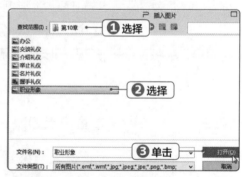

STEP 3 查看插入图片的效果

返回 WPS 演示工作界面,第 4 张幻灯片中已插入选择的图片。

🔍 操作解谜

"图片工具"选项卡的作用

在幻灯片中插入图片后,WPS 演示软件将启动"图片工具"选项卡,在其中可以对图片进行裁剪、缩放、设置边框等操作。

2. 裁剪图片

裁剪图片其实是调整图片大小的一种方式，通过裁剪图片，可以只显示图片中的某些部分，减少图片的显示区域。下面将在"职场礼仪培训.pptx"演示文稿中对插入的图片按形状进行裁剪，其具体操作步骤如下。

STEP 1 增加图片亮度

❶保持插入图片的选择状态，单击"图片工具"选项卡中的"增加亮度"按钮 2 次；❷单击图片右侧的"裁剪图片"按钮。

STEP 2 按形状裁剪图片

此时，在图片四周出现 8 个黑色的裁剪点，并自动打开"按形状裁剪"选项卡，选择"矩形"栏中的"对角圆角矩形"选项。

STEP 3 查看裁剪效果

按【Enter】键，或在幻灯片外的工作界面空白处单击鼠标，完成裁剪图片的操作。

技巧秒杀

利用裁剪点快速裁剪图片

当幻灯片中插入图片的四周出现 8 个黑色的裁剪点后，拖动图片 4 个角上的裁剪点，可以同时裁剪图片的高宽和宽度；如果拖动图片上下两侧中间的裁剪点，则可以裁剪图片的高度；若是拖动图片左右两侧中间的裁剪点，则可以裁剪图片的宽度。确定裁剪操作后，在幻灯片外的工作界面空白处单击鼠标，即可完成裁剪图片的操作。

同时裁剪高度和宽度

仅裁剪高度

3. 精确调整图片大小

在 WPS 演示软件中,可以精确地设置图片的高度与宽度。下面将在"职场礼仪培训 .pptx"演示文稿中精确设置图片的大小,其具体操作步骤如下。

STEP 1 插入图片

选择第 6 张幻灯片,利用"插入"选项卡中的"图片"按钮,插入提供的 3 张素材图片"握手礼仪""名片礼仪""介绍礼仪"。

插入的图片

STEP 2 精确调整图片宽度

❶选择插入的"介绍礼仪"图片;❷在"图片工具"选项卡的"宽度"数值框中输入"8.00 厘米",按【Enter】键。

STEP 3 继续调整图片宽度

按照相同的操作方法,将剩余的两张图片的宽度调整为"8.00 厘米"。

调整图片宽度

操作解谜

重新调整图片大小

如果用户对调整后的图片大小不满意,可以单击"图片工具"选项卡中的"重设大小"按钮,将图片恢复至初始状态,然后重新对图片的大小进行调整。

STEP 4 移动图片

利用鼠标指针,将插入的 3 张图片移至幻灯片

第 3 篇

中的适当位置。

STEP 5　设置图片分布排列

❶同时选择插入的 3 张图片；❷单击图片上方工具栏中的"横向分布"按钮。

STEP 6　设置图片对齐方式

继续单击图片上方工具栏中的"底端对齐"按钮，将 3 张图片进行底部对齐。

STEP 7　移动图片

保持 3 张图片的选择状态，拖动鼠标将图片移至合适位置。

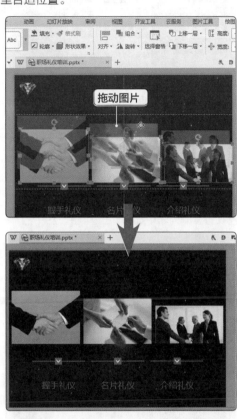

4. 设置图片轮廓和阴影效果

　　WPS 演示软件有强大的图片调整功能，通过它可快速实现图片轮廓的添加、设置图片倒影效果和调整亮度、对比度等操作，使图片的效果更加美观。下面将在"职场礼仪培训 .pptx"演示文稿中为图片添加轮廓和倒影效果，其具体操作步骤如下。

STEP 1　设置图片轮廓的线型

❶选择第6张幻灯片中对应的"握手礼仪"图片；❷单击"图片工具"选项卡中"图片轮廓"按钮右侧的下拉按钮；❸在打开的列表中选择【线型】/【1.5 磅】选项。

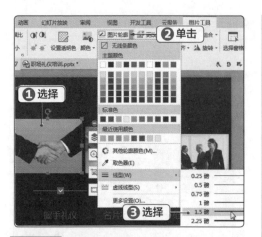

STEP 2 设置图片轮廓的颜色

❶再次单击"图片轮廓"按钮右侧的下拉按钮；
❷在打开的列表中选择"主题颜色"栏中的"白色，背景1"选项。

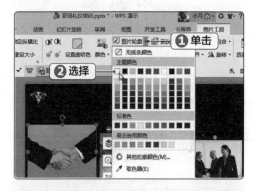

操作解谜

取色器如何使用

在对图片轮廓的颜色进行设置时，可以选择"图片轮廓"列表中的"取色器"选项，当鼠标指针变为画笔样式时，在要进行取色的位置单击鼠标，此时颜色就被记录下来并自动应用到所选图片中。

STEP 3 设置图片倒影效果

❶保持图片的选择状态，单击"图片工具"选项卡中的"图片效果"按钮；❷在打开的列表中选择"倒影"选项；❸再在打开的列表中选择"紧密倒影，接触"选项。

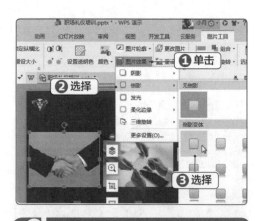

操作解谜

其他图片效果

单击"图片工具"选项卡中的"图片效果"按钮，在打开的列表中还可以设置图片的阴影、发光、柔化边缘以及三维旋转效果等。

STEP 4 设置其他图片的轮廓

使用相同的操作方法，继续为幻灯片中剩余的两张图片设置轮廓，具体设置参数为"白色，1.5磅，紧密倒影，接触"。

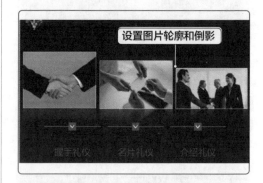

5. 设置图片边框

　　WPS 演示软件提供了多种预设的图片边框，单击"图片边框"按钮，在打开的列表中选择所需边框即可给图片应用相应的样式。下面将在"职场礼仪培训.pptx"演示文稿中为图片设置边框，其具体操作步骤如下。

STEP 1　插入图片

❶选择"幻灯片"窗格中的第 8 张幻灯片；
❷利用"插入"选项卡中的"图片"按钮，在
该张幻灯片中插入素材文件提供的"交谈礼仪"
图片。

STEP 2　设置图片大小

❶保持图片的选择状态，单击选中"图片工具"
选项卡中的"锁定纵横比"复选框；❷在"高度"
数值框中输入"7.80 厘米"；❸单击图片右侧
的"图片边框"按钮。

STEP 3　选择边框样式

在打开的"图片边框"列表中选择所需边框样式，
即可将所选边框样式应用到当前图片中。

🏸 技巧秒杀

清除边框样式

如果用户对图片应用的边框样式不满意，
可以选择"图片边框"列表中"清除边框"
选项，清除当前图片所应用的边框，然后
再重新进行设置。

STEP 4　调整边框粗细

将鼠标指针移至"边框粗细"栏中的滑块上，
按住鼠标左键不放，向左拖动滑块，将图片边
框调细。

STEP 5　移动图片

将设置好的图片拖动至幻灯片的底部，将其与
右侧图片的底部进行对齐。

10.1.2 绘制与编辑形状

演示文稿中的形状包括线条、矩形、圆形、箭头、星形以及流程图等，利用这些不同的形状或形状组合，往往可以制作出与众不同的幻灯片样式，吸引观众的注意。

微课：绘制与编辑形状

1. 绘制形状

绘制形状主要是通过拖动鼠标完成的，在WPS演示软件中选择需要绘制的形状后，拖动鼠标即可绘制该形状。下面将在"职场礼仪培训.pptx"演示文稿中绘制直线和星形，其具体操作步骤如下。

STEP 1 选择形状

❶选择"幻灯片"窗格中的最后一张幻灯片，单击"插入"选项卡中的"形状"按钮；❷在打开的列表中选择"线条"栏中的"直线"选项。

STEP 2 绘制形状

在幻灯片中按住【Shift】键的同时，按住鼠标左键，从左向右拖动鼠标绘制直线，释放后可以完成直线的绘制。

STEP 3 复制形状

利用【Ctrl+C】组合键和【Ctrl+V】组合键，在幻灯片中复制3条绘制好的直线。

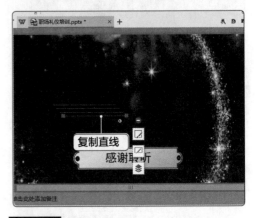

STEP 4 选择形状

❶再次单击"插入"选项卡中的"形状"按钮；❷在打开的列表中选择"基本形状"栏中的"正五边形"选项。

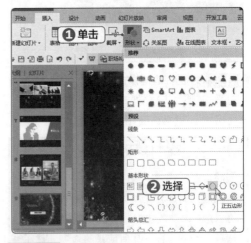

STEP 5 绘制五边形

在当前幻灯片中拖动鼠标绘制一个五边形。

中的两条直线；❷单击"绘图工具"选项卡中"轮廓"按钮右侧的下拉按钮；❸在打开的列表中选择"白色，背景 1"选项。

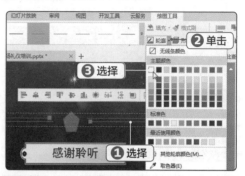

STEP 2 设置轮廓线型

❶再次单击"轮廓"按钮右侧的下拉按钮，在打开的列表中选择"线型"选项；❷再在打开的列表中选择"3 磅"选项。

STEP 3 设置虚线轮廓

❶继续单击"轮廓"按钮右侧的下拉按钮，在打开的列表中选择"虚线线型"选项；❷再在打开的列表中选择"短划线"选项。

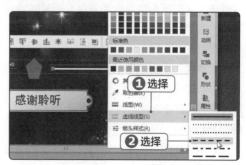

技巧秒杀

绘制规则的形状

在绘制形状时，如果要从中心开始绘制形状，则按住【Ctrl】键的同时拖动鼠标；如果要绘制规范的正方形、圆形和五边形，则按住【Shift】键的同时拖动鼠标。

STEP 6 移动形状

选择绘制好的直线和五边形，利用鼠标，将其分别移动至幻灯片中的适当位置。

2. 设置形状轮廓

　　形状轮廓是指形状的外边框，设置形状外边框包括设置其颜色、宽度及线型等。下面将在"职场礼仪培训 .pptx"演示文稿中为绘制的形状设置轮廓，其具体操作步骤如下。

STEP 1 设置轮廓颜色

❶按住【Ctrl】键的同时，选择最后一幻灯片

STEP 4 继续设置形状轮廓

将剩余两条直线的轮廓样式设置为"白色，背景 1，6 磅"。

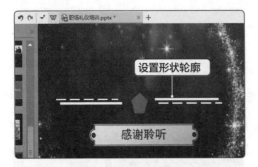

技巧秒杀

快速应用预设样式

在幻灯片中成功绘制好形状后，在打开的"绘图工具"选项卡的"预设样式"列表中可以直接选择所需样式，将其应用到所绘制的形状中，该样式中预设好了填充颜色、线型、形状效果等参数。

---

3. 设置形状填充颜色

设置形状填充时选择形状内部的填充颜色或效果，可设置为纯色、渐变色、图片或纹理等填充效果，相关操作与在 WPS 文字软件中的设置相似。下面将在"职场礼仪培训.pptx"演示文稿中为绘制的形状设置填充颜色，其具体操作步骤如下。

STEP 1 其他填充颜色

❶选择绘制的正五边形；❷单击"绘图工具"选项卡中"填充"按钮右侧的下拉按钮；❸在打开的列表中选择"更多设置"选项。

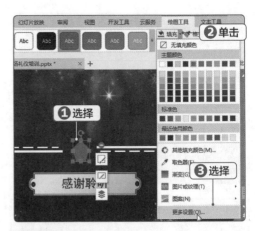

STEP 2 选择取色器

❶打开"对象属性"窗格，单击"颜色"按钮；❷在打开的列表中选择"取色器"选项。

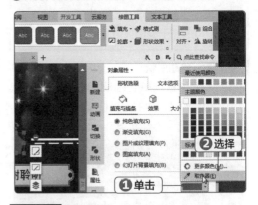

STEP 3 提取颜色

此时，鼠标指针将以画笔的形状显示，将鼠标指针移至文本"感谢聆听"所在的矩形框中，单击鼠标提取颜色。

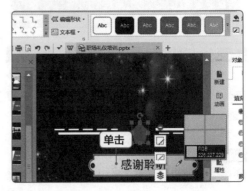

STEP 4 设置形状效果

❶此时，绘制的正五边形将自动应用与矩形形状相同的颜色，单击"绘图工具"选项卡中的"形状效果"按钮；❷在打开的列表中选择"发光"选项；❸再在打开的列表中选择"发光变体"栏中的"矢车菊蓝，18pt 发光，着色 1"选项。

4. 组合形状

如果一张幻灯片中有多个形状，一旦调整其中任意一个形状，很可能会影响其他形状的排列和对齐。通过组合形状，则可以将这些形状合成一个整体，既能单独编辑单张形状，也能一起调整。下面将在"职场礼仪培训 .pptx"演示文稿中组合绘制的直线和正五边形，其具体操作步骤如下。

STEP 1 打开"选择窗格"窗格

单击"绘图工具"选项卡中的"选择窗格"按钮，打开"选择窗格"窗格。

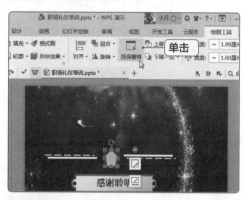

STEP 2 选择多个形状

在"文档中的对象"列表中，利用【Shift】键，同时选择 5 个形状对象。

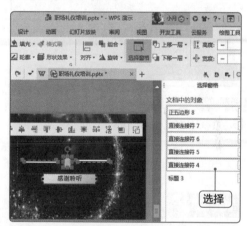

操作解谜

为何要利用"选择窗格"窗格选择对象

当幻灯片中插入多个对象，尤其是某些叠加的对象时，再利用【Ctrl】键和【Shift】键选择幻灯片中的对象时则很容易出错，此时就需要借助"选择窗格"窗格对幻灯片中的对象进行快速且准确地选择。

STEP 3 组合形状

❶单击"绘图工具"选项卡中的"组合"按钮；

❷在打开的列表中选择"组合"选项。

合】命令。

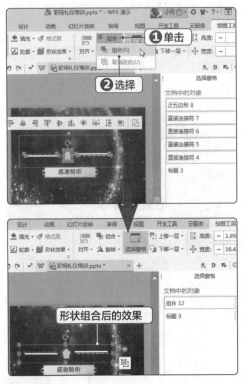

STEP 5 查看形状组合后的效果

此时，所选图片将组合成一个整体，并在"文档中的对象"列表中显示了组合名称。

STEP 4 继续组合形状

❶选择第 6 张幻灯片；❷在"选择窗格"窗格中同时选择前 3 个图片；❸在所选图片上单击鼠标右键，在弹出的快捷菜单中选择【组合】【组

10.1.3 插入与编辑艺术字

在设计演示文稿时，为了使幻灯片更加美观和形象，常常需要用到艺术字功能，它可以达到美化文档的目的。下面将介绍在幻灯片中插入与编辑艺术字的相关操作，包括填充文本颜色、设置文本效果等。

微课：插入与编辑艺术字

1. 插入艺术字

在 WPS 演示软件中插入艺术字的操作与在 WSP 文字软件中基本相同。下面将在"职场礼仪培训 .pptx"演示文稿中插入艺术字，其具体操作步骤如下。

STEP 1 选择艺术字样式

❶选择"幻灯片"窗格中的最后一张幻灯片，单击"插入"选项卡中的"艺术字"按钮；❷在打开的列表中选择"复合样式"栏中第 1 列的第 2 个样式。

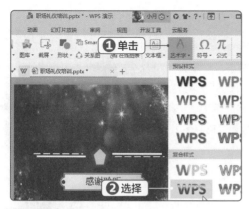

STEP 2 输入艺术字

❶输入文字"2017";❷选择插入的艺术字文本框并拖动鼠标将其移至正五边形的上方。

2. 编辑艺术字

编辑艺术字是指对艺术字的文本填充颜色、文本效果、文本轮廓以及预设样式等进行设置。下面将在"职场礼仪培训.pptx"演示文稿中更改文本的填充颜色和为文本添加弯曲效果,其具体操作步骤如下。

STEP 1 填充文本颜色

保持插入艺术字的选择状态,单击"文本工具"选项卡中的"文本填充"按钮,为文本填充最近使用的"白色,背景 1"颜色。

STEP 2 设置文本效果

❶单击"文本工具"选项卡中的"文本效果"按钮;❷在打开的列表中选择"转换"选项;❸再在打开的列表中选择"弯曲"栏中的"倒 V 形"选项。

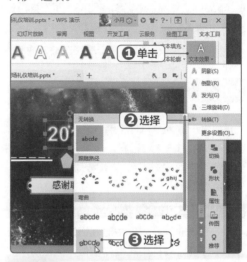

STEP 3 查看设置后的效果

此时,插入的艺术字将应用所设置的文本颜色和弯曲效果。

🏃 技巧秒杀

快速更改艺术字的文本效果

在幻灯片中,如果用户对应用的文本效果不满意,则可以单击艺术字文本框右侧的"转换"按钮,在打开的列表中重新选择所需要的文本转换效果。

10.2 编辑"项目分析"演示文稿

云帆集团将于 12 月底召开项目总结大会，分析近半年来公司的主要产品在二级市场中的占有情况，以此来部署新的战略方针和政策，为集团未来的发展奠定坚实的基础。需要从市场分布情况、市场销售情况和季度推广计划等方面着手，制作"项目分析"演示文稿。本例中涉及的操作主要是在幻灯片中插入、编辑和美化表格与图表。

10.2.1 插入并编辑表格

在 WPS 演示软件中插入并编辑表格的操作与在 WPS 文字软件中插入并编辑表格的方法大致相同。在 WPS 演示软件中插入表格能使演示文稿更丰富且直观，在插入表格后，还需要对其进行编辑，使其与演示文稿的主题相符。

微课：插入并编辑表格

1. 插入表格

在 WPS 演示软件中对表格的各种操作与在 WPS 文字软件中的操作相似，但在演示文稿中可以通过单击占位符中的"插入表格"按钮来插入表格，而在 WPS 文字软件中则只能通过直接绘制，或者设置表格的行列的方式插入。下面将在"项目分析 .pptx"演示文稿中插入表格，其具体操作步骤如下。

STEP 1 插入表格

❶打开素材文件"项目分析 .pptx"演示文稿，选择第 3 张幻灯片；❷单击文本占位符中的"插入表格"按钮。

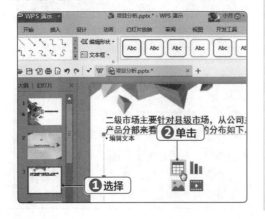

STEP 2 设置行数和列数

❶打开"插入表格"对话框，在"行数"数值框中输入"6"；❷在"列数"数值框中输入"2"；❸单击"确定"按钮。

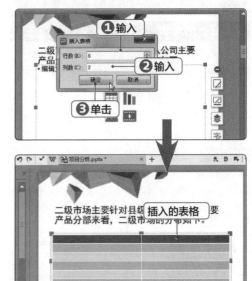

STEP 3 调整行高

将鼠标指针移动到插入的表格第一行的下边框上，按住鼠标左键不放向下拖动，调整表格的

第3篇

的行高。

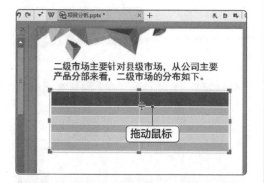

2. 设置表格样式

　　设置表格的样式可以使表格更加美观，也使表格看起来更加专业。下面将在"项目分析 .pptx"演示文稿中设置表格的样式，其具体操作步骤如下。

STEP 1 选择预设样式

在幻灯片中插入表格后，单击"表格样式"选项卡，在其中的"预设样式"列表中选择"中度样式 2- 强调 3"选项。

> **技巧秒杀**
>
> 自定义表格样式
>
> 在"表格样式"选项卡中单击"填充"按钮，可以对插入表格的填充颜色进行设置；单击"效果"按钮，则可以对表格的阴影和倒影效果进行设置。

STEP 2 设置表格阴影效果

❶保持插入表格的选择状态，单击"表格样式"选项卡中的"效果"按钮；❷在打开的列表中选择"阴影"选项；❸再在打开的列表中选择"外部"栏中的"向右偏移"选项。

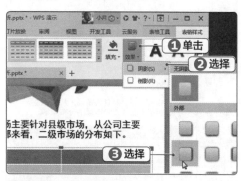

STEP 3 设置表格边框

❶单击"表格样式"选项卡中的"笔划粗细"按钮右侧的下拉按钮；❷在打开的列表中选择"2.25 磅"选项。

STEP 4 选择边框

❶单击"表格样式"选项卡中"边框"按钮右侧的下拉按钮；❷在打开的列表中选择"外侧框线"选项。

> **技巧秒杀**
>
> 清除表格样式
>
> 单击"表格样式"选项卡中的"清除表格样式"按钮，可以将当前表格所应用的填充颜色、 边框样式、文本样式、效果等设置全部清除。

题颜色"栏中的"白色,背景1"选项。

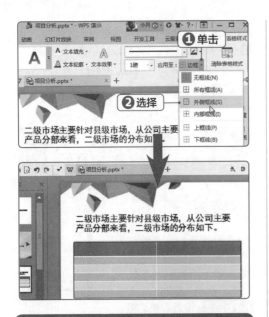

3. 编辑表格

表格的编辑操作与在 WPS 文字软件中的操作基本相同。下面将在"项目分析.pptx"演示文稿中通过插入单元格和设置单元格中文本格式来编辑表格,其具体操作步骤如下。

STEP 1 插入行

❶将光标定位至插入表格的最后一行的第一个单元格中;❷单击"表格工具"选项卡中的"在下方插入行"按钮。

STEP 3 设置单元格边框

❶单击"表格样式"选项卡中"边框"按钮右侧的下拉按钮;❷在打开的列表中选择"上框线"选项。

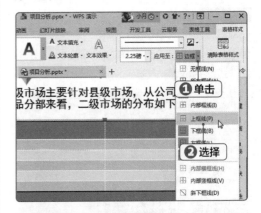

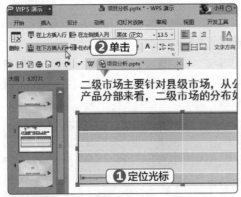

STEP 2 设置表格边框颜色

❶单击"表格样式"选项卡中"笔颜色"按钮右侧的下拉按钮;❷在打开的列表框中选择"主

技巧秒杀

设置单元格填充效果

在幻灯片中选择插入表格中要设置的单元格,单击"表格样式"选项卡中的"填充"按钮下方的下拉按钮,在打开的列表中可以为单元格设置渐变、图案、图片或纹理等效果。

STEP 4 输入文本内容

将光标定位至表格中,分别输入标题和正文内容。

第3篇

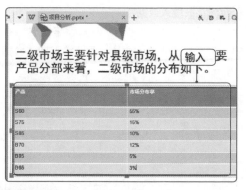

STEP 5 设置文字显示方式

❶选择幻灯片中的表格；❷单击"表格工具"选项卡中的"水平居中"按钮，将表格中的文字设置为水平和垂直居中显示。

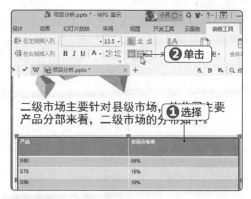

STEP 6 设置字体大小

❶选择表格中的第一行；❷单击"表格工具"

选项卡中"字号"按钮右侧的下拉按钮；❸在打开的列表中选择"20"选项。

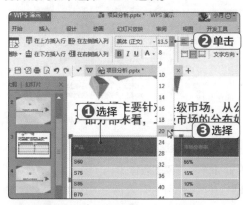

STEP 7 继续设置字号

按照相同的操作方法，将表格中剩余文本的字号设置为"16"。

10.2.2 插入与编辑图表

当制作的演示文稿中需要用到数据时，简单的表格将显得太过单调，此时，就需要在幻灯片中插入不可缺少的图表元素。常用的图表有柱形图、饼图和折线图等。下面将介绍在演示文稿中插入和编辑图表的相关操作。

微课：插入与编辑图表

1. 插入图表

在 WPS 演示软件中插入与编辑图表的操作与在 WPS 表格软件中的操作基本相同。下面将在"项目分析 .pptx"演示文稿中插入图表，

其具体操作步骤如下。

STEP 1 插入图表

❶选择"幻灯片"窗格中的第 5 张幻灯片；
❷单击"插入"选项卡中的"图表"按钮。

第3篇

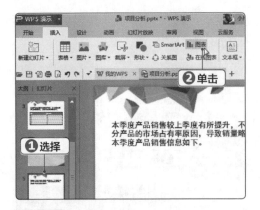

STEP 2 选择图表样式

❶打开"插入图表"对话框，选择左侧列表中的"折线图"选项；❷单击"确定"按钮。

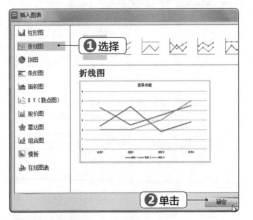

STEP 3 编辑图表中的数据

此时，幻灯片中将显示插入的折线图，单击"图表工具"选项卡中的"编辑数据"按钮。

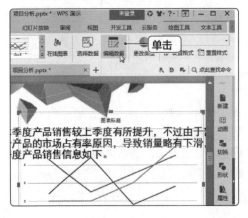

STEP 4 输入数据

此时，系统将自动启动 WPS 表格软件，在其中按照制作表格的方法，重新输入新的数据信息。

STEP 5 选择数据源

将鼠标指针定位至蓝色边框的右下角，按住鼠标左键不放拖动至 D7 单元格后释放鼠标，然后关闭 WPS 表格软件。

STEP 6 查看插入的图表

返回 WPS 演示工作界面，在第 5 张幻灯片中插入的图表将自动显示刚输入的数据信息。

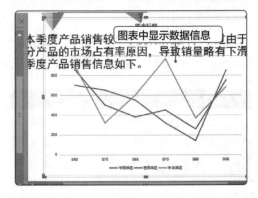

2. 编辑图表元素

对于插入到幻灯片中的图表，在 WPS 演示软件中还能够自定义图表中的各项元素内容。下面将在"项目分析 .pptx"演示文稿中编辑图表元素，其具体操作步骤如下。

STEP 1 调整图表的大小

在幻灯片中通过拖动图表右上角的控制点来调整图表的大小。

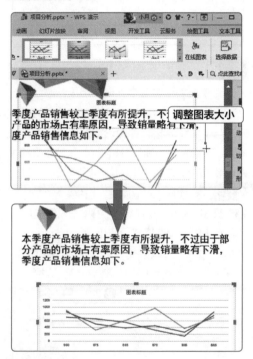

STEP 2 调整图表的位置

在幻灯片中拖动图表，将其位置调整到幻灯片的中间位置。

STEP 3 添加纵向轴标题

❶选择插入幻灯片中的图表；❷单击"图表工具"选项卡中的"添加元素"按钮；❸在打开的列表中选择【轴标题】/【主要纵向坐标轴】选项。

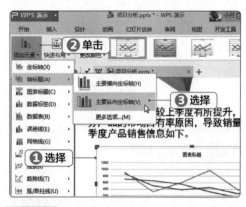

STEP 4 添加数据标签

❶选择图表中"华北地区"的数据标签；❷再次单击"添加元素"按钮；❸在打开的列表中选择【数据标签】/【居中】选项。

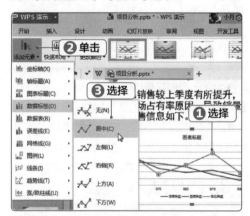

技巧秒杀

对图表元素进行快速布局

在幻灯片中插入图表后，单击"图表工具"选项卡中的"快速布局"按钮，在打开的列表中选择任意一种布局，可以快速更改图表的整体布局。

STEP 5 输入图表标题

单击图表中的"图表标题"元素，输入文本"二季度产品销售统计"。

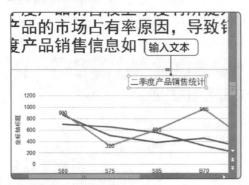

STEP 6 输入轴标题

继续在"坐标轴标题"元素中输入文本"销量"。

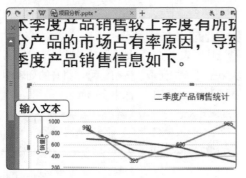

STEP 7 添加趋势线

❶选择图表中"华南地区"的数据标签；❷继续单击"图表工具"选项卡中的"添加元素"按钮；❸在打开的列表中选择【趋势线】/【线性】选项。

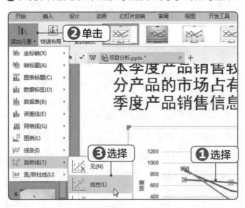

STEP 8 查看添加的趋势线

此时，图表中将显示添加的华南地区的趋势线。

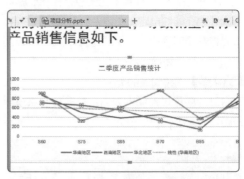

3. 设置图表样式

对于图表中的各个元素，用户还可以自定义其填充颜色、边框样式及形状效果，其操作方法与 WPS 表格软件中设置图表样式的方法一致。下面将在"项目分析 .pptx"演示文稿中设置图表的样式，其具体操作步骤如下。

STEP 1 打开"对象属性"窗格

❶选择图表中的"绘图区"；❷单击"图表工具"选项卡中的"设置格式"按钮。

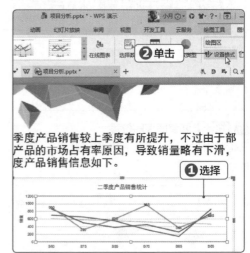

STEP 2 设置渐变填充效果

打开"对象属性"窗格，单击选中"填充与线条"选项卡中的"渐变填充"单选项。

第3篇

黑，加粗"。

STEP 3 设置文本格式

❶选择插入图表的"图表区"；❷在"文本工具"选项卡中将图表中的文本格式设置为"微软雅

新手加油站

1. 快速替换图片

这个技巧非常的实用，因为在制作演示文稿时，经常可能利用以前制作好的演示文稿作为模板，通过修改文字和更换图片就能快速制作出新的演示文稿。但在更换图片的过程中，有些图片已经编辑得非常精美，更换图片后，并不一定可以得到同样的效果，此时就需要通过快速替换图片的方法来替换图片，只是替换图片，而图片的质感、样式和位置都与原图片保持一致，其具体操作步骤如下。

❶ 在幻灯片中选择需要替换的图片，然后单击"图片工具"选项卡中的"更改图片"按钮，或在所选图片上单击鼠标右键，在弹出的快捷菜单中选择"更改图片"命令。

❷ 打开"更改图片"对话框，选择要替换的图片后，单击"打开"按钮即可。如下图所示为快速替换图片的前后效果对比，其图片样式都是"对角圆角矩形"，位置和大小也未发生变化。

2. 遮挡图片

遮挡图片类似于裁剪图片，裁剪图片和遮挡图片都只保留图片的一部分内容，不同的是遮挡图片是利用形状来替换图片的一部分内容。遮挡图片的形状可以是矩形、三角形、曲线或者其他形状，甚至可以是另一张图片。

遮挡图片的设计经常运用在广告图片、公司介绍等类型的演示文稿中，使用形状遮挡图片后，通常需要在形状上添加一定的文字，对图片所表达的内容进行解释和说明，其中形状的单一颜色通常能集中观众的注意力，起到很好的强调作用，而遮挡图片后，幻灯片中的背景和文字形成强烈的对比。下图所示为一张具有遮挡效果的图片。

该图片中使用了纯色填充＋透明度为50%的方法来遮挡了部分背景图片，使文本内容更加突出，让人过目不忘

3. 表格排版

表格的组成要素很多，包括长宽、边线、空行、底纹和方向等，通过改变这些要素，可以创造出不同的表格版式，从而达到美化表格的目的。下面将介绍几种商务演示文稿中常用的表格排版方式。

● 全屏排版：使表格的长宽与幻灯片大小完全一致。

飓风国际员工退休金发放待遇缴费年限规定			
2015年最新规定			
退休金发放年限	公司工作年限	累计缴纳社保年限	享受待遇
2014	20	10	
2015	21	11	
2016	22	12	全额退休金＋基本医疗保险＋重大疾病保险（50万由代买）＋0.01公司股份
2017	23	13	
2018	24	14	
2019	25	15	

欠缴员工退休时不满缴费年期的，需继续缴费至规定年限：
　　享受待遇不包括公司股份和重大疾病保险；
　　如果工作年限没有达到时，退休金将减少80%，且不享受公司股份和重大疾病保险

观看左图幻灯片时，表格的底纹和线条刚好成为阅读的引导线，比普通表格更加吸引观众的注意力

● 开放式排版：开放式就是擦除表格的外侧框线和内部的竖线或者横线，使表格由单元格组合变成行列组合。

第3篇

右图的表格排版会让观众自动沿线条进行观看，由于没有边框，观看时就没有停顿，连续性很强

- 竖排式排版：利用与垂直文本框相同的排版方式排版表格。

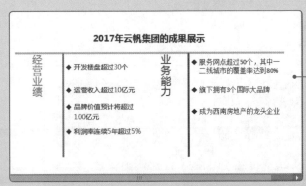

左图中表格的竖排与横排的搭配，非常清楚地显示了重点内容，利用标题和引导线的不同颜色，增加了表格的可观看性，吸引了观众的注意

高手竞技场

1. 制作"产品销售总结"的销量幻灯片

在"产品销售总结 .pptx"演示文稿中制作销量幻灯片，具体要求如下。

- 在"销售记录表"幻灯片中插入一个 5 列 8 行的表格，在表格中输入文本内容。
- 为插入的表格应用预设的"线色样式 1- 强调 1"样式。
- 单击"效果"按钮，为表格应用"外部"栏中的"向下偏移"阴影效果。

2. 编辑"产品展示"演示文稿

打开素材文件"产品展示.pptx"演示文稿,然后对幻灯片进行编辑,具体要求如下。

- 选择"幻灯片"窗格中的第 2 张幻灯片,插入提供的素材图片"封面",然后单击两次"图片工具"选项卡中的"下移一层"按钮,将图片下移至文字对象下方。
- 在第 4 张幻灯片中插入 3 张图片,将其高度均设置为"3.5 厘米",然后适当移动图片。
- 将插入的图片按"圆角矩形"的形状进行裁剪,然后同时选择 3 张图片并按"纵向分布"和"向下对齐"方式进行对齐设置。
- 组合插入的 3 张图片,然后在第 5 张幻灯片中绘制一个矩形,并将其边框设置为"1.5 磅,白色"样式,将其填充颜色设置为"无"。
- 复制两个设置好的矩形,然后将其移至幻灯片中的适当位置。

WPS 演示制作

第 11 章
丰富幻灯片的内容

为了使制作的演示文稿更加具有吸引力，除了在幻灯片中添加图片、形状、表格以及图表等对象外，还可以为幻灯片导入声音和视频，对幻灯片的内容进行声音和视频的表述，同时也可以为演示文稿添加一些形象生动的幻灯片切换或对象元素的动画效果，让演示文稿有声有色。

本章重点知识

☐ 插入音频

☐ 裁剪与设置音频属性

☐ 插入视频

☐ 编辑视频

☐ 为幻灯片添加动画

☐ 自定义动画

11.1 为"周年庆活动"演示文稿应用多媒体

百德翼有限公司企划部的小帆为公司三周年的庆典活动制作了一个演示文稿，经部门经理审阅之后经理让他将演示文稿的内容和展现方式再进行适当地调整，满足观众在视觉和听觉上的感受。因此，小帆便为演示文稿新增了音频与视频对象。本例中涉及的操作主要是在演示文稿中插入与编辑音频与视频文件，下面进行详细介绍。

11.1.1 添加音频

在幻灯片中可以添加声音，以达到强调或实现特殊效果的目的，同时，声音的插入也会使演示文稿的内容更加丰富。在 WPS 演示软件中，可以插入计算机中保存的音频文件。

微课：添加音频

1. 插入音频

通常在幻灯片中插入的音频都是计算机中保存的音频文件，插入的方法与在幻灯片中插入图片类似。下面将在"周年庆活动 .pptx"演示文稿中插入计算机中的音频文件，其具体操作步骤如下。

STEP 1 插入音频

❶打开素材文件"周年庆活动 .pptx"演示文稿，选择"幻灯片"窗格中的第 1 张幻灯片；❷单击"插入"选项卡中的"音频"按钮。

STEP 2 选择音频文件

❶打开"插入音频"对话框，选择插入音频文件的保存路径；❷在打开的列表框中选择"背

景音乐 .mp3"选项；❸单击"打开"按钮。

STEP 3 查看插入的音频

返回 WPS 演示工作界面，在幻灯片中将显示一个声音图标和一个播放音频的浮动工具栏。

2. 裁剪与设置音频

在幻灯片中插入所需的声音文件后，WPS 演示工作界面中将自动创建一个音频图标，并自动打开"音频工具"选项卡，在其中可以对声音进行编辑与控制，如设置音量、裁剪声音和设置播放方式等。下面将在"周年庆活动 .pptx"演示文稿中编辑插入的音频文件，其具体操作步骤如下。

STEP 1 设置音量

❶在第 1 张幻灯片中选择音频图标；❷单击"音频工具"选项卡中的"音量"按钮；❸在打开的列表中选择"高"选项。

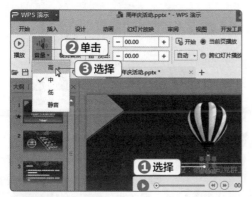

STEP 2 裁剪音频

保持音频图标的选择状态，单击"音频工具"选项卡中的"裁剪音频"按钮。

STEP 3 设置音频结束时间

❶打开"裁剪音频"对话框，在"结束时间"数值框中输入"00:12.18"；❷单击"确定"按钮。

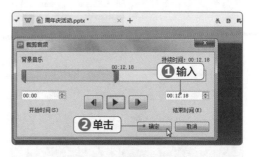

🏃 技巧秒杀

利用滑块裁剪音频

在"裁剪音频"对话框中拖动其中的"绿色"滑块可以设置音频的开始时间；拖动红色滑块可以设置音频的结束时间。

STEP 4 设置音频淡出效果

在"音频工具"选项卡中的"淡出"数值框中输入"00.50"。

STEP 5 设置音频选项

在"音频工具"选项卡中单击选中"放映时隐藏"复选框。

🔍 操作解谜

为什么要单击选中"播放时隐藏"复选框

在通常情况下，如果不将音频图标拖到幻灯片之外，将会一直显示音频图标，播放时也会显示。只有单击选中"播放时隐藏"复选框，在放映时才会隐藏音频图标。

试听编辑后的音频。

STEP 6　播放音频

单击"音频工具"选项卡中的"播放"按钮，

11.1.2　添加视频

除了可以在幻灯片中插入声音，还可以插入视频，在放映幻灯片时，便可以直接在幻灯片中放映影片，使幻灯片更加丰富多彩。下面将介绍在幻灯片中插入视频的方法。

微课：添加视频

1. 插入视频

和插入音频类似，通常在幻灯片中插入的视频都是计算机中的视频文件，其操作也与插入音频相似。下面将在"周年庆活动 .pptx"演示文稿中插入计算机中的视频文件，其具体操作步骤如下。

STEP 1　插入视频

❶选择第 7 张幻灯片；❷单击占位符中的"插入视频"按钮。

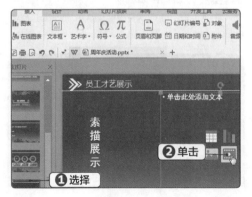

STEP 2　选择视频文件

❶打开"插入视频"对话框，选择插入视频文件的保存路径；❷在打开的列表框中选择"小朋友素描"选项；❸单击"打开"按钮。

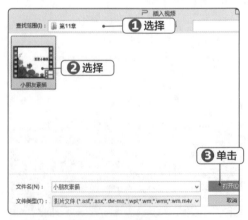

STEP 3　查看插入的视频

返回 WPS 演示工作界面，在幻灯片中将显示视频画面和一个播放视频的浮动工具栏。

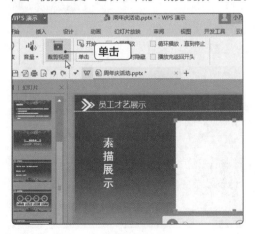

技巧秒杀

播放插入的视频

成功在幻灯片中插入视频后，单击浮动工具栏中的"播放"按钮，则可以快速播放插入的视频文件。

2. 编辑视频

编辑视频不仅可以剪裁视频文件，还可以像编辑图片一样，编辑视频的样式、在幻灯片中的排列位置和大小等，以增强视频文件的播放效果。下面将在"周年庆活动 .pptx"演示文稿中编辑插入的视频文件，其具体操作步骤如下。

STEP 1 裁剪视频

单击"视频工具"选项卡中的"裁剪视频"按钮。

STEP 2 设置裁剪时间

❶打开"裁剪视频"对话框，拖动"开始时间"滑块至"00:03.01"；❷拖动"结束时间"滑块至"00:20.81"；❸单击"确定"按钮。

STEP 3 设置播放选项

❶保持插入视频的选择状态，单击"视频工具"选项卡中"开始"按钮右侧的下拉按钮；❷在打开的列表中选择"自动"选项。

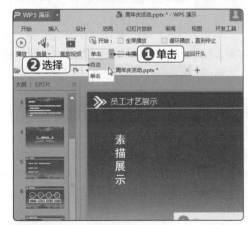

STEP 4 设置图片效果

❶单击"图片工具"选项卡中的"图片效果"按钮；❷在打开的列表中选择"发光"选项；

❸再在打开的列表中选择"橙色，18pt 发光，着色 4"选项。

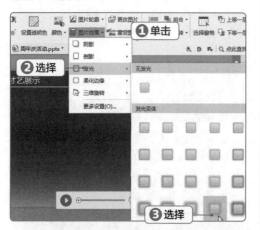

技巧秒杀

插入网络视频

在 WPS 演示软件中不仅可以插入计算机中保存的视频，而且还能插入在线视频。

方法为：单击"插入"选项卡中的"视频"按钮下方的下拉按钮，在打开的列表中选择"网络视频"选项，打开"插入网络视频"对话框，在显示的文本框中输入网络视频的地址后，单击"插入"按钮，即可在当前幻灯片中成功插入网络视频。

11.2 为"庆典策划"演示文稿添加动画

实景家居在嘉年华城商场正式开业了，为了提升知名度，实景家居需要举办一次盛大的开业庆典。于是公司的企划部制作了一个"庆典策划"演示文稿，并在公司大会上进行演示播放。本例中涉及的操作主要是在演示文稿中设置动画效果，设置的动画包括幻灯片中各种元素和内容的动画。

11.2.1 设置幻灯片动画

设置幻灯片动画是指在幻灯片中为文本、文本框、占位符、图片和表格等对象添加标准的动画效果，还可以添加自定义的动画效果，使其以不同的动态方式出现在屏幕中。

微课：设置幻灯片动画

1. 添加动画效果

在幻灯片中选择一个对象后，便可以给该对象添加一种自定义动画效果，如进入、强调、退出和动作路径中的任意一种动画效果。下面将在"庆典策划.pptx"演示文稿中为幻灯片中的对象添加动画效果，其具体操作步骤如下。

STEP 1 打开任务窗格

❶打开素材文件"庆典策划.pptx"演示文稿，选择第 1 张幻灯片；❷单击"开始"选项卡中

的"选择窗格"按钮。

STEP 2　自定义动画

❶在"选择窗格"窗格中选择"任意多边形 5"选项；❷单击"动画"选项卡中的"自定义动画"按钮。

技巧秒杀

快速打开"自定义动画"窗格

在 WPS 演示工作界面中单击工作界面右侧列表中的"动画"按钮，可以快速打开"自定义动画"窗格。

STEP 3　选择进入动画样式

❶单击"自定义动画"窗格中的"添加效果"按钮；❷在打开的列表中选择"进入"选项；❸再在打开的列表中选择"飞入"选项。

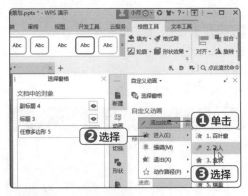

STEP 4　继续添加动画

❶在"选择窗格"窗格中选择"标题 3"选项；❷单击"自定义动画"窗格中的"添加效果"

按钮；❸在打开的列表中选择"进入"选项；❹再在打开的列表中选择"百叶窗"选项。

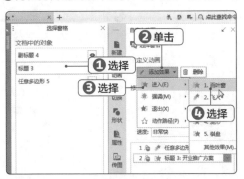

STEP 5　继续添加动画

按照相同的操作方法，为第 1 张幻灯片中的"副标题 4"对象添加"百叶窗"样式的进入动画。

STEP 6　添加其他动画

❶选择第 2 张幻灯片，选择"选择窗格"窗格中的"标题 3"选项；❷单击"自定义动画"窗格中的"添加效果"按钮；❸在打开的列表中选择"进入"选项；❹再在打开的列表中选择"其他效果"选项。

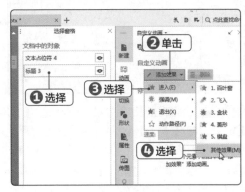

STEP 7　选择进入效果

❶打开"添加进入效果"对话框，选择"温和型"栏中的"升起"选项；❷单击"确定"按钮。

STEP 8　继续添加进入动画

❶选择"文本占位符4"选项 ❷单击"添加效果"按钮；❸在打开的列表中选择【进入】/【棋盘】选项。

技巧秒杀

预览动画

添加动画后如果没有预览到动画效果，可以单击"动画"选项卡中的"预览效果"按钮，预览动画效果。

STEP 9　添加强调动画效果

❶选择"幻灯片"窗格中的最后一张幻灯片，在"选择窗格"窗格中选择"标题2"选项；❷单击"添加效果"按钮；❸在打开的列表中选择"强调"选项；❹再在打开的列表中选择"陀

螺旋"选项。

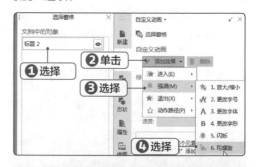

操作解谜

为一个对象添加多个动画

在幻灯片中还可以为对象设置多个动画效果，方法是：在设置单个动画之后，再次选择添加动画后的对象，然后单击"自定义动画"窗格中的"添加效果"按钮，在打开的列表中选择所需动画样式，即可为单个对象再次添加一个动画效果，按照相同的方法，可以继续为单个对象添加多个动画。

2. 设置动画效果

为幻灯片中的文本或对象添加动画效果后，还可以对其进行一定的设置，如动画的开始时间、方向和速度等。下面将在"庆典策划.pptx"演示文稿中为添加的动画设置效果，其具体操作步骤如下。

STEP 1　设置动画开始时间

❶选择"自定义动画"窗格中的第2个动画选项；❷单击"开始"选项后的下拉按钮；❸在打开的列表中选择"之后"选项。

操作解谜

动画的开始方式

选择"单击时"选项表示要单击一次鼠标后才开始播放该动画；选择"之前"选项表示设置的动画将与前一个动画同时播放；选择"之后"选项表示设置的动画将在前一个动画播放完毕后自动开始播放。

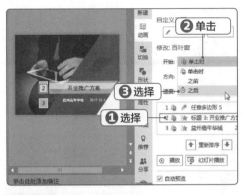

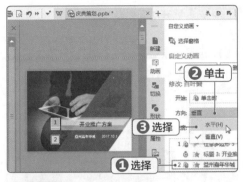

STEP 2 设置动画的速度

❶单击"自定义动画"窗格中"速度"选项后的下拉按钮；❷在打开的列表中选择"中速"选项。

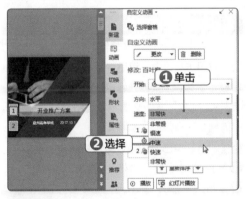

STEP 3 设置动画方向

❶选择"自定义动画"窗格中的第 3 个选项（其序号为 2）；❷单击"自定义动画"窗格中的"方向"选项后的下拉按钮；❸在打开的列表中选择"水平"选项。

STEP 4 播放设置后的动画

单击"自定义动画"窗格中的"播放"按钮，查看设置动画后的效果。

技巧秒杀

设置动画的播放顺序

一张幻灯片中动画的播放顺序是按照添加的顺序进行的，如果要改变播放顺序，只需单击"自定义动画"窗格中的"上移"或"下移"按钮。

11.2.2 设置幻灯片切换动画

幻灯片切换动画是指在幻灯片放映过程中从一张幻灯片切换到下一张幻灯片时出现的动画效果。下面将详细讲解设置幻灯片切换动画的基本方法，如切换效果、换片方式等。

1. 添加切换动画

普通的两张幻灯片之间没有设置切换动画，但在制作演示文稿的过程中，用户可根据需要

添加切换动画，这样可提升演示文稿的吸引力。下面将在"庆典策划.pptx"演示文稿中设置幻灯片切换动画，其具体操作步骤如下。

微课：设置幻灯片切换动画

STEP 1 展开动画列表

❶选择第 1 张幻灯片；❷单击"动画"选项卡中的"展开"按钮。

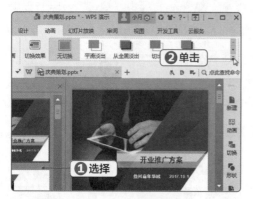

STEP 2 选择切换动画样式

在打开的"切换效果"列表中选择"擦除"栏中的"右上展开"选项。

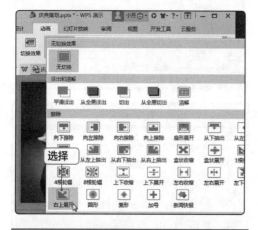

技巧秒杀

删除动画

如果要删除应用的切换动画，选择应用了切换动画的幻灯片，在"切换效果"列表中选择"无切换"选项，即可删除应用的切换效果。

STEP 3 继续添加切换动画

选择除第 1 张幻灯片外的所有幻灯片，再次打开"切换效果"列表，选择"擦除"栏中的"从

左抽出"选项。

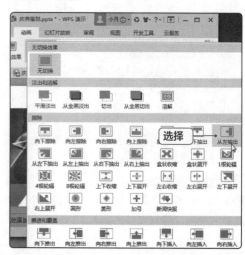

2. 设置切换动画效果

为幻灯片添加切换效果后，还可对所选的切换效果进行设置，包括设置切换声音、速度、切换方式以及更改切换效果等。下面将在"庆典策划 .pptx"演示文稿中设置幻灯片切换动画的效果，其具体操作步骤如下。

STEP 1 单击"切换效果"按钮

❶选择"幻灯片"窗格中的第 3 张幻灯片；❷单击"动画"选项卡中的"切换效果"按钮。

STEP 2 设置切换声音

❶在"修改切换效果"栏中单击"声音"选项后的下拉按钮；❷在打开的列表中选择"打字机"选项。

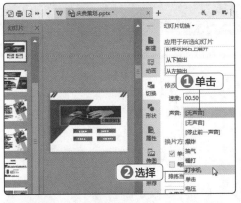

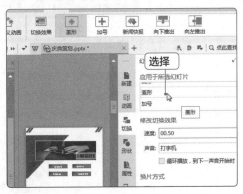

更改幻灯片的切换效果。

STEP 3 设置切换样式

在"应用于所选幻灯片"列表中选择"菱形"选项，

新手加油站

1. 设置不断放映的动画效果

为幻灯片中的对象添加动画效果后，该动画效果将采用系统默认的播放方式，即自动播放一次，而在实际工作中有时需要将动画效果设置为不断重复放映的动画效果，从而实现动画效果的连贯性。其方法很简单，在"自定义动画"窗格中单击该动画选项右侧的下拉按钮，在打开的列表中选择"效果选项"选项，在打开对话框的"计时"选项卡的"重复"下拉列表框中选择"直到下一次单击"选项，动画会连续不断的播放。

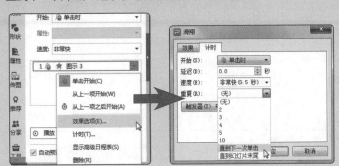

2. 添加动作路径动画

"动作路径"动画效果是自定义动画效果中的一种表现方式，可为对象添加某种常用路径的动画效果，如"向上""向下""向左""向右"的动作路径。添加方法很简单，即在幻灯片中选择要设置的对象后，单击"自定义动画"窗格中的"添加效果"按扭，在打开的列表中选择"动作路径"选项，再在打开的列表中选择所需的动作路径即可。

高手竞技场

1. 编辑"音乐之声"演示文稿

在"音乐之声.pptx"演示文稿中添加并设置音频文件，具体要求如下。

- 在"音乐之声.pptx"演示文稿的第1张幻灯片中插入素材文件"交响乐背景.mp3"。
- 单击"音频工具"选项卡中的"音量"按钮，将音量设置为"高"。
- 单击选中"音频工具"选项卡中的"循环播放，直至停止"复选框和"放映时隐藏"复选框。

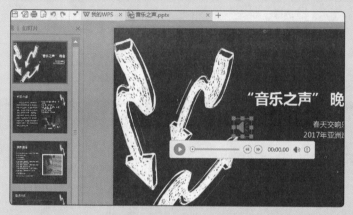

2. 编辑"升级改造方案"演示文稿

打开素材文件"升级改造方案.pptx"演示文稿，然后添加幻灯片切换和动画效果，具体要求如下。

- 选择"幻灯片"窗格中的第1张和最后一张幻灯片，选择"动画"选项卡中的"向右擦除"切换效果。
- 选择第2张幻灯片，为3张图片应用"飞入"效果，将左上侧的图片飞入方向设置为"自底部"，将其余两张图片的飞入方向设置为"自左侧"。
- 为第6张幻灯片中图片和文本分别添加"圆形扩展"和"随机线条"效果。

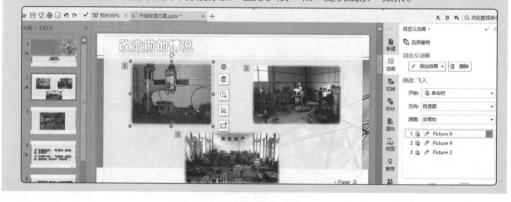

WPS 演示制作

第 12 章
交互与放映演示文稿

通过超链接、动作按钮和触发器为幻灯片设置交互应用，能够使演示文稿的展示更加多样化，让幻灯片中的内容更具有连贯性。而在演示文稿制作完成后，可对演示文稿中的幻灯片和内容进行放映或讲解，这也是制作演示文稿的最终目的。为了使用方便，用户可对演示文稿进行打包、输出与发布操作，以达到共享演示文稿的目的。

本章重点知识

☐ 创建和编辑超链接

☐ 设置动画样式

☐ 设置触发器

☐ 放映演示文稿

☐ 将演示文稿转换为 PDF 文档

☐ 将演示文稿打包

12.1 制作"年终总结会议"演示文稿

联美新达有限公司即将召开一年一度的集团高层会议，在会上领导们想要对今年的财务决算方案和利润分配方案进行了解，因此，财务部的小汪做出了一份"年终总结会议"演示文稿。在制作演示文稿的过程中，主要涉及的操作包括超链接、动作按钮和触发器的应用，即交互式演示文稿的制作。

12.1.1 创建和编辑超链接

一般情况下，放映幻灯片是按照默认的顺序依次放映，如果在演示文稿中创建超链接，便可以通过单击链接对象，跳转到其他幻灯片、电子邮件或其他文件中。下面将详细讲解在演示文稿中创建和编辑超链接的方法。

微课：创建和编辑超链接

1. 绘制动作按钮

在 WPS 演示软件中，动作按钮的作用是当单击或鼠标指向这个按钮时产生某种效果，例如链接到某一张幻灯片、某个文件，或播放某种音效等，类似于超链接。下面将在"年终总结会议 .pptx"演示文稿中绘制动作按钮，其具体操作步骤如下。

STEP 1 选择动作按钮

❶打开素材文件"年终总结会议 .pptx"演示文稿，选择"幻灯片"窗格中的第 2 张幻灯片；❷单击"插入"选项卡中的"形状"按钮，在打开的列表中选择"动作按钮"栏中的"第一张"选项。

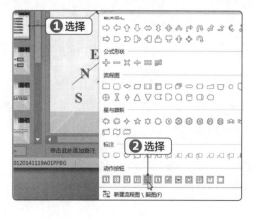

STEP 2 绘制动作按钮

❶在幻灯片右下角拖动鼠标绘制按钮；❷在打开的"动作设置"对话框中单击"确定"按钮。

操作解谜

通过动作按钮创建超链接

在绘制动作按钮后，WPS 演示软件自动将一个超链接功能赋予该按钮，如上图中单击该按钮，将链接到第 1 张幻灯片。如果需要改变链接的对象，可以在上图对话框的"超链接到"下拉列表框中选择其他选项，如选择"结束放映"选项，单击该按钮即可执行结束放映操作。

STEP 3 继续选择动作按钮

单击"插入"选项卡中的"形状"按钮,在打开的列表中选择"动作按钮"栏中的"后退或前一项"选项。

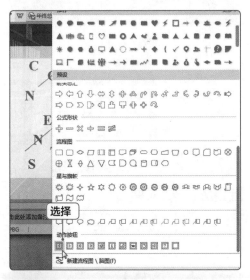

STEP 4 绘制动作按钮

❶ 在"第一张"按钮右侧绘制动作按钮;❷ 在打开的"动作设置"对话框中单击"确定"按钮。

STEP 5 继续选择动作按钮

单击"插入"选项卡中的"形状"按钮,在打开的列表中选择"动作按钮"栏中的"前进或下一项"选项。

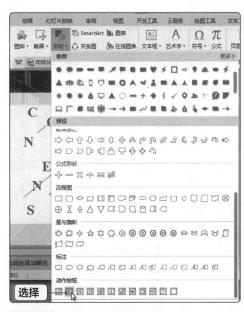

STEP 6 继续绘制动作按钮

❶ 在"后退或前一项"按钮的左侧绘制动作按钮;❷ 在打开的"动作设置"对话框中单击"确定"按钮。

2. 为动作按钮添加超链接

为动作按钮添加超链接包括调整超链接的对象，设置超链接的动作等。下面将在"年终总结会议.pptx"演示文稿中设置动作按钮的链接对象和提示音，其具体操作步骤如下。

STEP 1 编辑超链接

❶在第 2 张幻灯片的"第一张"按钮上单击鼠标右键；❷在弹出的快捷菜单中选择"编辑超链接"命令。

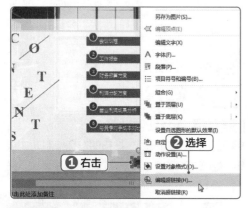

STEP 2 选择链接对象

❶打开"编辑超链接"对话框，在"请选择文档中的位置"列表框中选择"2.幻灯片 2"选项；❷单击"确定"按钮。

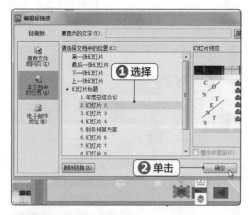

STEP 3 设置动作链接

❶选择第 2 张幻灯片中绘制的"前进或下一项"按钮；❷单击"插入"选项卡中的"动作"按钮。

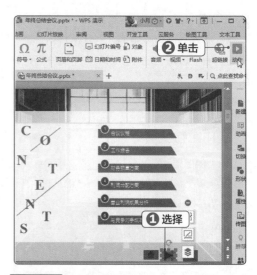

STEP 4 选择链接对象

❶打开"动作设置"对话框，在"超链接到"下拉列表中选择"幻灯片"选项；❷单击"确定"按钮。

技巧秒杀

设置鼠标移动时的动作

在"动作设置"对话框中单击"鼠标移过"选项卡，在"超链接到"下拉列表中选择要链接的对象后，将鼠标指针移至绘制的动作按钮上，即可跳转到指定的对象中。

第 3 篇

STEP 5 选择要链接的幻灯片

❶打开"超链接到幻灯片"对话框，在"幻灯片标题"列表中选择"7. 幻灯片 7"选项；❷单击"确定"按钮。

STEP 6 选择播放声音

❶返回"动作设置"对话框，单击选中"播放声音"复选框；❷在复选框下方的下拉列表中选择"打字机"选项；❸单击"确定"按钮。

技巧秒杀

为动作按钮设置其他声音

在"播放声音"下拉列表中选择"其他声音"选项，可以将计算机中的音频文件设置为单击动作按钮时播放的声音。

STEP 7 单击"超链接"按钮

❶选择第 2 张幻灯片中绘制的"后退或前一项"按钮；❷单击"插入"选项卡中的"超链接"按钮。

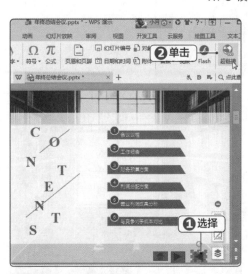

STEP 8 选择链接对象

❶打开"编辑超链接"对话框，在"请选择文档中的位置"列表框中选择"8. 幻灯片 8"选项；❷单击"确定"按钮。

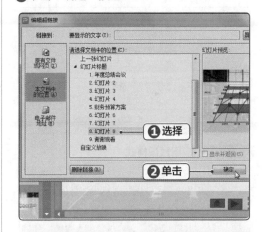

3. 设置动作按钮样式

在 WPS 演示软件中，动作按钮也属于形状的一种，因此也可以像形状一样设置其样式。下面将在"年终总结会议 .pptx"演示文稿中设置动作按钮的样式，其具体操作步骤如下。

STEP 1 调整动作按钮的高度

❶同时选择第 2 张幻灯片中绘制的 3 个动作按钮；❷在"绘图工具"选项卡的"高度"数值

框中输入"1厘米"。

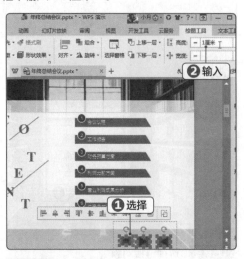

STEP 2　设置对齐方式

保持动作按钮的选择状态，单击按钮上方浮动
工具栏中的"横向分布"按钮。

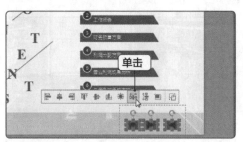

STEP 3　应用预设样式

在"绘图工具"选项卡中的预设样式列表中选
择"强烈效果 – 巧克力黄，强调颜色3"选项。

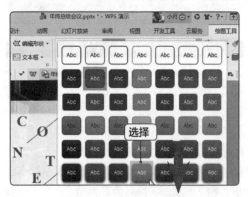

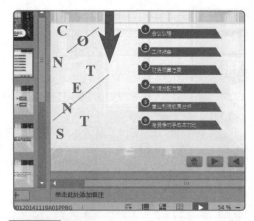

STEP 4　复制动作按钮

利用【Ctrl+C】组合键和【Ctl+V】组合键，
将制作好的3个动作按钮，复制到第3张、第
4张、第5张和第6张幻灯片的右下角。

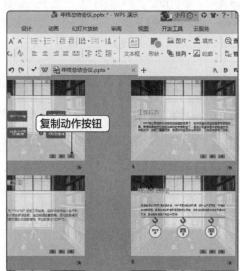

操作解谜

如何为动作按钮添加动画

　　在幻灯片中绘制并设置好动作按钮后，
选择插入的动作按钮，然后打开"自定义动
画"窗格，单击其中的"添加效果"按钮，
在打开的列表中选择所需动画样式，即可将
其应用到动作按钮中。

12.1.2 利用触发器查看幻灯片

微课：利用触发器查看幻灯片

触发器是 WPS 演示软件中的一项特殊功能，它可以是一个图片、文字或文本框等，其作用相当于一个按钮，设置好触发器功能后，单击就会触发一个操作，该操作可以是播放音乐、影片或者动画等。下面将在幻灯片中利用触发器来查看幻灯片内容。

1. 设置动画样式

在使用触发器前，还需要为幻灯片中的对象添加动画效果。下面将在"年终总结会议 .pptx"演示文稿中设置动画样式，其具体操作步骤如下。

STEP 1　添加飞入动画

❶打开"选择窗格"窗格，选择"文档中的对象"列表中的"组合 6"选项；❷在"自定义动画"窗格中单击"添加效果"按钮；❸在打开的列表中选择【进入】/【飞入】选项。

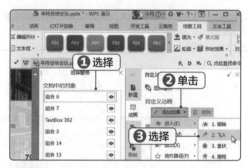

STEP 2　添加升起动画

❶选择"组合 7"选项；❷单击"添加效果"按钮；❸在打开的列表中选择【进入】/【升起】选项。

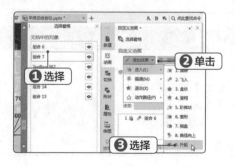

STEP 3　设置动画选项

❶选择添加的"升起"动画；❷在"开始"列表中选择"之后"选项。

STEP 4　继续添加动画

❶按照相同的操作方法，继续为幻灯片中的"组合 3"对象添加"阶梯状"动画；❷将"阶梯状"动画的播放速度设置为"慢速"。

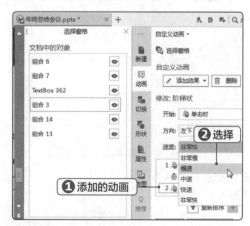

STEP 5　继续添加动画

❶按照相同的操作方法，继续为幻灯片中的"组

合 14" 对象添加 "棋盘" 动画; ❷将 "棋盘" 动画的播放速度设置为 "慢速"。

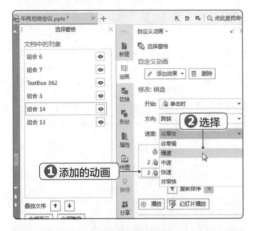

2. 设置触发器

基于动画的触发器通常在设置动画效果的过程中设置,主要在动画效果的 "计时" 选项中进行设置。下面将在 "年终总结会议 .pptx" 演示文稿中设置触发器,其具体操作步骤如下。

STEP 1 设置计时

❶单击 "自定义动画" 窗格中 "阶梯状" 动画选项右侧的下拉按钮; ❷在打开的列表中选择 "计时" 选项。

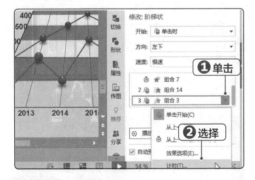

STEP 2 设置触发器

❶打开 "阶梯状" 对话框,单击 "计时" 选项卡,单击 "触发器" 按钮; ❷单击选中 "单击下列对象时启动效果" 单选项; ❸在右侧的下拉列表框中选择 "组合 7" 选项; ❹单击 "确定" 按钮。

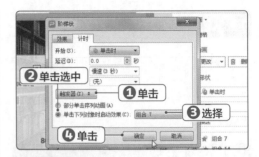

STEP 3 设置计时

❶单击 "自定义动画" 窗格中 "棋盘" 动画选项右侧的下拉按钮; ❷在打开的列表中选择 "计时" 选项。

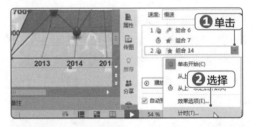

STEP 4 设置触发器

❶打开 "棋盘" 对话框,单击 "计时" 选项卡,单击 "触发器" 按钮; ❷单击选中 "单击下列对象时启动效果" 单选项; ❸在右侧的下拉列表框中选择 "组合 6" 选项; ❹单击 "确定" 按钮。

操作解谜

选择触发器

在 "单击下列对象时启动效果" 单选项右侧的下拉列表框中选择设置为触发器的形状对象,播放幻灯片时,单击该对象将会触发动画。

12.2　放映与输出"系统建立计划"演示文稿

云帆集团的 Hurricane 通信公司需要在集团年会上做关于"系统建立计划"方面的报告，由于集团总部和通信公司不在同一地点办公，因此，在制作好演示文稿后，需要将演示文稿打包发送给集团行政部，并设置好相关的演示项目。在本例的操作过程中，主要涉及的 WPS 演示操作包括演示文稿的发布、打包以及设置放映控制等。

12.2.1　放映演示文稿

制作演示文稿的最终目的就是将演示文稿中的幻灯片都放映出来，让广大观众能够认识和了解。下面将讲解放映演示文稿的相关操作。

微课：放映演示文稿

1. 自定义演示

在放映演示文稿时，可能只需要放映演示文稿中的部分幻灯片，此时可通过设置幻灯片的自定义演示来实现。下面将自定义"系统建立计划 .pptx"演示文稿的放映顺序，其具体操作步骤如下。

STEP 1　设置自定义放映

打开素材文件"系统建立计划 .pptx"演示文稿，单击"幻灯片放映"选项卡中的"自定义放映"按钮。

STEP 2　新建放映项目

打开"自定义放映"对话框，单击"新建"按钮，新建一个放映项目。

STEP 3　设置放映项目

❶打开"定义自定义放映"对话框，在"在演示文稿中的幻灯片"列表框中同时选择第 3~8 张幻灯片；❷单击"添加"按钮，将幻灯片添加到"在自定义放映中的幻灯片"列表框中。

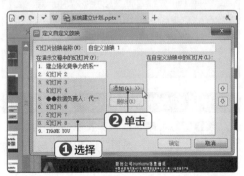

STEP 4 确认放映项目

单击"定义自定义放映"对话框中的"确定"按钮，确认自定义放映的幻灯片。

STEP 5 完成自定义放映操作

返回"自定义放映"对话框，在"自定义放映"列表框中已显示出新创建的自定义放映名称，单击"关闭"按钮。

技巧秒杀

编辑自定义的放映项目

在"自定义放映"对话框中选择自定义的放映项目，单击"编辑"按钮，即可打开"定义自定义放映"对话框，在其中可对幻灯片的播放顺序和内容，以及幻灯片放映名称进行重新调整。

2. 设置放映方式

设置幻灯片放映方式主要包括放映类型、放映幻灯片的数量、换片方式和是否循环放映等。下面将为"系统建立计划.pptx"演示文稿设置放映方式，其具体操作步骤如下。

STEP 1 单击按钮

单击"幻灯片放映"选项卡中的"设置放映方式"按钮。

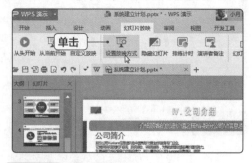

STEP 2 设置放映方式

❶打开"设置放映方式"对话框，在"放映选项"栏中单击选中"循环放映，按 ESC 键终止"复选框；❷在"放映幻灯片"栏中单击选中"自定义放映"单选项；❸在"换片方式"栏中单击选中"手动"单选项；❹单击"确定"按钮。

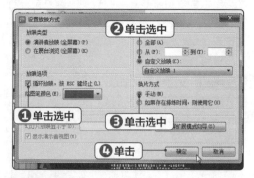

STEP 3 放映幻灯片

返回 WPS 演示工作界面，单击"幻灯片放映"选项卡中的"从头开始"按钮，开始放映幻灯片。

第3篇

操作解谜

放映类型

　　幻灯片的放映类型包括：演讲者放映（全屏幕），便于演讲者演讲，演讲者对幻灯片具有完整的控制权，可以手动切换幻灯片和动画；在展台浏览（全屏幕），这种类型将全屏模式放映幻灯片，并且循环放映，不能单击鼠标手动演示幻灯片，通常用于展览会场或会议中运行无人管理幻灯片演示的场合中。

3. 放映过程中的控制

　　在放映演示文稿的过程中，最常用的操作就是设置注释。下面将在放映"系统建立计划 .pptx"演示文稿的过程中添加注释，其具体操作步骤如下。

STEP 1 放映幻灯片

在"幻灯片放映"选项卡中单击"从当前开始"按钮，开始放映演示文稿。

STEP 2 设置指针选项

❶当放映到第 4 张幻灯片时，单击鼠标右键；
❷在弹出的快捷菜单中选择"指针选项"命令；
❸再在弹出的子菜单中选择"荧光笔"命令。

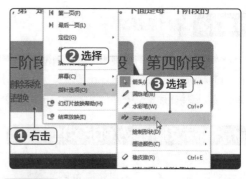

STEP 3 添加注释

在幻灯片中需要突出显示的文本上或重点文本上拖动鼠标添加注释。

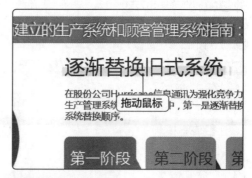

STEP 4 保留注释

继续放映演示文稿，也可以在其他幻灯片中插入注释，完成放映后，按【Esc】键，退出幻灯片放映状态，在打开的提示框中询问用户是否保留墨迹注释，单击"保留"按钮。

12.2.2 输出演示文稿

WPS 演示软件中输出演示文稿的相关操作主要包括打包、打印和发布。读者通过学习应能够熟练掌握输出演示文稿的各种操作方法，让制作出来的演示文稿不仅能直接在计算机中展示，还可以供用户在不同的位置或环境中使用浏览。

微课：输出演示文稿

1. 将演示文稿转换为 PDF 文档

若要在没有安装 WPS Office 软件的计算机中放映演示文稿，可将其转换为 PDF 文件，再进行播放。下面将"系统建立计划 .pptx"演示文稿转换为 PDF 文件，其具体操作步骤如下。

STEP 1 选择输出方式

❶单击工作界面左上角的"WPS 演示"按钮；❷在打开的列表中选择"输出为 PDF"选项。

STEP 2 设置输出内容

❶打开"输出 PDF 文件"对话框，在"保存到"栏中设置输出文件的保存位置；❷单击选中"输出范围"栏中的"全部"单选项。

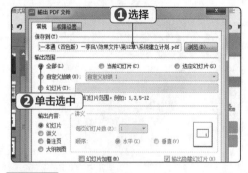

STEP 3 设置放映权限

❶单击"权限设置"选项卡；❷单击选中"权

限设置"复选框；❸在"密码"文本框和"确认"文本框中输入"123"；❹单击"确定"按钮。

STEP 4 打开 PDF 文件

WPS 演示软件将演示文稿转换为 PDF 文件，并显示转换的进度，转换完成后，单击提示对话框中的"打开文件"按钮，查看输出的 PDF 文件。

第3篇

2. 将演示文稿打包

将演示文稿打包后，复制到其他计算机中，即使该计算机没有安装 WPS Office 软件，也可以播放该演示文稿。下面将"系统建立计划.pptx"演示文稿打包，其具体操作步骤如下。

STEP 1 打包文件

❶单击工作界面左上角的"WPS 演示"按钮；
❷在打开的列表中选择"文件打包"选项；
❸再在打开的列表中选择"将演示文档打包成文件夹"选项。

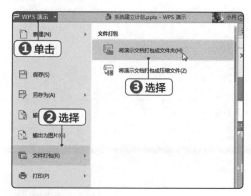

STEP 2 设置打包文件

❶打开"演示文件打包"对话框，在"文件夹名称"文本框中输入"系统建立计划"；❷单击"确定"按钮。

STEP 3 打开文件夹

完成打包文件操作后，单击"已完成打包"对话框中的"打开文件夹"按钮。

STEP 4 查看打包后的文件

WPS 演示软件将演示文稿打包成文件夹，并打开"系统建立计划"文件夹，在其中可查看打包结果。

🏃 技巧秒杀

将演示文稿打包成压缩文件

在 WPS 演示软件中，除了可以将演示文稿打包成文件夹外，还可以将其打包为压缩文件，方法为：单击"WPS 演示"按钮，选择【文件打包】/【将演示文档打包成压缩文件】选项，打开"演示文件打包"对话框，在其中设置好文件名称和文件的保存位置后，单击"确定"按钮，即可将演示文稿打包成压缩文件。

新手加油站

1. 通过动作按钮控制放映过程

如果在幻灯片中插入了动作按钮，在演示幻灯片时，单击设置的动作按钮，可切换幻灯片或启动一个应用程序，也可以用动作按钮控制幻灯片的演示。WPS 演示软件中的动作按钮主要是通过插入形状的方式绘制到幻灯片中。

2. 快速定位幻灯片

在幻灯片放映过程中，通过一定的技巧，可以快速、准确的将播放画面切换到指定的幻灯片中，以达到精确定位幻灯片的目的，其具体操作步骤如下。

❶ 在播放幻灯片的过程中，单击鼠标右键，在弹出的快捷菜单中选择"定位"命令。

❷ 在弹出的子菜单中选择"按标题"命令，再在弹出的子菜单中选择需要切换到的幻灯片。另外，在"按标题"子菜单中，前面有带勾标记的，表示现在正在演示该张幻灯片的内容。

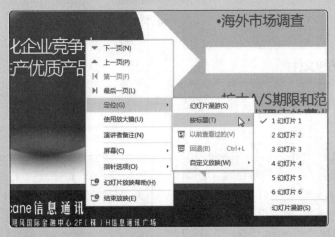

3. 为幻灯片分节

为幻灯片分节后，不仅可使演示文稿的逻辑性更强，还可以与他人协作创建演示文稿，如每个人负责制作演示文稿一节中的幻灯片。为幻灯片分节的具体操作步骤如下。

❶ 在"幻灯片"窗格中选择需要分节的幻灯片后，单击"开始"选项卡中的"节"按钮。

❷ 在打开的列表中选择"新增节"选项，即可为演示文稿分节，如下图所示为演示文稿分节后的效果。

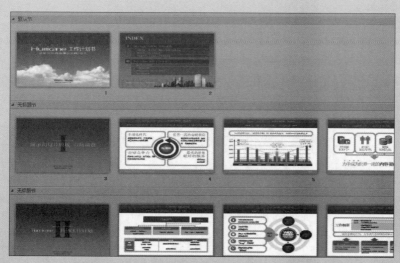

在 WPS 演示软件中，不仅可以为幻灯片分节，还可以对节进行操作，包括重命名节、删除节、展开或折叠节等。节的常用操作方法如下。

● 重命名：新增的节名称都是"无标题节"，需要自行进行重命名。选择需重命名节名称的节，单击"开始"选项卡中的"节"按钮，在打开的列表中选择"重命名节"选项，打开"重命名"对话框，在"名称"文本框中输入节的名称，单击"重命名"按钮。

● 删除节：对多余的节或无用的节可删除，单击节名称，单击"节"按钮，在打开的列表中选择"删除节"选项可删除选择的节；选择"删除所有节"选项可删除演示文稿中的所有节。

● 展开或折叠节：在演示文稿中既可以将节展开，也可以将节折叠起来。使用鼠标双击节名称就可将其折叠，再次双击就可将其展开。还可以单击"节"按钮，在打开的列表中选择"全部折叠"或"全部展开"选项，即可将其折叠或展开。

高手竞技场

1. 编辑"企业资源分析"演示文稿

在"企业资源分析.pptx"演示文稿中添加动作按钮，并通过动作按钮来控制幻灯片的放映操作，具体要求如下。

● 打开"企业资源分析.pptx"演示文稿，在第一张幻灯片的右下角分别绘制"开始""结束""后退或前一项""前进或下一项"4 个按钮。

● 打开"编辑超链接"对话框，将"开始"按钮的超链接设置为"幻灯片 4"；将"后退或前一项"按钮的超链接设置为"幻灯片 6"；将"前进或下一项"按钮的超链接设置为"幻灯片8"。

● 将绘制的4个动作按钮的高度设置为"0.6厘米"，宽度设置为"1厘米"，并将对齐方式调整为"横向分布""底端对齐"。

● 将设置好的4个动作按钮复制到除最后一张幻灯片外的所有幻灯片的右下角。

● 单击"幻灯片放映"选项卡中的"从头开始"按钮，开始放映幻灯片，并通过右下角的动作按钮来控制幻灯片的放映过程。

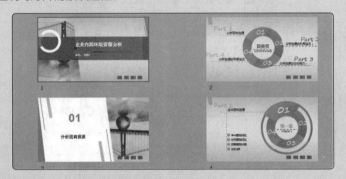

2. 编辑"古诗赏析"演示文稿

打开素材文件"古诗赏析.pptx"演示文稿，然后对幻灯片进行编辑，主要是打包与放映幻灯片的设置，具体要求如下。

● 将演示文稿中的所有幻灯片应用"水平百叶窗"的幻灯片切换效果。

● 单击"自定义放映"按钮，打开"自定义放映"对话框，单击其中的"新建"按钮，在打开的对话框中，将第2-8张幻灯片设置为自定义的幻灯片。

● 自定义放映幻灯片，并利用鼠标指针为幻灯片中的内容添加注释。

● 将制作好的演示文稿打包为压缩文件后，将其输出为PDF格式。

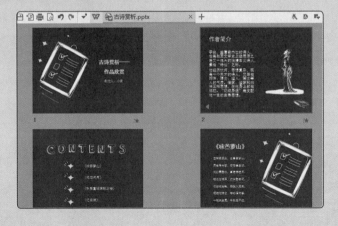

第 13 章
财务部年终工作总结

本章将制作一个综合性的案例——财务部年终工作总结，主要是体现 WPS Office 2016 软件的综合应用。首先利用 WPS 文字编辑基础文本，然后利用 WPS 演示和 WPS 表格两个软件对文字内容进行美化和补充。

本章重点知识

☐ 查找和替换字符

☐ 设置字体格式

☐ 插入页眉和页脚

☐ 应用演示文稿基本框架

☐ 添加动画和切换方式

☐ 插入并编辑表格

13.1 利用 WPS 文字编辑文档

快到年底了，财务部的小张已经开始着手准备年终工作总结。因此，小张的首要任务就是对现有的文档进行编辑，主要涉及的操作包括查找和替换字符、设置字体或段落格式、添加编号以及插入页眉和页脚等。

13.1.1 编辑文档内容

现有的 WPS 文档中，不仅有很多无用的段落符号，而且文档结构也不够清晰。因此，下面将利用 WPS 文字提供的"查找替换"功能和"开始"选项卡中的"段落"和"字体"功能对文档内容进行编辑。

微课：编辑文档内容

1. 替换字符

在 WPS 文档中，如果有大量相同文字需要替换，此时如果从头到尾，一个一个查十分麻烦，这时只需利用查找替换功能便可快速将文本进行替换。下面在"财务部年终工作总结 .wps"文档中替换多余的段落符号，其具体操作步骤如下。

STEP 1 选择替换操作

❶打开素材文件"财务部年终工作总结 .wps"文档，单击"开始"选项卡中的"查找替换"按钮下方的下拉按钮；❷在打开的列表中选择"替换"选项。

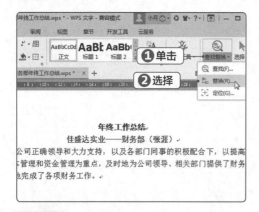

STEP 2 输入查找内容

❶打开"查找和替换"对话框，单击"替换"

选项卡中的"特殊格式"按钮；❷在打开的列表中选择"段落标记"选项。

操作解谜

如何查找样式

打开"查找和替换"对话框，单击"查找"选项卡或"替换"选项卡中的"格式"按钮，在打开的列表中选择"样式"选项。打开"查找样式"对话框，在其中可以对文档中的代码、打字机、样本、标题以及超链接等样式进行查找。

STEP 3 插入段落标记

按照相同的操作方法，继续在"查找内容"文本框中插入两个段落标记。

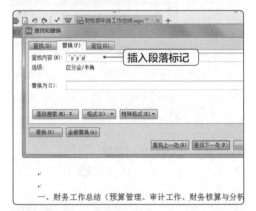

STEP 4 输入替换为内容

❶将光标定位到"替换为"文本框；❷单击"特殊格式"按钮；❸在打开的列表中选择"段落标记"选项。

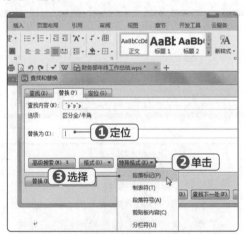

技巧秒杀

复制与粘贴段落标记

利用【Ctrl+C】组合键，复制一个"查找内容"文本框中的段落标记，将光标定位到"替换为"文本框中，按【Ctrl+V】组合键，即可完成段落标记的粘贴操作。

STEP 5 替换字符

单击"查找和替换"对话框中的"全部替换"按钮，将文档中多余的段落标记删除。

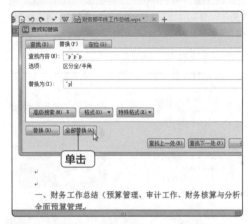

STEP 6 完成替换操作

在弹出的提示对话框中单击"确定"按钮，完成字符的替换操作，然后关闭对话框。

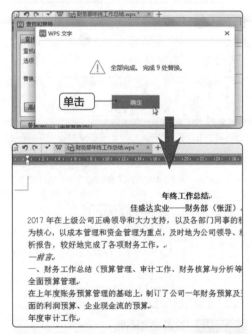

2. 设置字体和段落格式

设置文档中的字体和段落格式，使文档的结构更加清晰明了。下面将在"财务部年终工

作总结 .wps"文档中设置字体、对齐方式、段间距等，其具体操作步骤如下。

STEP 1　选择字体

❶选择文档中的第 3 段文本；❷在"开始"选项卡的"字体"列表中选择"主题字体"栏中的"宋体（正文）"选项。

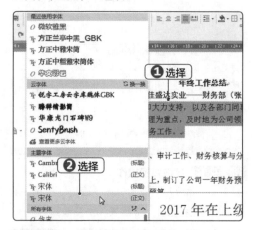

STEP 2　设置文本对齐方式

❶选择文档中的第 4 段文本；❷单击"开始"选项卡中的"右对齐"按钮，将文本进行右对齐。

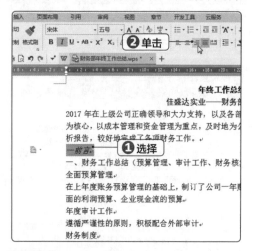

STEP 3　设置段落间距

❶利用【Shift】键，选择除前 4 段文本外的所有文本；❷单击"开始"选项卡中的"行距"按钮；❸在打开的列表中选择"1.5"选项。

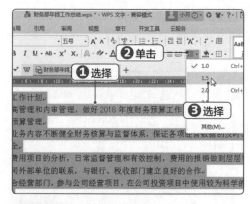

STEP 4　打开段落对话框

❶选择文档中的第 3 段文本；❷单击"开始"选项卡中的"段落"按钮。

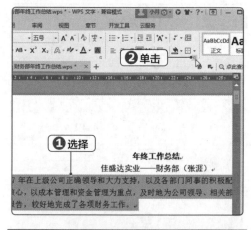

技巧秒杀

快速打开"段落"对话框

在文档中选择要设置的文本内容后，在所选文本上单击鼠标右键，然后在弹出的快捷菜单中选择"段落"命令，同样可以打开"段落"对话框。

STEP 5　设置段落缩进

❶打开"段落"对话框，在"缩进和间距"选项卡的"缩进"栏的"特殊格式"列表中选择"首行缩进"选项；❷在"度量值"数值框中输入"2"；❸单击"确定"按钮。

第 4 篇

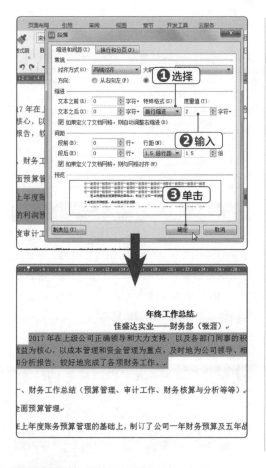

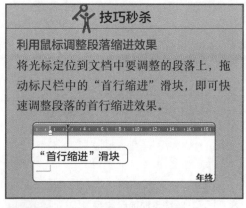

技巧秒杀

利用鼠标调整段落缩进效果

将光标定位到文档中要调整的段落上，拖动标尺栏中的"首行缩进"滑块，即可快速调整段落的首行缩进效果。

STEP 6 继续调整段落缩进

利用鼠标或"段落"对话框，继续将文档中其他段落的首行缩进效果设置为"2"。

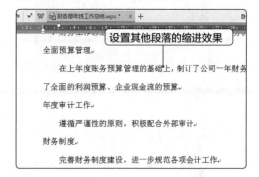

13.1.2 完善文档内容

在 WPS 文档中，除了要段落分明外，还应该层次清晰，如为文档添加项目编号。除此之外，还应该在文档中添加页眉和页脚，使文档内容更加完善。下面将介绍其具体操作方法。

微课：完善文档内容

1. 添加项目编号

在 WPS 文档中，项目编号是不可缺少的元素。合理使用项目编号，可以使文档的层次结构更清晰、更有条理。下面将在"财务部年终工作总结 .wps"文档中添加项目编号，其具体操作步骤如下。

STEP 1 选择项目编号

❶利用【Ctrl】键，选择"财务工作总结"内容中的不连续的隔断段落；❷单击"开始"选项卡中的"编号"按钮右侧的下拉按钮；❸在打开的列表中选择"编号"栏中第二行的第二种样式。

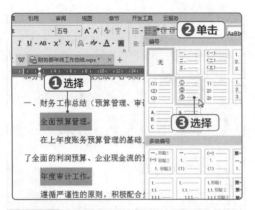

STEP 2 继续添加项目编号

❶同样利用【Ctrl】键，选择"经营管理工作"内容中的隔段段落；❷单击"开始"选项卡中的"编号"按钮。

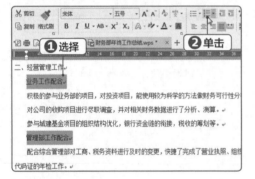

STEP 3 重新开始编号

在"业务工作配合"段落中单击鼠标右键，在弹出的快捷菜单中选择"重新开始编号"命令。

STEP 4 继续添加项目编号

按照相同的操作方法，继续在"提升工作能力"和"来年工作计划"内容中添加项目编号，并

且项目编号要设置为不连续。

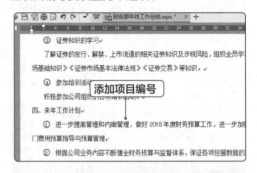

2. 插入页眉和页脚

在 WPS 文档中编辑好文档内容后，还应该为制作的文档插入页眉和页脚内容。下面将在"财务部年终工作总结 .wps"文档中插入页眉和页脚，其具体操作步骤如下。

STEP 1 进入页眉编辑状态

单击"插入"选项卡中的"页眉和页脚"按钮，打开"页眉和页脚"选项卡。

STEP 2 输入页眉内容

在显示的页眉区域输入文本内容"佳盛达实业——财务部"。

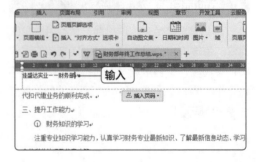

STEP 3　设置页眉字体格式

选择输入的页眉内容，在"开始"选项卡中将字体格式设置为"微软雅黑，小四，居中"。

STEP 4　切换到页脚

单击"页眉和页脚"选项卡中的"页眉页脚切换"按钮。

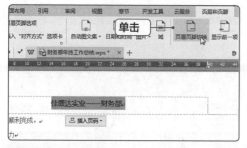

STEP 5　设置页脚

❶单击页脚区域的"插入页码"按钮；❷在打开列表的"样式"下拉列表中选择第三种样式；

❸单击"确定"按钮。

STEP 6　查看添加的页眉和页脚

单击"页眉和页脚"选项卡中的"关闭"按钮退出页眉页脚的编辑状态，返回 WPS 文字工作界面，此时在文档中的页眉和页脚处自动显示了添加的内容。

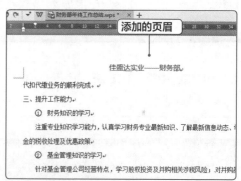

13.2　利用 WPS 演示制作演示文稿

　　小张的 WPS 文档制作完成了，现在他想要通过 WPS 演示软件将 WPS 文档制作为演示文稿，方便在年终会议上进行演示。在本例的操作过程中，主要涉及的操作包括设计幻灯片样式、制作和插入表格、设置图表格式、添加动画和切换效果等。

13.2.1　设计演示文稿基本框架

　　在制作演示文稿之前，首先应该分析整个演示文稿的结构和内容布局，如设计幻灯片的版式、添加幻灯片、设计幻灯片母版。下面将讲解设计演示文稿基本框架的相关操作。

微课：设计演示文稿基本框架

1. 应用幻灯片设计方案

为了快速制作出吸引人的演示文稿，用户可以直接应用 WPS 演示软件提供的设计方案，这样既可以节省设计时间，又可以制作出专业的演示文稿。下面将制作"财务部年终工作总结 .dps"演示文稿，其具体操作步骤如下。

STEP 1 新建演示文稿

启动 WPS 演示软件，新建一个空白演示文稿。

STEP 2 复制文本

利用【Ctrl+C】组合键和【Ctrl+V】组合键，将 WPS 文档中的全部文字复制到空白演示文稿的大纲视图中。

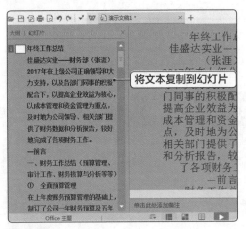

STEP 3 新建幻灯片

将光标定位到文本"（张涯）"的最右侧，然后按【Enter】键新建一张幻灯片，用相同的方法，继续按标题级新建 5 张幻灯片。

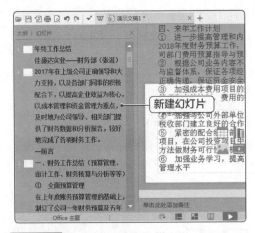

STEP 4 调整大纲级别

按【Enter】键将"——前言"文本重新设置为一段，然后按【Tab】键，将文本调低一个级别。

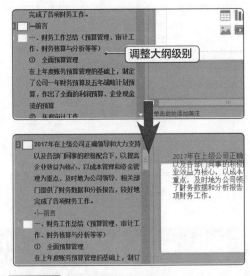

STEP 5 继续调整大纲级别

按照相同的方法，对其他文本的级别进行调整。

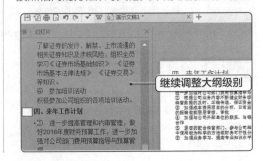

STEP 6　选择设计方案

在"设计"选项卡的"预设方案"列表框中，将鼠标指针移至下图所示的方案上，然后单击"应用"按钮。

STEP 7　查看应用样式后的幻灯片

单击"幻灯片"选项卡，在所选幻灯片中即可看到应用设计方案后的幻灯片样式。

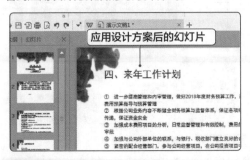

STEP 8　编辑幻灯片母版

❶进入幻灯片母版编辑状态，选择第 2 张幻灯片；❷同时选择幻灯片中的"2018""编辑标题""编辑文本""Logo"对象，然后按【 Delete 】键将其删除。

STEP 9　输入文本

关闭幻灯片母版编辑状态，在第 1 张幻灯片中输入文本"2018 年 1 月 15 日"。

2.　调整幻灯片版式和内容

若复制到演示文稿中的文本过长，在一张幻灯片中无法全部显示，此时，就需要对幻灯片的内容或版式进行调整。下面将在演示文稿中调整幻灯片的版式和内容，其具体操作步骤如下。

STEP 1　选择幻灯片版式

❶在"幻灯片"窗格中选择第 2 张幻灯片，单击"开始"选项卡中的"版式"按钮；❷在打开的列表中选择"母版版式"选项卡中第 1 行第 3 列的版式。

STEP 2　移动占位符

同时选择当前幻灯片中的文本和标题占位符，然后拖动鼠标将占位符适当向下移动。

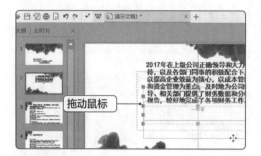

STEP 3　复制幻灯片

选择第 3 张幻灯片，利用【Ctrl+C】组合键和【Ctrl+V】组合键，在所选幻灯片的下方复制一张幻灯片。

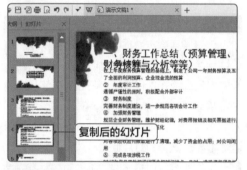

STEP 4　调整文本占位符的内容

拖动鼠标选择第 4 张幻灯片中文本占位符中的第 1 小点~第 3 小点的内容，然后按【Delete】键将其删除。

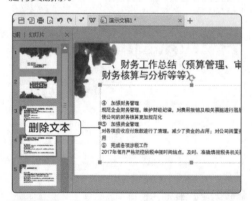

STEP 5　继续删除文本

按照相同的操作方法，将第 3 张幻灯片中文本占位符中的第 4~6 小点的内容删除。

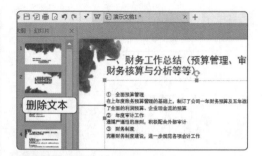

STEP 6　插入幻灯片

❶选择第 7 张幻灯片，单击"新建幻灯片"按钮下方的下拉按钮；❷在打开的列表中将鼠标指针移至结束页的幻灯片上，单击"插入"按钮。

STEP 7　删除占位符

进入幻灯片母版编辑状态，将第 7 张幻灯片中的"椭圆""圆角矩形""内容占位符"对象删除。

第 4 篇

13.2.2 制作和插入表格

一份完整的财务总结报告，除了必不可少的文字内容外，数据信息也是不可或缺的重要组成部分。为了能够简洁、明了地展示公司的财务状况，下面将讲解利用 WPS 表格制作利润表并将其插入到演示文稿中的相关操作。

微课：制作和插入表格

1. 利用 WPS 表格制作与编辑表格

利用 WPS 表格软件可以快速制作出专业的电子表格，同时，还可以对表格进行编辑和美化。下面将在 WPS 表格软件中制作与编辑表格，其具体操作步骤如下。

STEP 1 新建工作表

❶启动 WPS 表格软件，新建一个空白工作簿，将其以"利润表"为名称进行保存；❷将默认的"Sheet1"工作表重命名为"2017 年 12 月份"。

STEP 2 输入数据信息

切换到相应的输入法，在 A1:H27 单元格区域中输入如图所示的数据信息。

STEP 3 合并单元格

❶选择 A1:H1 单元格区域，单击"开始"选项卡中的"合并居中"按钮，合并单元格区域；❷按照相同的方法，继续对表格中其他单元格区域进行合并操作，但不居中对齐。

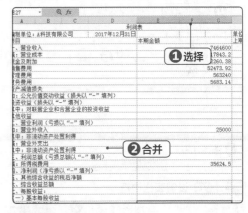

STEP 4 计算数据

利用公式分别计算"营业利润""利润总额""净利润"，即依次在 E15、E20、E22 单元格中输入公式"=E4-E5-E6-E7-E8-E9""=E15+E16""=E20-E21"进行计算。

STEP 5 设置数值格式

❶选择 E4:G22 单元格区域；❷按【Ctrl+1】组合键，打开"单元格格式"对话框，在"数字"选项卡的"分类"列表中选择"数值"选项；❸在"小数位数"数值框中输入"2"；❹单击选中"使用千位分隔符"复选框；❺在"负数"列表中选择第 1 种样式；❻单击"确定"按钮。

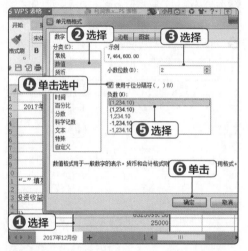

STEP 6 设置表格边框

❶选择 A3:H27 单元格区域；❷打开"单元格格式"对话框，在"边框"选项卡中将外边框样式设置为"样式"列表中第 5 行第 2 列；❸将内部边框样式设置为"样式"列表中第 7 行第 1 列；❹单击"确定"按钮。

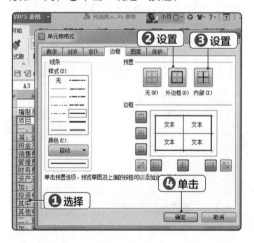

STEP 7 设置字体格式

❶对 D2:G2 单元格区域进行合并及居中对齐；❷选择合并后的 A1 单元格；❸在"开始"选项卡中，将单元格的字体格式设置为"微软雅黑，20，加粗"；❹按照相同的操作方法，将单元格中的文本"编制单位：A科技有限公司""一、营业收入""二、营业利润（亏损以"－"填列）""三、利润总额（亏损总额以"－"填列）""四、净利润（净亏损以"－"填列）""五、其他综合收益的税后净额""六、综合收益总额""七、每股收益："的字形设置为"加粗"。

STEP 8 调整行高

将鼠标指针定位到表格中的第 2 行，按住鼠标左键不放向下拖动至"行高：27.75"时，释放鼠标调整行高，然后按【Ctrl+S】组合键保存工作簿。

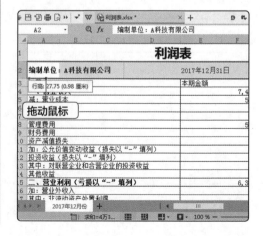

2. 在WPS演示中插入表格

制作好的"利润表"可以插入到演示文稿中直接使用，下面将在演示文稿中插入前面制作好的利润表，其具体操作步骤如下。

STEP 1 新建幻灯片

❶选择第2张幻灯片；❷单击"开始"选项卡中的"新建幻灯片"按钮。

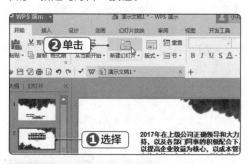

STEP 2 更改幻灯片版式

❶保持新建幻灯片的选择状态，单击"版式"按钮；❷在打开的列表中选择第3行第1种样式。

STEP 3 插入对象

单击"插入"选项卡中的"对象"按钮。

STEP 4 选择插入对象

❶打开"插入对象"对话框，单击选中"由文件创建"单选项；❷单击"浏览"按钮；❸打开"浏览"对话框，选择制作好的利润表；❹单击"打开"按钮；❺返回"插入对象"对话框，单击"确定"按钮。

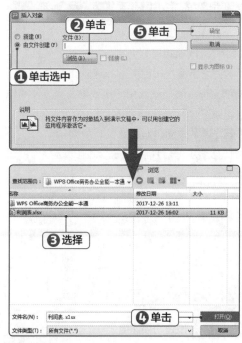

STEP 5 查看插入的表格

返回WPS演示文稿，在第3张幻灯片中即可看到插入的表格内容。

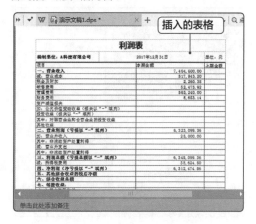

13.2.3 制作动感幻灯片

演示文稿制作完成后，为了提升演示文稿的观赏度和吸引听众的注意力，可以在幻灯片中添加表格和动画等效果。下面就讲解制作动感幻灯片的相关操作。

微课：制作动感幻灯片

1. 添加动画和切换效果

静止的幻灯片会显得过于沉闷，因此，完成幻灯片的编辑后，为其添加动画效果是必不可少的。下面在"财务部年终工作总结.dps"演示文稿中添加动画和切换效果，其具体操作步骤如下。

STEP 1 添加切换效果

选择第 1 张幻灯片后，在"动画"选项卡"切换效果"列表框的"条纹和横纹"栏中选择"横向棋盘式"选项。

STEP 2 设置切换速度

❶打开"切换"任务窗格，在"修改切换效果"栏的"速度"数值框中输入"01.25"；❷单击"应用于所有幻灯片"按钮。

STEP 3 添加动画效果

❶选择第 3 幻灯片中的表格对象；❷打开"自定义动画"任务窗格，单击其中的"添加效果"按钮；❸在展开的列表中选择【进入】/【阶梯状】选项。

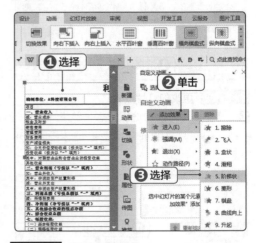

STEP 4 设置动画速度

在"阶梯状"动画的"速度"列表框中选择"慢速"选项。

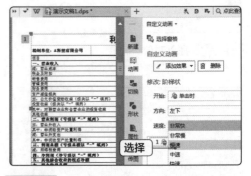

STEP 5 保存演示文稿

❶按【F12】键，打开"另存为"对话框，在"保存在"列表中选择文件的保存位置；❷在"文

件名"文本框中输入文件的保存名称;❸在 "文件类型"下拉列表中选择文件的保存类型; ❹单击"保存"按钮。

2. 放映幻灯片

制作好演示文稿后,用户就可以根据实际 需求选择不同的放映方式。下面将采用自定义 放映方式来放映"财务部年终工作总结 .dps" 演示文稿,其具体操作步骤如下。

STEP 1 新建自定义放映

❶单击"幻灯片放映"选项卡中的"自定义放映" 按钮;❷打开"自定义放映"对话框,单击"新 建"按钮。

STEP 2 设置要放映的幻灯片

❶打开"定义自定义放映"对话框,利用"Shift"

键选择"在演示文稿中的幻灯片"列表中的第 4 张至第 8 张幻灯片;❷单击"添加"按钮; ❸单击"确定"按钮。

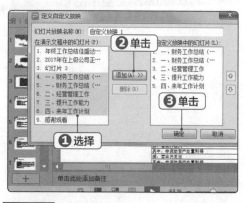

STEP 3 放映幻灯片

返回"自定义放映"对话框,单击"放映"按钮, 自动放映定义的幻灯片。

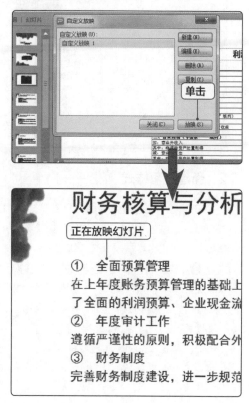

新手加油站

1. 打印 WPS 文档中的背景

在默认的条件下，文档中设置好的颜色或图片背景无法进行打印出来，只有通过设置才能进行打印，其具体操作步骤如下。

❶ 打开 WPS 文档，单击 WPS 文字工作界面左上角的"WPS 文字"按钮，在打开的列表中选择"打印"选项。

❷ 在打开的"打印"对话框中单击"选项"按钮。

❸ 打开"选项"对话框，在右侧的"打印文档的附加信息"栏中单击选中"打印背景色和图像"复选框，然后单击"确定"按钮，完成设置后即可打印设置的文档背景。

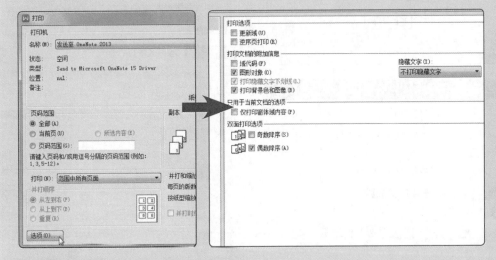

2. 新建段落样式

在 WPS 文字软件中提供了正文样式和标题样式，在编辑文档的过程中往往会使用提供的预设样式快速编辑文档，如果这些样式不能够满足实际的编辑需求，用户便可以根据实际需要新建样式，其具体操作步骤如下。

❶ 新建一个 WPS 文档，单击"开始"选项卡中的"新样式"按钮。

❷ 打开"新建样式"对话框，在其中可以设置样式名称、类型、格式等信息，设置完成后单击"确定"按钮。

❸ 在"开始"选项卡中打开预设的"样式"列表框，其中则显示了最新设置的段落样式。此时，只需选择文档中要应用样式的段落，再选择新建的样式即可将其应用到所选段落中。

第4篇

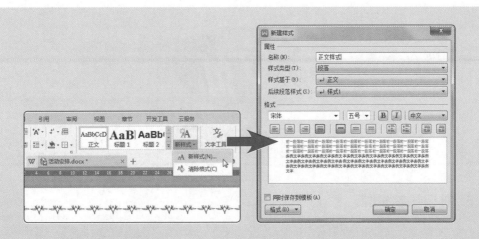

3. 设置图片透明色

在编辑图片的过程中若只需要图中的部分图像，又不想删除其他部分图像，可通过"设置透明色"功能对图片进行处理，其具体操作步骤如下。

❶ 在文档中选择要设置的图片，单击"图片工具"选项卡中的"设置透明色"按钮，进入"背景消除"编辑状态。

❷ 将鼠标指针移至所选图片的背景上，然后单击鼠标即可快速删除图像背景。

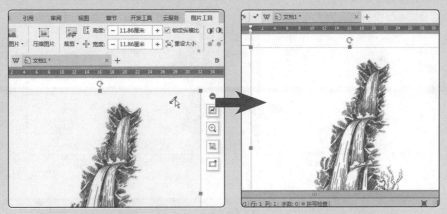

4. 设计创意文字

创意文字就是根据文字的特点，将文字图形化，为文字增加更多的想象力，比如拉伸或美化文字的笔划、使用形状包围文字、采用图案挡住文字笔划等，有些设计会比较复杂，甚至需要使用 Photoshop 这样的专业图形图像处理软件制作好完整的图像，再将其插入幻灯片中。如下图所示为几种简单的创意文字效果。

旋转形状＋加大字号＋
绘制直线

绘制形状＋编辑形状
顶点＋文字的左远右
近和左近右远特效

5. 使用参考线排版

WPS 演示文稿中，参考线由在初始状态下位于标尺刻度"0"位置的横纵两条虚线组成，可以帮助用户快速对齐页面中的图形和文字等对象，使幻灯片的版面整齐美观。与网格不同，参考线可以根据用户需要添加、删除和移动，并具有吸附功能，能将靠近参考线的对象吸附对齐，其具体操作步骤如下。

❶ 在 WPS 演示中单击"视图"选项卡中的"网格线和参考线"按钮。

❷ 打开"网格线和参考线"对话框，单击选中"参考线设置"栏中的 3 个复选框，然后单击"确定"按钮，即可在幻灯片中显示参考线。

高手竞技场

1. 制作"招标方案"文档

打开素材文件"招标方案 .pptx"演示文稿，然后将演示文稿另存为 WPS 文字文档，然后在 WPS 文字软件中对文档内容进行编辑，具体要求如下。

● 在打开的演示文稿中单击"WPS 演示"按钮，然后在打开的列表中选择【另存为】/【转为 WPS 文字文档】选项。

第4篇

● 打开"转为 WPS 文字文档"对话框，将要转换的幻灯片页码输入到"幻灯片"单选项对应的文本框，单击"确定"按钮。

● 打开"招标方案 .wps"文档，在其中删除多余的文本，对文档格式进行设置，包括对齐方式、段落缩进、添加项目符号等。

● 对文档背景进行渐变填充，并设置文档的打开权限密码为"123"。

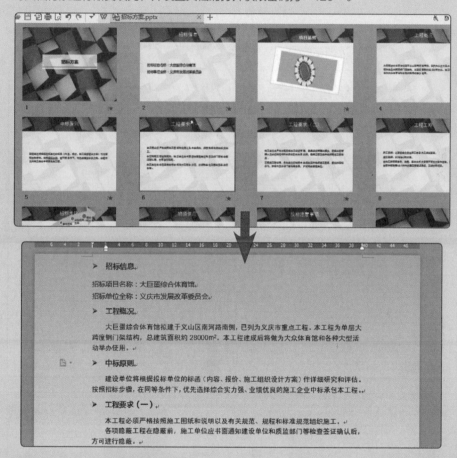

2. 制作"工作汇报"演示文稿

打开素材文件"工作汇报 .dps"演示文稿，在第 4 张幻灯片中插入 Excel 图表，然后对演示文稿进行编辑，具体要求如下。

● 打开"工作汇报 .dps"演示文稿，选择第 4 张幻灯片，单击"插入"选项卡中的"对象"按钮，打开"插入对象"对话框，单击选中"由文件创建"单选项，然后单击"浏览"按钮。

● 打开"浏览"对话框，在其中选择提供的素材文件"销售数据表"工作簿，然后单击"打开"按钮，返回"插入对象"对话框，单击"确定"按钮返回幻灯片编辑界面。

● 双击插入的工作簿，启动 WPS 表格软件后，取消选中"视图"选项卡中的"显示网格线"复选框，然后移动工作表至幻灯片的中间位置。

● 为全部幻灯片添加"从左插入"的切换效果。

● 在第 3 张、第 4 张、第 5 张幻灯片的左下角插入"后退或前一项""前进或下一项"2 个动作按钮。

● 为第 2 张幻灯片中的文本"产品分布情况""产品销售状况"添加超链接，链接对象为本文档中的第 3 张幻灯片和第 4 张幻灯片。

● 将制作好的演示文稿打包成文件夹，文件名保持默认设置。

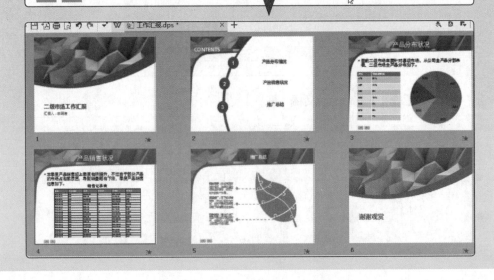

第 4 篇